超伝導・超流動

現代物理学叢書

超伝導・超流動

恒藤敏彦著

岩波書店

現代物理学叢書について

小社は先年，物理学の全体像を把握し次世代への展望を拓くことを意図し，第一級の物理学者の絶大な協力のもとに，岩波講座「現代の物理学」(全21巻)を2度にわたって刊行いたしました．幸い，多くの読者の厚いご支持をいただき，その後も数多くの巻についてさらに再刊を望む声が寄せられています．そこで，このご要望にお応えするための新しいシリーズとして，「現代物理学叢書」を刊行いたします．このシリーズには，読者のご要望に応じながら，岩波講座「現代の物理学」の各巻を順次できるかぎり収めてまいります．装丁は新たにしましたが，内容は基本的に岩波講座の第2次刊行のものと同一です．本シリーズによって貴重な書物群が末永く読みつがれることを願ってやみません．

まえがき

超伝導，超流動の研究はすでに1世紀に近い歴史をもっている．超伝導の場合，そのピークは1957年に現われたBCS理論の劇的な成功であったといってよい．それがあまりに有効であったため爆発的に研究が進み，70年代に入るころには基本的な理論はととのったと思われた．超伝導に関する有名なテキストの多くはこの頃に書かれている．液体^{4}Heの超流動の研究もやはり70年代の初め頃までがもっともはなばなしい時期であった．したがってその頃超伝導・超流動の分野の研究は一段落したという印象を多くの人がもったようである．その後も多くの興味深い研究が着実に進められてきたが，めざましいものといえば，1973年の液体^{3}Heにおける非s波の対による超流動の発見であろう．ここでも実験・理論両面で活発な研究が行なわれ，一般化されたBCS理論がまたしても威力を発揮し，約10年で基本的な理解が得られたといってよい．80年代に入ると，^{3}Heの超流動に刺激され，重い電子系で非s波の超伝導の追究が行なわれるようになった．しかし最近の大きな出来事といえば，もちろん1986年の銅酸化物高温超伝導体の発見であろう．

このような研究の発展を前にして，「超伝導・超流動」というこの巻をどんな内容にすべきか，いざ具体的に構想を立てる段階になって苦慮せざるを得なかった．超流動^{4}Heの物理を一応筋を通して書くだけでこの本のページ数をこえる．また最近出版された ^{3}He の超流動だけについての本ですら 600 ページに達している．思いきって焦点をしぼらざるを得ない．高温超伝導のことを考えると超伝導がどうしても主題になる．結局，液体 ^{4}He の超流動はごく簡単にふれるだけで，Fermi 系の超伝導に話を限ることにした．

高温超伝導体に関してこの 6 年間に膨大な数の論文が書かれた．しかしそれで超伝導の理論が一新されたわけではないようである．むしろその機構の解明には BCS 理論や強結合理論などの基本をしっかり理解しなければならない．したがって，あまり新しいとはいえないが，一般化された BCS 理論等の解説がこの本で大きな比重を占めることになった．同時に，70 年代以後に発展したトピックスも内容に加えないわけにはいかない．結果的に圧縮した書き方になり，難解になったことが心配である．また巨視的トンネル効果，局在と超伝導，臨界現象など多くの重要な問題にはまったくふれずに終わってしまった．なお，ページ数の関係から金属電子論，多体問題の基礎的な知識を前提とせざるを得なかった．巻末にあげた参考書などでそのあたりを補われるよう読者にお願いしたい．

超伝導・超流動に関しては日頃，大見哲巨氏との数多くの議論から学んだところが大きい．また石黒武彦氏，池田隆介氏ほか多くの方々からいろいろと教示していただいた．大石隆一，紺谷浩の両君にはこの本の草稿を読んで難解な所や誤りを指摘し，また図 4-12 を作製してもらった．以上の諸氏に心から感謝しておきたい．最後になったがこの講座を担当された岩波書店の編集部には大変お世話になった．厚く御礼を申し上げる．

1993 年 1 月

恒藤敏彦

目次

超伝導と超流動

相互作用エネルギーに比べて量子力学的な零点振動のエネルギーが大きい粒子の作る系は，低温でも固体にならず，いわゆる量子液体になる．その代表的なものは，金属のような導体のなかの伝導電子と液体ヘリウムである．多くの導体は低温にしていくとそれぞれに特有の臨界温度 T_c で相転移をし，超伝導状態になる．また蒸気圧下で液体 ^{4}He は $T_c=2.17$ K（T_c のかわりに T_λ とよばれることが多い），液体 ^{3}He は $T_c=0.9$ mK で超流動状態になる．ふつう，荷電粒子系で生じるとき**超伝導**（superconductivity），中性粒子系では**超流動**（superfluidity）とよぶが，以下で見るとおり，両者は粒子の波動性が巨視的なスケールに現われるという点で共通した現象である．

1-1　基本的な現象

量子液体の性質にとって第1に重要なのは粒子の統計性である．同じヘリウムであっても液体 ^{3}He は 0.1 K 以下の温度で典型的な Fermi 液体になるが，超流動になるのは mK の超低温であって，それは Bose 粒子系である液体 ^{4}He の超流動とは現象面でもまた微視的な機構でも明らかな相異がある．表 1-1 に超伝導，超流動を示すことが知られている，あるいは理論的に予想される（表ではカッコに入れる）系を示す．Fermi 粒子系のものは，粒子の対形成によって生じると考えられ，その対の型によって性質が異なる．

表 1-1 超伝導・超流動を示す系

Fermi 型——対形成	Bose 型
伝導電子系 多くの金属，合金など——^{1}S 重い電子系——^{3}P，^{1}D 的？ 液体 ^{3}He——^{3}P ［^{4}He-^{3}He 混合液体中の ^{3}He——^{1}S？］ ［核子系：中性子星——^{1}S, ^{3}P］	液体 ^{4}He ［偏極水素 H↓気体］ ［エキシトン気体］

液体 ^{3}He については第 6 章，重い電子系は第 7 章で取り上げる．中性子星は，原子核の密度あるいはそれ以上の密度をもつ星で，それを構成する中性子と陽子の液体がそれぞれ超流体になると考えられている．次に偏極水素の気体とは，一様でない磁場を利用して電子スピンのそろった水素原子 H↓ を集めたものである．スピンがそろっているとスピン 1 重項の水素分子 H_2 にはならない．エキシトンとは光吸収で絶縁体中に生じた電子・空孔の束縛状態であり，やはり Bose 粒子とみなせる．高密度のエキシトンを作るには，たとえば Cu_2O の結晶にレーザー光のパルスを照射する方法が使われている．

通常の金属でみられる ^{1}S 対による超伝導と液体 ^{4}He の超流動が Fermi 型および Bose 型の典型である．以下第 1 章ではこの 2 つについて，超伝導・超流動がどのような現象かを説明しよう．

(1) **熱力学的な秩序相** 超伝導あるいは超流動状態は温度 $T>T_c$ での正常状態とは異なる熱力学的な相であり，その間の転移は，比熱などに異常をともなう相転移である．図 1-1 の比熱の温度変化をみると，T_c 付近で比熱が大きくなり，低温にして行くときエントロピーが急激に放出されるから，超伝導（超流動）状態は正常状態の延長よりもエントロピーの小さい，いいかえると秩序をもつ相である．次に，超伝導あるいは超流動を特徴づけるのはどんな秩序

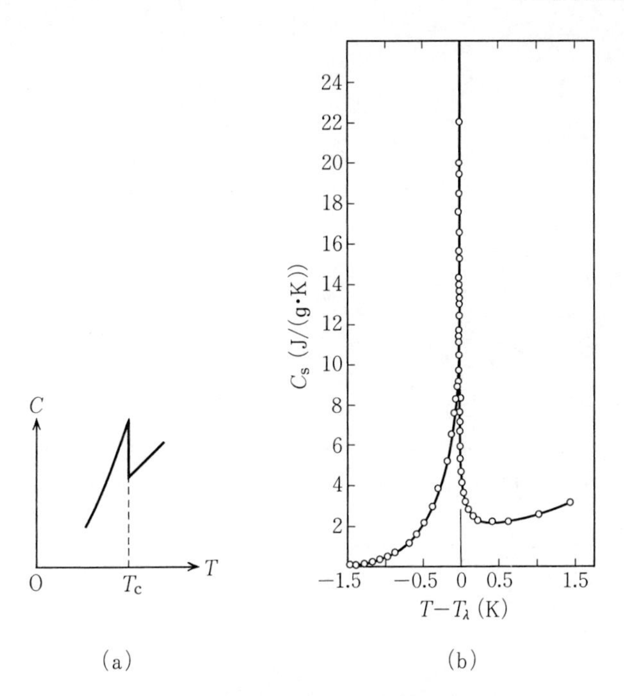

図 1-1 超伝導転移(a)および液体 ^{4}He の超流動転移(b)における比熱の異常．後者は $|T-T_\lambda|\to 0$ のとき発散する．超伝導に関しては図 3-3 も参照.

かを示す基本的な現象をあげよう．ただしここでは前者を主な対象とし，後者に関しては補足的に言及するに留める.

(2)**抵抗の消滅**　超伝導状態になると図 1-2 のように電気抵抗 ρ がゼロ，すなわち電気伝導率 $\sigma=\rho^{-1}$ が ∞ になる．Onnes は水銀の抵抗の低温での温度変化を測定していて超伝導を発見したが，現在でも新しい超伝導物質の探索でまず調べられるのは，このめざましい現象である．液体 ^{4}He の超流動では，内径が 10^{-7} m ていどの毛細管中でも粘性なしで流れる現象がこれに対応する．しかし円板を吊してその回転振動の減衰をみるという，液体の粘性を測る通常の方法を用いると，超流動状態の液体でも有限温度では粘性が観測される．また噴水効果とよばれる現象もあって，この液体は粘性なしに流れる超流体成分

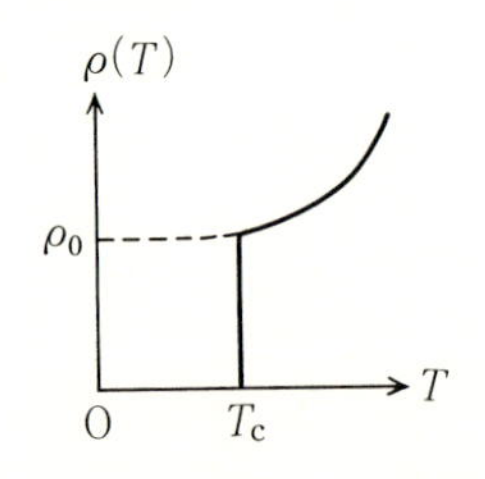

図 1-2 超伝導体の電気抵抗の温度変化．破線は磁場($>H_c$)によって正常状態に保った場合で，ρ_0は残留抵抗値．

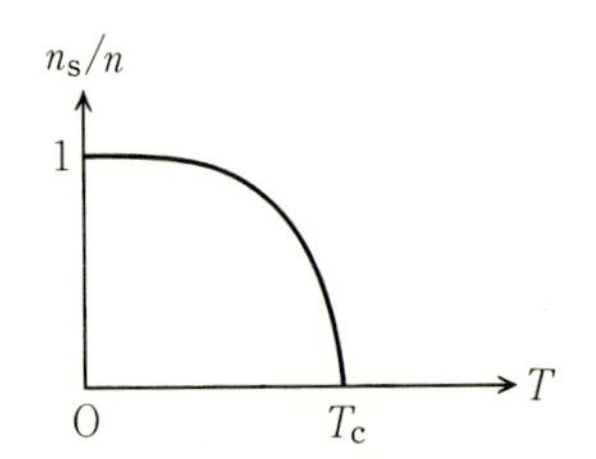

図 1-3 超流動成分 n_s の温度変化．

(粒子密度 n_s)と，粘性をもちエントロピーをになう常流体成分(n_n)とからなるという **2 流体理論**が提出された．図 1-3 のとおり，n_s は T_c 以下で有限となり，$T=0$ で $n_s=n$ (全粒子密度) となる．

(3) **完全反磁性**　たとえば $T_c=3.72$ K 以下に冷やした Sn の棒を，それに平行な弱い磁場 H のなかにおくと，表面だけに反磁性電流が流れて，内部に磁束は侵入しない．すなわち，完全反磁性を示す．これは **Meissner 効果**ともよばれる．また温度 T に依存する値 $H_c(T)$ 以上に外部磁場 H を大きくすると，超伝導状態はこわれて正常状態になる．この値を**臨界磁場**とよぶ．したがって，磁化 M と H の関係は図 1-4 の実線のようになる．しかし Nb_3Sn の

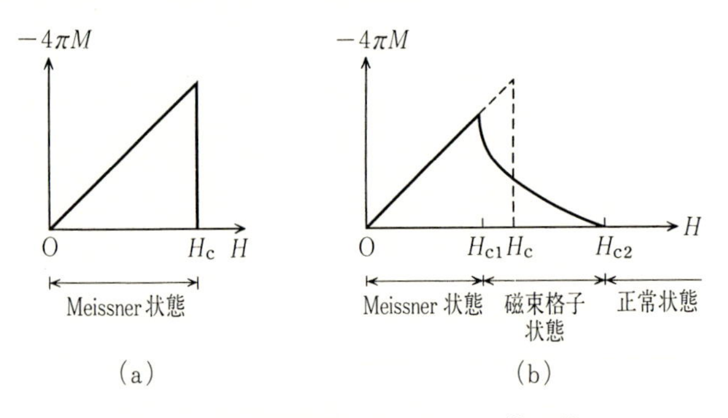

図 1-4 超伝導状態での磁化．(a)第 1 種の超伝導体，(b)第 2 種の超伝導体．

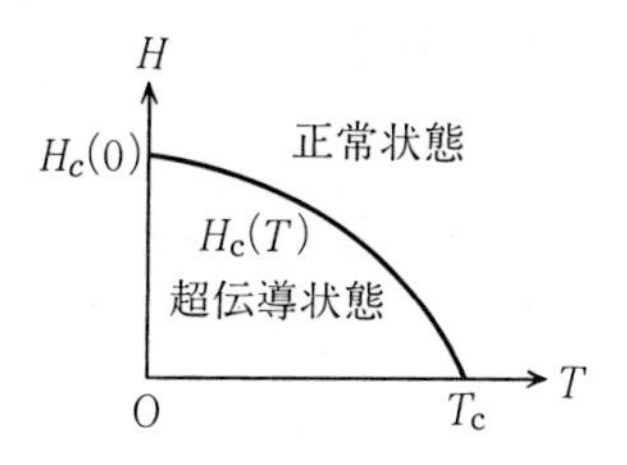

図 1-5 第1種の超伝導体の相図.

ような物質では図の実線で示すとおり**下部臨界磁場** $H_{c1}(T)$ で磁束が侵入し始め，**上部臨界磁場** $H_{c2}(T)$ 以上の磁場中で正常状態になる．前者を第1種の超伝導体，後者を第2種の超伝導体とよぶ．第1種の場合，H-T 面での相図は図 1-5 のようになる．

（4）**磁束の量子化**　超伝導になる金属の中空円筒を磁場中で T_c 以下に冷やすと，磁束は超伝導体のなかには入らないが，このとき中空部分を貫く磁束の大きさは，**磁束量子**

$$\phi_0 = 2\pi\hbar c/2e = 2.07\times10^{-15}\quad \text{weber}(=10^{-7}\,\text{gauss}\cdot\text{cm}^2) \qquad (1.1)$$

（$2\pi\hbar$ は Planck 定数，c は光速度，e は素電荷の大きさ）の整数倍であることが確かめられている．このとき $H=0$ としても，超伝導状態が保たれている限り，磁束はとらえられたままであり，当然それに見合う永久電流が円筒の内側表面

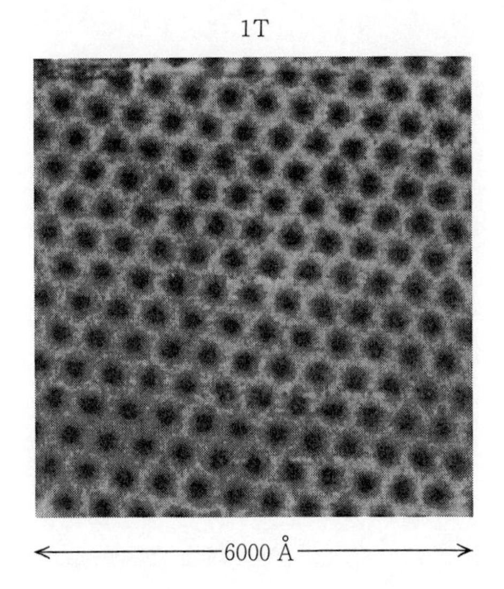

図 1-6 走査型トンネル顕微鏡による磁束格子の像．1 Tesla は，489×489 Å^2 に1個の磁束格子に相当する．5-4 節を参照．（H. F. Hess, R. B. Robinson, R. C. Dynes, J. M. Valles, Jr. and J. V. Waszczak: Phys. Rev. Lett. **62** (1989) 214）

に流れる(超伝導磁石)．また(3)で述べた第2種の超伝導体で，$H_{c1}<H<H_{c2}$ の外部磁場 H を加えると，磁束は図1-6のように格子状になって入っていて，個々の磁束のまわりに渦電流が流れる．その1つの格子に相当する磁束の大きさはちょうど ϕ_0 に等しい．なお，超伝導の本質を表わす現象としてJosephson効果があるが，それについては第3章でふれる．

電荷をもたない ^{4}He の超流動で対応するのは，循環の量子化である．流体力学で速度場 $\boldsymbol{v}(\boldsymbol{x})$ の閉曲線 C にそう線積分 $\Gamma=\oint_C \boldsymbol{v}d\boldsymbol{l}$ を C のまわりの**循環**という．超流動状態の液体 ^{4}He を容器ごと一定の角速度 $\boldsymbol{\omega}$ で回転させると，回転軸に平行な渦糸が格子状に並んだ状態になる．その1つの渦糸のまわりの循環は，m_4 を ^{4}He 原子の質量としたとき，**循環の量子**

$$\kappa \equiv 2\pi\hbar/m_4 = 0.997\times10^{-5}\quad \mathrm{m/s} \tag{1.2}$$

に等しい．角速度 $\boldsymbol{\omega}$ のときには単位面積あたり $2\omega/\kappa$ 本の渦糸量子が生じる．

1-2 Bose気体と巨視的波動関数

第2章以下では主としてFermi粒子系を扱うので，この章では上に述べた性質を示すBose粒子系の簡単なモデルを取り上げよう．体積 V のなかにある，相互作用のない理想Bose気体では，N を全粒子数とすると

$$k_{\mathrm{B}}T_{\mathrm{BE}} = \frac{2\pi\hbar^2}{m}\left(\frac{N}{2.6V}\right)^{2/3} \tag{1.3}$$

できまる温度 T_{BE} で**Bose-Einstein凝縮**とよばれる相転移が生じる(本講座第4巻)．$T<T_{\mathrm{BE}}$ では N と同じていどの数

$$N_0(T) = N[1-(T/T_{\mathrm{BE}})^{3/2}]$$

の粒子が最低エネルギーの1粒子状態 $\phi_0(\boldsymbol{x})$，一様な系であれば運動量 $\boldsymbol{p}=0$ の状態，を占める．巨視的な数の粒子が1つの状態に集まる(ただし運動量空間で)から，N_0 の部分は**凝縮体**(condensate)とよばれる．当然エントロピーは残りの熱的に励起されている $N-N_0$ 個の粒子がもつことになるから，凝縮体を超流体，残りを常流体成分と考えればよい．BE凝縮した状態では一種の

長距離秩序がある．それを端的に表わすのは粒子の生成消滅演算子 $\hat{\psi}^\dagger(\boldsymbol{x})$, $\hat{\psi}(\boldsymbol{x})$（1 粒子状態の波動関数と区別するためにこの章では ＾をつける）で表わされる密度行列であって，凝縮体があると

$$\rho(\boldsymbol{x},\boldsymbol{x}') \equiv \langle\hat{\psi}(\boldsymbol{x})\hat{\psi}^\dagger(\boldsymbol{x}')\rangle = N_0\psi_0(\boldsymbol{x})\psi_0{}^*(\boldsymbol{x}')+g(\boldsymbol{x}-\boldsymbol{x}') \qquad (1.4)$$

という形をとる．ここで $\langle\cdots\rangle$ は統計平均で，$g(\boldsymbol{x}-\boldsymbol{x}')$ は温度 T での de Broglie 波長ていどの短距離相関の部分を表わす．ただし凝縮体の波動関数 $\psi_0(\boldsymbol{x})$ は巨視的スケールでのみ変化するとした．高温相では短距離相関しかないが，BE 凝縮した状態では $|\boldsymbol{x}-\boldsymbol{x}'|$ がどんなに大きくなっても $\rho(\boldsymbol{x},\boldsymbol{x}')$ は粒子密度と同じていどの有限の大きさにとどまり，しかもその $\boldsymbol{x},\boldsymbol{x}'$ 依存性は，いわば独立に波動関数 ψ_0 で与えられることに注目しよう．これは一種の長距離秩序があることを示していて，それが密度行列の非対角成分に現われることから，ODLRO（off diagonal long range order）とよばれる．結晶の秩序の場合，$\langle\hat{\psi}^\dagger(\boldsymbol{x})\hat{\psi}(\boldsymbol{x})\hat{\psi}^\dagger(\boldsymbol{x}')\hat{\psi}(\boldsymbol{x}')\rangle\sim n(\boldsymbol{x})n(\boldsymbol{x}')$（$n(\boldsymbol{x})$ は結晶の周期性をもつ密度）となることと対比される．

（1.3）式の m として ^{4}He の原子の質量，密度 $n=N/V$ として液体 ^{4}He の値をとると $T_{\mathrm{BE}}=3.13$ K が得られ，実際の液体 ^{4}He の $T_\lambda=2.17$ K とそう違わない．またそれぞれ T_{BE} と T_λ でのエントロピーも同じていどの値である．これらの理由から F. London は ^{4}He の超流動が BE 凝縮によるものと推論した．

a） 希薄 Bose 気体

理想 Bose 気体の凝縮体を表わすような巨視的な波動関数を使うと，前節にあげた事実が定性的にはうまく説明できることを示そう．超流体に注目するため $T=0$ K に議論を限るが，すこし現実の液体 ^{4}He に近づけるために，粒子間に弱い斥力の相互作用があるとする．第 2 量子化の形式をとり，系のハミルトニアンを

$$H = \int d\boldsymbol{x}\left\{\frac{\hbar^2}{2m}\nabla\hat{\psi}^\dagger\nabla\hat{\psi}-\mu\hat{\psi}^\dagger\hat{\psi}\right\}$$

$$+\frac{1}{2}\iint d\boldsymbol{x}d\boldsymbol{x}'U(\boldsymbol{x}-\boldsymbol{x}')\hat{\psi}^\dagger(\boldsymbol{x}')\hat{\psi}(\boldsymbol{x}')\hat{\psi}^\dagger(\boldsymbol{x})\hat{\psi}(\boldsymbol{x}) \qquad (1.5)$$

と書く．ここで U は弱い斥力の相互作用，μ は全粒子数 N で定まる化学ポテンシャルとする．理想 Bose 気体の基底状態は，凝縮体の波動関数 $\psi_0(\boldsymbol{x})$ の状態に粒子を作る演算子を $a_0{}^\dagger$ とすると

$$|\Psi_{0N}\rangle = \frac{1}{\sqrt{N!}}(a_0{}^\dagger)^N|0\rangle \tag{1.6}$$

である．ここで $|0\rangle$ は真空状態を表わす．相互作用が充分小さければ，第1近似としてこれと同じ状態を使ってもよいであろう（希薄 Bose 気体に対する最低近似）．ただし，$\psi_0(\boldsymbol{x})$ は，エネルギーの期待値 $E_0=\langle\Psi_{0N}|H|\Psi_{0N}\rangle$ を最小にするという条件で定める．すなわち Hartree 近似を用いる．簡単のために $U(\boldsymbol{x})=g\delta(\boldsymbol{x})$ とおく．半径 a の hardcore 相互作用であれば，$g=4\pi a\hbar^2/m$ とすればよい．そうすると

$$\frac{E_0}{N} = \int d\boldsymbol{x}\left\{\frac{\hbar^2}{2m}\nabla\psi_0{}^*\nabla\psi_0-\mu|\psi_0|^2\right\}+g\int d\boldsymbol{x}|\psi_0|^4$$

波動関数 ψ_0 は複素量であるから $\psi_0{}^*$ と ψ_0 を独立とみなして，$\delta E_0/\delta\psi_0{}^*=0$，すなわち

$$-\frac{\hbar^2}{2m}\nabla^2\psi_0-\mu\psi_0+g|\psi_0|^2\psi_0 = 0 \tag{1.7}$$

が $\psi_0(\boldsymbol{x})$ をきめる式になる．これは，第5章で扱う Ginzburg-Landau 方程式と同じく，非線形 Schrödinger 方程式である．一様な状態では

$$|\psi_0|^2 = \mu/g = \bar{n}_\mathrm{s}$$

（$\bar{n}_\mathrm{s}$ は超流体の粒子密度で，いまの場合近似的に N/V に等しい）であるから，$\mu=\bar{n}_\mathrm{s}g$ として(1.7)式を

$$-\frac{1}{2}\xi^2\nabla^2\psi_0-\left(1-\frac{|\psi_0|^2}{\bar{n}_\mathrm{s}}\right)\psi_0 = 0 \tag{1.8}$$

と書こう．ただし回復距離とよばれる長さ

$$\xi = \hbar/\sqrt{mg\bar{n}_\mathrm{s}} \tag{1.9}$$

を導入した．斥力の相互作用のために，ある点で $|\psi_0|^2$ を $\bar{n}_\mathrm{s}$ からずらしても，この距離くらいで $\bar{n}_\mathrm{s}$ にもどるわけである．運動量密度は，$\boldsymbol{g}(\boldsymbol{x})=(\hbar/2i)\cdot$

$\{\psi^* \nabla\psi - \nabla\psi^* \cdot \psi\}$ であるから，いま考えている状態(1.6)では

$$\langle \boldsymbol{g}(\boldsymbol{x}) \rangle = n_s(\boldsymbol{x})\hbar\nabla\phi \tag{1.10}$$

で与えられる．ただし ψ_0, $\psi_0{}^*$ を振幅と位相で

$$\psi_0(\boldsymbol{x}) = \sqrt{n_s(\boldsymbol{x})}\,e^{i\phi(\boldsymbol{x})}$$

と表わした．したがって速度場 $\boldsymbol{v}_s \equiv \langle \boldsymbol{g} \rangle / mn_s$ は，巨視的波動関数の位相を流れのポテンシャルとするポテンシャル流であり，流体のなかにとった閉曲線のまわりの循環は $p\kappa$ (p = 整数) と量子化される．z 軸を中心とする直線の渦糸に対応する(1.8)の解は $\psi_0 = \sqrt{n_s(\boldsymbol{x})}e^{ip\theta}$ という形であり，速度場は $v_s\theta = p\kappa/r$ で与えられる．v_s が発散する z 軸の所では $n_s \to 0$ になり，渦糸は半径 ξ ていどの芯をもつ．超流動 ^{4}He で $|p| = 1$ の量子化された渦糸がいろいろな方法で確認されており，$\xi \sim 1$ Å ととればよいことが分かっている．

b) 電荷をもつ Bose 気体

ここまでは中性の Bose 気体を考えたが，かりにこれが電荷 e^* をもつとしよう(もちろん反対符号の電荷が一様に空間に分布しているとし，また粒子間の遮蔽された Coulomb 斥力は g の中に取り入れたものとする)．今度は磁場と結合するから，ベクトルポテンシャルを $\boldsymbol{A}$ とし $\left(\frac{\hbar}{i}\right)\nabla\psi_0 \to \left(\frac{\hbar}{i}\right)\left[\nabla - \frac{ie^*}{\hbar c}\boldsymbol{A}\right]\psi_0$ という置換をすればよい．特に $\langle \boldsymbol{g} \rangle$ に対応する電流密度は

$$\langle \boldsymbol{j}_s \rangle = \frac{e^*\hbar}{m^*} n_s\left(\nabla\phi - \frac{e^*}{\hbar c}\boldsymbol{A}\right) \tag{1.11}$$

となる．空間変化のスケールが ξ よりも大きいと $n_s \cong \bar{n}_s$ とおいてよい．そうすると Maxwell 方程式 $\nabla \times \boldsymbol{B} = (4\pi/c)\langle \boldsymbol{j}_s \rangle$ と組み合わせて

$$\begin{aligned} \nabla^2\boldsymbol{B} - \lambda_L{}^{-2}\boldsymbol{B} &= 0 \\ \lambda_L{}^{-2} &\equiv 4\pi\bar{n}_s e^{*2}/m^* c^2 \end{aligned} \tag{1.12}$$

が得られる．ここで導入した長さ λ_L は **London の侵入長**(penetration depth)とよばれる．$\bar{n}_s$ としてかりに金属中の伝導電子に対する値 $\sim 10^{23}/\mathrm{cm}^3$ を，m^*, e^* として電子の m, e を使うと，$\lambda_L \sim 10^{-5}$ cm となる．(1.12)が Meissner 効果を与えることを具体例で見よう．

厚さ $2d$ の超伝導の板がそれに平行な外部磁場 H の中におかれたとする．こ

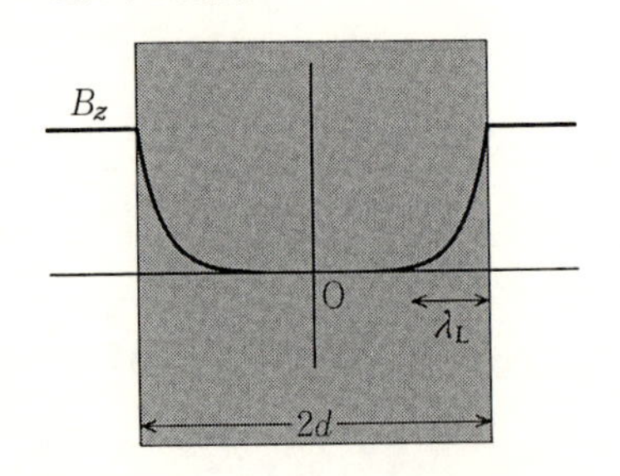

図 1-7 超伝導の板への磁場の侵入.

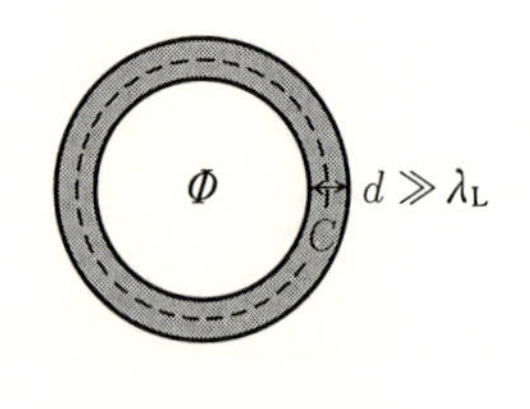

図 1-8 超伝導の円筒.

のとき $B_z(\pm d)=H$ という条件で(1.12)をとくと

$$B_z(x) = H\frac{\cosh(x/\lambda_L)}{\cosh(d/\lambda_L)} \qquad (|x|<d)$$

が解となる．$d \gg \lambda_L$ のとき，表面から λ_L ていどの所まで $\pm y$ 方向に j_s が流れ，内部に磁場が侵入しないことがわかる(図 1-7).

次に磁束の量子化が導けることを示そう．図 1-8 のように中空の所に磁束がとらえられているとする．厚さ $d \gg \lambda_L$ とすると，点線 C の所では，$\boldsymbol{B}=0$ また $\langle j_s \rangle=0$ であるから，(1.11)から

$$\oint_C \nabla\phi d\boldsymbol{l} = \oint_C \frac{e^*}{\hbar c}\boldsymbol{A}d\boldsymbol{l}$$

右辺は Stokes の定理により $(e^*/\hbar c)\boldsymbol{\Phi}$ に等しい．ここで $\boldsymbol{\Phi}$ はとらえられている磁束の大きさである．左辺で ϕ は位相であるから，1 周したときの変化が 2π の整数倍であればよい．したがって

$$\boldsymbol{\Phi} = 2\pi\frac{\hbar c}{e^*}p \qquad (p=\text{整数}) \tag{1.13}$$

が導かれる．じつは $e^*=2e$ とすると超伝導体で観測された磁束の量子化と一致し，電子の対が超流体を作っていることを示唆する．外部磁場の磁束が中心部だけにあって，超伝導体の所にはないようにしても，すなわち超伝導体は直接 $\boldsymbol{B}$ を感じていないとしても，同じ結果になる．すなわち，量子力学ではゲージ場 $\boldsymbol{A}$ 自身が物理的意味をもつという **Aharonov-Bohm** 効果のよい例である．

1-3 対称性のやぶれ

前節で見たように超流体の性質は，波動関数 $\phi_0(\boldsymbol{x})$ によってうまく記述される．しかし具体的にそれを求めるために，たんに凝縮体の存在する状態，たとえば(1.6)式の状態で $\hat{\phi}(\boldsymbol{x})$, $\hat{\phi}^\dagger(\boldsymbol{x})$ の期待値をとっても全粒子数一定である限り 0 になってしまう．しかし密度行列を扱うのは不便であり，むしろ

$$\langle \Psi_{0,N-1}|\hat{\phi}(\boldsymbol{x})|\Psi_{0N}\rangle, \quad \langle \Psi_{0,N+1}|\hat{\phi}^\dagger(\boldsymbol{x})|\Psi_{0N}\rangle \tag{1.14}$$

という量を考える方が都合がよい．同じ目的のために，N の異なる状態を適当に重ね合わせた状態,

$$|\Psi_0\rangle = \frac{1}{\sqrt{2m+1}}\sum_{m'=-m}^{m}|\Psi_{0,N+m'}\rangle \tag{1.15}$$

における期待値を用いてもよい．ただし $1 \ll m \ll N$. N が大きな数であれば

$$\langle \Psi_0|\hat{\phi}(\boldsymbol{x})|\Psi_0\rangle = \phi_0(\boldsymbol{x}) \tag{1.16}$$

であり，しかもいろいろな物理量の期待値は N の定まった状態におけるものと等しい．超流動状態に特有の長距離秩序を表わすのは，このように粒子数を定めない状態での期待値 $\langle\hat{\phi}(\boldsymbol{x})\rangle$ であって，これを**秩序パラメタ**とよぶ．粒子が 1 つの波の状態を占めているために古典量としての波動関数が考えられるというもっとも身近な例は電磁波やレーザー光であることを付け加えておこう．また(1.15)のような状態の典型は，生成消滅演算子の固有状態である**コヒーレント状態**(coherent state)である．

Fermi 粒子系では Pauli 原理のため 1 粒子状態に凝縮することはありえないが，粒子の対形成にともなって 2 粒子の密度行列 $\langle\hat{\phi}_\alpha(\boldsymbol{x})\hat{\phi}_\beta(\boldsymbol{x}+\boldsymbol{r})\hat{\phi}_\beta{}^\dagger(\boldsymbol{x}'+\boldsymbol{r}')\hat{\phi}_\alpha{}^\dagger(\boldsymbol{x}')\rangle$ に ODLRO が現われる．ここで $\hat{\phi}_\alpha{}^\dagger(\boldsymbol{x}), \hat{\phi}_\alpha(\boldsymbol{x})$ はスピン状態 α の粒子の生成消滅演算子である．したがって Fermi 粒子系の超流動・超伝導の秩序パラメタは $\langle\hat{\phi}_\alpha(\boldsymbol{x})\hat{\phi}_\beta(\boldsymbol{x}+\boldsymbol{r})\rangle$ という対の波動関数である(これが具体的にどんな形の関数かについては後の章で詳しく述べる)．

期待値 $\langle\hat{\phi}(\boldsymbol{x})\rangle$ や $\langle\hat{\phi}_\alpha(\boldsymbol{x})\hat{\phi}_\beta(\boldsymbol{x}+\boldsymbol{r})\rangle$ が有限である状態は，ゲージ変換に対

して不変ではない．すなわち，第1種のゲージ変換 $U=e^{i\alpha\hat{N}}$ ($\hat{N}$ は粒子数の演算子，α は定数) を行なったとき，

$$U|\Psi_N\rangle = e^{i\alpha N}|\Psi_N\rangle \tag{1.17}$$

のように状態ベクトルに定数の位相因子が付加されるだけではすまない．期待値自身も $\langle\hat{\psi}(\boldsymbol{x})\rangle \to e^{i\alpha}\langle\hat{\psi}(\boldsymbol{x})\rangle$ のように変換される．一般に系のハミルトニアンはいろいろな変換に対し不変であり，正常状態はその不変性を保っている．秩序ができるということは，より対称性の低い状態に移る，いいかえると，どれかの変換に対する不変性が失われることである．超伝導・超流動で生じる基本的な対称性のやぶれはゲージ変換に対するものである．しかし，液体 ^{3}He の超流動状態におけるように，対が内部構造をもつときには同時に回転対称性もやぶられることを注意しておこう．

粒子数を固定せず，$\langle\hat{\psi}\rangle, \langle\hat{\psi}\hat{\psi}\rangle$ を扱う理論の方が超伝導・超流動の本質を表わしていることを示すのは，3-4 節で述べる Josephson 効果である（いままでのところ，超流動では実験が可能ではないが，同じことが期待される）．この効果から，2つの超伝導体 A, B がトンネル接合で弱く結合し，電子がやりとりされる状況を作ると，それぞれの中の電子数 $N_{\mathrm{A}}, N_{\mathrm{B}}$ は一定の値をとらず，むしろ秩序パラメタである対の波動関数の位相差の方がはっきりした値をとることがわかる．超伝導・超流動では，強磁性における磁場のように，問題になる対称性をやぶる物理的な外場，いいかえると秩序パラメタと直接結合する外場が存在しない．したがって $\langle\hat{\psi}(x)\rangle$ などを“直接”見るには，トンネル接合のようにもう1つ同種の系をもってきて，それとの結合による応答を調べるほかないのである．

1-4 超流動性

相互作用があると，$T=0$ K の基底状態においても凝縮体の粒子数 N_0 は N よりも小さくなる．たとえば，運動量 $\boldsymbol{p}=0$ の状態に凝縮していても，相互作用によって2つの粒子は $(\boldsymbol{p}, -\boldsymbol{p})$ に散乱される，等々の過程があり，有限の $\boldsymbol{p}$

をもつ粒子数 $n_{\boldsymbol{p}}$ の期待値は有限になる．液体 ^{4}He では中性子散乱の実験からの推定も理論的評価も，$N_0 \cong 0.1N$ という結果になっている．しかし N_0 が $O(N)$ である限り，密度行列は 1-2 節の(1.4)式の形になり ODLRO は存在する．このとき $N-N_0$ 個の粒子は相互作用エネルギーを低くするために凝縮体とつねに一定の相関を保っている．したがって凝縮体が $\boldsymbol{v}_{\mathrm{s}}$ の速度で流れていると，それと同じ速度で動く観測者から見ると，$\boldsymbol{v}_{\mathrm{s}}=0$ のときの基底状態と同じに見えるはずである．したがって N_0 だけでなくすべての粒子が超流動成分となっているはずである．すなわち，$T=0\,\mathrm{K}$ では $n_{\mathrm{s}}=n$ となる．

現実には壁などによる散乱があるから，それによって流れが減衰しないことが超流動にとって必要である．それには基底状態だけでなく，励起状態を知らなくてはならない．運動量 $\boldsymbol{p}$ の素励起がエネルギー $\varepsilon_{\boldsymbol{p}}$ をもつとする．超流体が速度 $\boldsymbol{v}_{\mathrm{s}}$ で動いているとき，上に述べたように，それと一緒に動く系で見ると運動量 $\boldsymbol{p}$ の素励起のエネルギーは $\varepsilon_{\boldsymbol{p}}$ である．「壁」に静止している系へ Galilei 変換すると，その素励起のエネルギーは $\varepsilon_{\boldsymbol{p}}+\boldsymbol{p}\cdot\boldsymbol{v}_{\mathrm{s}}$ となる．したがって壁による散乱によって素励起を作ることにより，流れのエネルギーが下がって行かない，つまり流れが安定であるためには，すべての励起に対し **Landau の条件**

$$\varepsilon_{\boldsymbol{p}}+\boldsymbol{p}\cdot\boldsymbol{v}_{\mathrm{s}}>0 \tag{1.18}$$

がみたされなければならない．理想 Bose 気体はこの条件をみたしていない．液体 ^{4}He での素励起は図 1-9 に示す Landau スペクトルをもつフォノン・ロトンであり，この条件をみたしている．また超流動の臨界速度，$\boldsymbol{v}_{\mathrm{sc}}$ はなんらかの励起に対して(1.18)式で等号が成り立つ最小の $\boldsymbol{v}_{\mathrm{s}}$ である．超流動 ^{4}He で臨界速度をきめるのは多くの場合，フォノン・ロトン励起ではなく，量子化された渦糸である．

理想 Bose 気体における $\boldsymbol{p}^2/2m$ というエネルギーの粒子的な励起は，相互作用があるとすべて音波(密度波)という集団励起に吸収されて，pv_{s} というスペクトルをもつようになる．相互作用をする希薄 Bose 気体の理論(N. N. Bogoliubov, 1947, 巻末文献[F-2]に収録)によって具体的に示されたように，

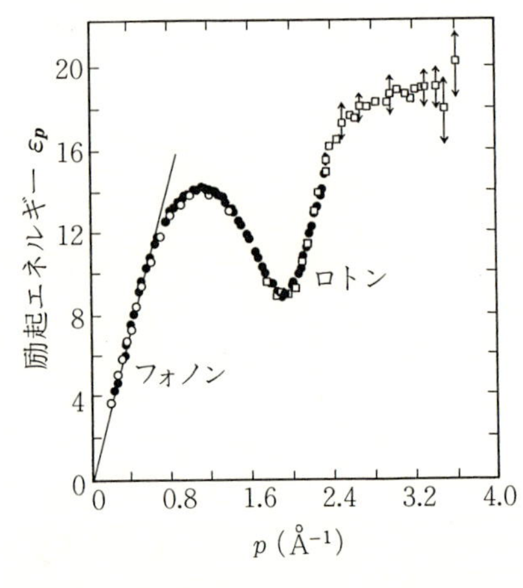

図 1-9 中性子非弾性散乱によって観測した超流動 ^{4}He の素励起．$p<0.8$ Å^{-1} がフォノン，1.4 $<p<2.4$ Å^{-1} がロトン領域とよばれる．(R. A. Cowley and A. D. B. Woods: Phys. Rev. Lett. **24** (1970) 646)

この機構には凝縮体の存在が不可欠である．Bogoliubov の理論は凝縮体にともなう平均場を出発点としたものであり，超伝導の理論で使う Bogoliubov 変換は最初ここで登場した．なお，前節で扱った希薄 Bose 気体で，凝縮体 $\psi_0=\sqrt{\bar{n}_s}$ のまわりの波数 p のゆらぎは，フォノン型のスペクトルをもつ．それを見るには，(1.7)式に相当する運動方程式

$$\left(\frac{i}{\mu}\frac{\partial}{\partial t}+1\right)\psi = -\frac{1}{2}\xi^2\nabla^2\psi+\frac{1}{\bar{n}_s}|\psi|^2\psi$$

を，$\psi=\sqrt{\bar{n}_s}+\delta\psi$ とおいて，$\delta\psi$ について線形化すればよい．固有振動数として

$$\omega^2 = (\bar{n}_s g/m)p^2+(p^2/2m)^2$$

が得られ，$p\to 0$ のとき $v_s=\sqrt{\bar{n}_s g/m}$ の音波になることがわかる．

有限温度での平衡状態では，「壁」に静止した平衡分布に従うフォノン・ロトンの励起が生じている．この熱的励起の気体が常流体成分であるとする立場から Landau は超流動 ^{4}He の理論を構成し，熱力学的性質，輸送現象などを定量的に扱うことに成功した．また超流動 ^{4}He における素励起がフォノン・ロトンスペクトルを持つことについては，R. Feynman の独創的な理論があるのを付記しておきたい(巻末文献[F-2]に収められている)．

2

対凝縮の平均場理論

金属の超伝導の微視的理論は，1957年に J. Bardeen，L. N. Cooper，J. R. Schrieffer(BCS)によって与えられた．このBCS理論のかなめとなるのは対凝縮という考えである．この章では，Fermi粒子系の超伝導・超流動の平均場理論を，通常の超伝導でのスピン1重項s波の対の場合だけでなく，液体 ^{3}He で詳しく調べられ，また中性子星や重い電子系で期待される内部自由度をもつ対にも適用できる形に定式化しておく．

2-1　相互作用，2粒子の束縛状態

Fermi面上の2つの粒子が，束縛状態を作るのが**対形成**(pairing)にほかならない．多体系における対形成を議論するための準備として，2つのスピン1/2のFermi粒子間の相互作用と束縛状態を考察しておこう．

粒子間には行列要素

$$\langle \boldsymbol{k}_+\alpha, -\boldsymbol{k}_-\beta | H_{\mathrm{I}} | \boldsymbol{k}_+'\alpha', -\boldsymbol{k}_-'\beta' \rangle \equiv V_{\alpha\beta,\alpha'\beta'}(\boldsymbol{k}, \boldsymbol{k}') \tag{2.1}$$

で与えられる相互作用 H_{I} が働くとする．ここで $|\boldsymbol{k}_+\alpha, -\boldsymbol{k}_-\beta\rangle$ は，運動量 $\boldsymbol{k}_+ = \boldsymbol{k} + \boldsymbol{q}/2$，$-\boldsymbol{k}_- = -\boldsymbol{k} + \boldsymbol{q}/2$，スピン α, β の状態に2つのFermi粒子がある

状態で，第2量子化の形式では，$|0\rangle$を真空として

$$|\boldsymbol{k}_+\alpha, -\boldsymbol{k}_-\beta\rangle = a_{k_+\alpha}{}^\dagger a_{-k_-\beta}{}^\dagger|0\rangle$$

と表わされる*．ただし $a_{k\alpha}{}^\dagger$ は運動量 $\boldsymbol{k}$，スピン α の状態に粒子を生成する演算子である．簡単のために(2.1)は $\boldsymbol{q}$ に依存しないとした．Fermi 粒子系の反対称性から，定義によって

$$\begin{aligned} V_{\beta\alpha,\alpha'\beta'}(-\boldsymbol{k},\boldsymbol{k}') &= V_{\alpha\beta,\beta'\alpha'}(\boldsymbol{k},-\boldsymbol{k}') \\ &= -V_{\alpha\beta,\alpha'\beta'}(\boldsymbol{k},\boldsymbol{k}') \end{aligned} \tag{2.2}$$

また Hermite 性から

$$V_{\alpha\beta,\alpha'\beta'}{}^*(\boldsymbol{k},\boldsymbol{k}') = V_{\alpha'\beta',\alpha\beta}(\boldsymbol{k}',\boldsymbol{k}) \tag{2.3}$$

でなければならない．

相互作用がスピンを変えないときには，(2.2)から

$$\begin{aligned} V_{\alpha\beta,\alpha'\beta'}(\boldsymbol{k},\boldsymbol{k}') &= \frac{1}{2}(\delta_{\alpha\alpha'}\delta_{\beta\beta'}-\delta_{\alpha\beta'}\delta_{\beta\alpha'})V^{(\mathrm{e})}(\boldsymbol{k},\boldsymbol{k}') \\ &\quad +\frac{1}{2}(\delta_{\alpha\alpha'}\delta_{\beta\beta'}+\delta_{\alpha\beta'}\delta_{\beta\alpha'})V^{(\mathrm{o})}(\boldsymbol{k},\boldsymbol{k}') \end{aligned} \tag{2.4}$$

と書ける．ただし

$$V^{(\mathrm{e}),(\mathrm{o})}(-\boldsymbol{k},\boldsymbol{k}') = V^{(\mathrm{e}),(\mathrm{o})}(\boldsymbol{k},-\boldsymbol{k}') = \pm V^{(\mathrm{e}),(\mathrm{o})}(\boldsymbol{k},\boldsymbol{k}') \tag{2.5}$$

たとえば相互作用が

$$H_{\mathrm{I}} = \frac{1}{2}\int V(|\boldsymbol{x}-\boldsymbol{x}'|)n(\boldsymbol{x})n(\boldsymbol{x}')d\boldsymbol{x}d\boldsymbol{x}'$$

のときには，

$$V^{(\mathrm{e}),(\mathrm{o})}(\boldsymbol{k},\boldsymbol{k}') = \frac{1}{2}[V(|\boldsymbol{k}-\boldsymbol{k}'|)\pm V(|\boldsymbol{k}+\boldsymbol{k}'|)] \tag{2.6}$$

である．

さて2粒子だけの系を考えよう．重心の運動量が $\boldsymbol{q}$ に等しいエネルギーの固有状態を

---

* この本では，誤解の恐れがないときは，以後ベクトル量の添字をボールドにしないことにする．したがって，$a_{\boldsymbol{k}}$ はたんに a_k と書く．

$$\sum_{k,\alpha\beta} C_{\alpha\beta}(\boldsymbol{k},\boldsymbol{q})|\boldsymbol{k}_+\alpha, -\boldsymbol{k}_-\beta\rangle$$

と表わそう．$C_{\alpha\beta}(\boldsymbol{k},\boldsymbol{q})$ は運動量表示での波動関数であって，

$$C_{\beta\alpha}(-\boldsymbol{k},\boldsymbol{q}) = -C_{\alpha\beta}(\boldsymbol{k},\boldsymbol{q}) \tag{2.7}$$

に従う．Schrödinger 方程式はこの表示では

$$\left\{\frac{1}{2m}(\boldsymbol{k}_+{}^2+\boldsymbol{k}_-{}^2)-E\right\}C_{\alpha\beta}(\boldsymbol{k},\boldsymbol{q})+\sum_{k',\alpha'\beta'}V_{\alpha\beta,\alpha'\beta'}(\boldsymbol{k},\boldsymbol{k}')C_{\alpha'\beta'}(\boldsymbol{k}',\boldsymbol{q}) = 0 \tag{2.8}$$

となる．スピンに依らない相互作用(2.4)のときには，固有関数はただちに，

$$C_{\alpha\beta}(\boldsymbol{k},\boldsymbol{q}) = C_{\alpha\beta}(-\boldsymbol{k},\boldsymbol{q}) = -C_{\beta\alpha}(\boldsymbol{k},\boldsymbol{q}) \tag{2.9}$$

をみたすスピン1重項のものと，

$$C_{\alpha\beta}(\boldsymbol{k},\boldsymbol{q}) = -C_{\alpha\beta}(-\boldsymbol{k},\boldsymbol{q}) = C_{\beta\alpha}(\boldsymbol{k},\boldsymbol{q}) \tag{2.10}$$

のスピン3重項のものとにわかれることがわかる．

以下，簡単のためにスピンの添字と対称性の記号(e)，(o)を省略し，また $\boldsymbol{q}=0$ とおこう．(2.8)式は

$$\Lambda(\boldsymbol{k}) \equiv \sum_{k'} V(\boldsymbol{k},\boldsymbol{k}')C(\boldsymbol{k}')$$

$$\Lambda(\boldsymbol{k}) = \sum_{k'} V(\boldsymbol{k},\boldsymbol{k}')\frac{1}{E-\boldsymbol{k}'^2/m}\Lambda(\boldsymbol{k}') \tag{2.11}$$

と書きなおせる．相互作用が運動量空間の回転に対し不変であるとすると，

$$\begin{aligned} V(\boldsymbol{k},\boldsymbol{k}') &= V(k,k',\hat{\boldsymbol{k}}\cdot\hat{\boldsymbol{k}}') = \sum_l (2l+1)V_l(k,k')P_l(\hat{\boldsymbol{k}}\cdot\hat{\boldsymbol{k}}') \\ &= 4\pi\sum_l V_l(k,k')\sum_{m=-l}^{l} Y_l{}^m(\Omega_{\hat{k}})Y_l{}^{-m}(\Omega_{\hat{k}'}) \end{aligned} \tag{2.12}$$

のように展開できる．ここで $\hat{\boldsymbol{k}}\equiv\boldsymbol{k}/|\boldsymbol{k}|$，$\Omega_{\hat{k}}$ は立体角．このとき(2.11)は

$$\Lambda(\boldsymbol{k}) = \sum_{l,m}\Lambda_l{}^m(k)Y_l{}^m(\Omega_{\hat{k}})$$

の部分波に対する式

$$\Lambda_l{}^m(k) = \frac{1}{2\pi^2}\int_0^\infty dk'k'^2 V_l(k,k')\frac{1}{E-k'^2/m}\Lambda_l{}^m(k') \tag{2.13}$$

となる．束縛状態は固有値 $E<0$ の解に対応する．一般には k, k' 依存性があって簡単ではないが，V_l が負であれば，その軌道角運動量 l をもつ束縛状態が可能である．条件(2.8)((2.9))から l が偶数(奇数)の束縛状態はスピン 1 重項(3 重項)状態でなければならない．一例をあげると，水素原子では $V_{kk'}=4\pi e^2/|\boldsymbol{k}-\boldsymbol{k}'|^2$ であり，基底状態の 1s 状態の波動関数は

$$C_k = \sqrt{\frac{2}{\pi}}\frac{4k}{(1+k^2)^2}$$

に等しい(V. Fock: Z. für Physik, Bd. **98** (1936) 145)．いまデルタ関数的な s 波($l=0$)の相互作用，すなわち，$V_0(k,k')\cong-\lambda=\text{const.}$ ($k,k'\leqq K_c$)，その他の値では $=0$，をとってみよう．このとき引力($\lambda>0$)であれば，$E<0$ の解は

$$K_c/\sqrt{m|E|} = \tan\frac{K_c}{\sqrt{m|E|}}\left(1-\frac{2\pi^2}{mK_c\lambda}\right) \tag{2.14}$$

で定まる．深さ U，幅 a の 3 次元井戸型ポテンシャルと対応させるには，$\lambda=Ua^3$，$K_c=a^{-1}$ とおけばよい．$4\pi mK_c\lambda>1$ でないと束縛状態は作らないことに注意しよう．また 1 次元の問題であれば(2.11)式はどんなに λ が小さくても束縛状態の解を与える．

2-2 Cooper 対，BCS 基底状態

理想 Fermi 気体に限らず，金属電子や液体 ^{3}He のように相互作用がある Fermi 系でも Pauli 原理のため充分低い温度での状態は Fermi 分布に従う準粒子の系，いわゆる Fermi 液体とみなせる(本講座第 16 巻)．もし相転移がなければこの系の $T=0$ K の基底状態は準粒子に対する Fermi 球で表わされる．運動量 $\boldsymbol{k}$，スピン α の状態に準粒子(以下では単に粒子という)を作る演算子を $a_{k\alpha}{}^\dagger$ とすると，Fermi 球の状態は

$$|\Psi_{\mathrm{F}}\rangle = \prod_{k,\alpha} a_{k\alpha}{}^{\dagger}|0\rangle \tag{2.15}$$

と書ける．ただし $|0\rangle$ は真空状態，積は Fermi 球の内部の状態にわたる．粒子密度 n は Fermi 運動量 k_{F} で $n=k_{\mathrm{F}}{}^3/3\pi^2$ と与えられること，また Fermi 面での状態密度すなわち単位体積・単位エネルギーあたりの 1 粒子状態の数は，

$$\frac{dn(k_{\mathrm{F}})}{d(k_{\mathrm{F}}{}^2/2m)} = \frac{m}{\pi^2}k_{\mathrm{F}} \equiv 2N(0) \tag{2.16}$$

であることを思い起そう（$N(0)$ はスピンの向きを決めたときの状態密度）．ここで準粒子の有効質量をたんに m と書いた．Fermi 面上の状態がすべて縮退しているということが Fermi 粒子系の物理にとって重要な点であることもくり返しておこう．

系のハミルトニアンは，前節(1.1)式の行列要素を使って

$$H = \sum_{k,\alpha}\xi_k a_{k\alpha}{}^{\dagger}a_{k\alpha} + \frac{1}{2}\sum_{\substack{k,k',q\\ \alpha\beta,\alpha'\beta'}} V_{\alpha\beta,\alpha'\beta'}(\boldsymbol{k},\boldsymbol{k}')a_{-k_-\beta}{}^{\dagger}a_{k_+\alpha}{}^{\dagger}a_{k'_+\alpha'}a_{-k'_-\beta'} \tag{2.17}$$

とする．ここで和はすべての添字について行なう．また化学ポテンシャルを μ として

$$\xi_k = \boldsymbol{k}^2/2m - \mu$$

は Fermi 面から測った粒子のエネルギーである．平衡状態では $\mu=k_{\mathrm{F}}{}^2/2m$ としてよい．

相互作用が引力の場合，それがどんなに弱くても Fermi 球の基底状態(2.15)よりもエネルギーの低い状態があることを示そう．そのために一例として Fermi 球の外に，重心の運動量が 0，スピン 1 重項の粒子の対がある状態（図 2-1）

$$|\Psi\rangle = \sum_{k>k_{\mathrm{F}}} C_k a_{k\uparrow}{}^{\dagger}a_{-k\downarrow}{}^{\dagger}|\Psi_{\mathrm{F}}\rangle \tag{2.18}$$

を考える（$C_{\uparrow\downarrow}(\boldsymbol{k})=-C_{\downarrow\uparrow}(\boldsymbol{k})\equiv C_k$）．相互作用は，Fermi 球の外の（$\boldsymbol{k}\uparrow, -\boldsymbol{k}\downarrow$）から（$\boldsymbol{k}'\uparrow, -\boldsymbol{k}'\downarrow$）に対を散乱するだけであるという近似をすると，Fermi 球

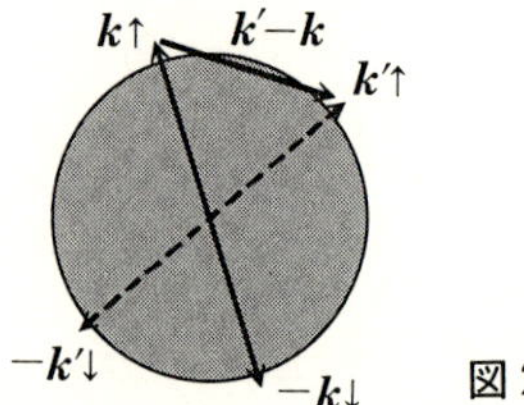

図 2-1

の土台の上に乗っていることを除けば，前の2粒子だけのときと全く同じ問題になり，(2.13)の k' の積分で $k'>k_{\mathrm{F}}$ の条件をつけるだけでよい．相互作用として s 波($l=0$)だけをとり

$$V_{l=0}(k,k') = \begin{cases} -g & (\omega_{\mathrm{c}}>\xi_k, \xi_{k'}>0) \\ 0 & (\text{それ以外}) \end{cases} \tag{2.19}$$

とおこう．ただし $\omega_{\mathrm{c}} \ll \varepsilon_{\mathrm{F}} = k_{\mathrm{F}}^2/2m$ とする．すなわち Fermi 面からエネルギー ω_{c} の範囲内の粒子間に一定の引力が働くとする．$\boldsymbol{k}'$ の和を $N(0)\int d\xi$ で近似すると，固有値 $-|E|$ を定める

$$1 = N(0)g\int_0^{\omega_{\mathrm{c}}} d\xi \frac{1}{|E|+2\xi} = N(0)g \ln \frac{|E|+2\omega_{\mathrm{c}}}{|E|} \tag{2.20}$$

という式が得られ，必ず解 $|E|$ がある．Fermi 球の状態のとき $E=0$ であるから，この結果は，どんなに弱くても引力の相互作用があれば Fermi 球の状態が上のような対，すなわち Cooper 対ができた状態に対して不安定であり，基底状態ではありえないことを意味する．$N(0)g \ll 1$ のとき(2.20)から

$$|E| \cong 2\omega_{\mathrm{c}} e^{-1/N(0)g} \tag{2.21}$$

となる．g への特異な依存性は，この結果が g のベキ展開による摂動論では求められないことを示している．

k 表示での Cooper 対の波動関数 $C_k \propto (|E|+2\xi_k)^{-1}$ は，実空間での波動関数

$$\psi(\boldsymbol{x}) = \sum_k C_k e^{i\boldsymbol{k}\cdot\boldsymbol{x}} \propto \int dk \frac{\sin kr}{kr} \frac{1}{|E|+2(k-k_{\mathrm{F}})v_{\mathrm{F}}} \qquad (k_{\mathrm{F}}<k<k_{\mathrm{c}}) \tag{2.22}$$

に相当する．ここで $\boldsymbol{x}$ は対の相対座標，$r=|\boldsymbol{x}|$，k_{c} は $\xi_{k_{\mathrm{c}}} \cong (k_{\mathrm{c}}-k_{\mathrm{F}})v_{\mathrm{F}} = \omega_{\mathrm{c}}$ で

きめられる．$\psi(\boldsymbol{x})$ は r が大きくないと $r^{-1}\cos k_{\mathrm{F}}r$ のように変化するが，$r \gtrsim v_{\mathrm{F}}/|E|$ では r^{-1} より早く減少する．したがって対のひろがりは $v_{\mathrm{F}}/|E|$ くらいと考えてよい．Cooper 対は Fermi 球の上に形成されるので，同じ束縛エネルギーをもつ真空中の対よりも $\sqrt{\varepsilon_{\mathrm{F}}/|E|}$ だけひろがりが大きい．

BCS 理論の基底状態　もともと問題にしているのは多体系であるから，引力によって 1 個の Cooper 対ができるとするときには，Fermi 面近傍の粒子はすべてなんらかの形で対を作って全体のエネルギーを下げるはずである．議論をはっきりさせるために，上と同様に対のスピン状態は 1 重項とすると，対の状態は k 表示での波動関数 C_k（$C_{\uparrow\downarrow}(\boldsymbol{k},\boldsymbol{q})=C_{\uparrow\downarrow}(-\boldsymbol{k},\boldsymbol{q})\equiv C_k$，$C_{\uparrow\uparrow}=C_{\downarrow\downarrow}=0$）で表わされる（(2.9)式）．系のエネルギーを小さくするには Bose 粒子系の BE 凝縮のように，すべての粒子がもっとも束縛エネルギーの大きい同一状態の対を作るのがよいであろう．

特に異なる対の間の遷移で引力の行列要素を生かすには，すべての対の重心運動量 $\boldsymbol{q}$ は同じでなければならない．ここでは $\boldsymbol{q}=0$ としよう．とすると基底状態は，N を全粒子数として

$$|\Psi_N\rangle = \Big(\sum_k C_k a_{k\uparrow}{}^{\dagger} a_{-k\downarrow}{}^{\dagger}\Big)^{N/2}|0\rangle \tag{2.23}$$

という形になるであろう．座標表示で書くと，これは

$$|\Psi_N\rangle = \mathscr{A}\prod_{i\neq j}\psi(\boldsymbol{x}_i-\boldsymbol{x}_j)s_{ij}$$

という 2 粒子の波動関数の積の形であることを注意しておく．ここで $\mathscr{A}$ は反対称化の記号，s_{ij} は i,j 粒子のスピンが 1 重項状態にあることを示す．(2.23) は $N/2$ 個の $a_{k\uparrow}{}^{\dagger}a_{-k\downarrow}{}^{\dagger}$ の積の和であるが，1 つの $\boldsymbol{k}$ だけに注目すると，粒子対がある状態とない状態の重ね合わせになっている．したがって

$$|\Psi_N\rangle = P_N\prod_k(1+C_k a_{k\uparrow}{}^{\dagger}a_{-k\downarrow}{}^{\dagger})|0\rangle$$

とも書けるはずである．ここで P_N は N 個粒子のある状態への射影演算子である．規格化して

$$|\Psi_N\rangle = P_N \prod_k (u_k + v_k a_{k\uparrow}{}^\dagger a_{-k\downarrow}{}^\dagger)|0\rangle = P_N|\Psi_0\rangle \qquad (2.24)$$

と表わそう．ただし

$$u_k = (1+|C_k|^2)^{-1/2}, \qquad v_k = C_k(1+|C_k|^2)^{-1/2} \qquad (2.25)$$

状態(2.24)で 粒子数$=N$の条件をつけない $|\Psi_0\rangle$ では

$$\bar{N} = \langle\Psi_0|\sum_{k,\sigma} a_{k\sigma}{}^\dagger a_{k\sigma}|\Psi_0\rangle = 2\sum_k |v_k|^2$$

$$\overline{(N-\bar{N})^2} = 4\sum_k |v_k|^2(1-|v_k|^2) = O(\bar{N})$$

である．したがって $\bar{N}=N$ となるようにすれば，N が大きいときには $|\Psi_N\rangle$ の代わりに $|\Psi_0\rangle$ を使ってもよいだろう．この $|\Psi_0\rangle$ が BCS 理論で始めて与えられた近似的な基底状態である．なお，$v_k=1$ $(k\leqq k_{\mathrm{F}})$，$v_k=0$ $(k>k_{\mathrm{F}})$ とすると $|\Psi_0\rangle$ は Fermi 球 $|\Psi_{\mathrm{F}}\rangle$ になる．次節で見るとおり，実際の超伝導状態では引力の相互作用が有効に働く Fermi 面近傍で $|v_k|$ が 1 と 0 の間の値をとる．

$|\Psi_0\rangle$ という状態では期待値 $\langle\Psi_0|a_{-k\downarrow}a_{k\uparrow}|\Psi_0\rangle, \langle\Psi_0|a_{k\uparrow}{}^\dagger a_{-k\downarrow}{}^\dagger|\Psi_0\rangle$ が有限に残る．したがって 1-3 節で注意したとおり，$|\Psi_0\rangle$ はゲージ変換の対称性をやぶった状態である．$|\Psi_0\rangle$ が $|\Psi_N\rangle$ よりもはるかに単純で，しかも本質をとらえていることは以下の考察で明らかになる．$|\Psi_0\rangle$ はいうまでもなく正確な基底状態ではなく，いわば変分関数であって，u_k, v_k はハミルトニアン(2.17)の期待値 $E=\langle\Psi_0|H|\Psi_0\rangle$ を極小にするという条件で定められる．

2-3　対凝縮の平均場理論

もともと BCS 理論は $|\Psi_0\rangle$ という基底状態から出発したが，じつは対の期待値が有限であることを前提とした平均場の理論であり，その立場からもっとも簡明に展開される．後の応用を考えて，対の状態はなるべく一般的なものとし，また始めから有限温度の超伝導状態を扱おう．したがって上の期待値の代わりに統計平均

$$\Psi_{\alpha\beta}(\boldsymbol{k}) \equiv \langle a_{k\alpha} a_{-k\beta} \rangle$$
$$\Psi_{\alpha\beta}^{*}(\boldsymbol{k}) \equiv \langle a_{-k\beta}{}^{\dagger} a_{k\alpha}{}^{\dagger} \rangle \tag{2.26}$$

が有限であると仮定する．これは**対の振幅**とよばれる．

Fermi 粒子であるから，(2.7)式と同じく，

$$\Psi_{\beta\alpha}(-\boldsymbol{k}) = -\Psi_{\alpha\beta}(\boldsymbol{k}) \tag{2.27}$$

でなければならない．平均場の近似を行なうために，ハミルトニアン(2.17)で，いま考えている対の間の遷移を起こさせる相互作用の項だけを残そう．対はすべて同じ重心の運動量(いまは0とする)をもつから，q の和はとらなくてもよい．平均場の近似では，残った相互作用を

$$\frac{1}{2}\sum V_{\alpha\beta,\alpha'\beta'}\left[\Psi_{\alpha\beta}^{*}(\boldsymbol{k})+(a_{-k\beta}{}^{\dagger}a_{k\alpha}{}^{\dagger}-\Psi_{\alpha\beta}^{*}(\boldsymbol{k}))\right]$$
$$\times\left[\Psi_{\alpha'\beta'}(\boldsymbol{k}')+(a_{k'\alpha'}a_{-k'\beta'}-\Psi_{\alpha'\beta'}(\boldsymbol{k}'))\right]$$

と書き，さらに平均値からのゆらぎが小さいとして[　]内の第2項の積を無視する．ここで，対の振幅(2.26)による平均場

$$\Delta_{\alpha\beta}(\boldsymbol{k}) \equiv \sum V_{\alpha\beta,\alpha'\beta'}(\boldsymbol{k},\boldsymbol{k}')\Psi_{\alpha'\beta'}(\boldsymbol{k}')$$
$$\Delta_{\beta\alpha}{}^{\dagger}(\boldsymbol{k}) \equiv \sum V_{\alpha'\beta';\alpha\beta}(\boldsymbol{k}',\boldsymbol{k})\Psi_{\alpha'\beta'}^{*}(\boldsymbol{k}') \tag{2.28}$$

を導入する．平均場 Δ は，(2.2)式から，上の(2.27)と同じく

$$\Delta_{\alpha\beta}(\boldsymbol{k}) = -\Delta_{\beta\alpha}(-\boldsymbol{k}) \tag{2.29}$$

に従う．$\Delta, \Delta^{\dagger}$ を使うと，平均場近似でのハミルトニアン $\mathcal{H}_{\mathrm{mf}}$ は

$$\mathcal{H}_{\mathrm{mf}} = \sum_{k,\alpha}\xi_{k\alpha}a_{k\alpha}{}^{\dagger}a_{k\alpha}+\frac{1}{2}\sum\{\Delta_{\beta\alpha}{}^{\dagger}(\boldsymbol{k})a_{k\alpha}a_{-k\beta}$$
$$+a_{-k\beta}{}^{\dagger}a_{k\alpha}{}^{\dagger}\Delta_{\alpha\beta}(\boldsymbol{k})-\Delta_{\beta\alpha}{}^{\dagger}(\boldsymbol{k})\Psi_{\alpha\beta}(\boldsymbol{k})\} \tag{2.30}$$

と与えられる．対の平均場は，粒子対を作ったり消したりする作用をする．平均場近似では，(2.26)のような統計平均も $\mathcal{H}_{\mathrm{mf}}$ を使って行なわれる*：

$$\langle\cdots\rangle = Z^{-1}\,\mathrm{Tr}(e^{-\beta\mathcal{H}_{\mathrm{mf}}}\cdots), \qquad Z \equiv \mathrm{Tr}(e^{-\beta\mathcal{H}_{\mathrm{mf}}}) \tag{2.31}$$

---

* この本では，絶対温度を表わすのに，T および $\beta\equiv 1/k_{\mathrm{B}}T$ という2つの記号を自由に使うことにする．

平均場 $\boldsymbol{\Delta}_k$ の表示

次に行なうのは(2.30)を対角化することであるが，その前に対の振幅あるいは平均場 Δ の表示にふれておこう．2-1 節で考察した 2 粒子の束縛状態と同様に，まず対のスピン状態は 1 重項か 3 重項かのどちらかに分類される．

スピン空間の回転に対し，対の振幅(2.26)がどのように変換されるかを見よう．スピン 1/2 粒子の場合，単位ベクトル $\boldsymbol{n}$ の方向のまわりに微小角 $\delta\theta$ だけスピン状態を回転させるユニタリ行列は

$$R = 1+\frac{i}{2}\delta\theta\boldsymbol{n}\cdot\boldsymbol{\sigma} \tag{2.32}$$

である．ここで $\boldsymbol{\sigma}=(\sigma_1,\sigma_2,\sigma_3)$ は Pauli 行列

$$\sigma_1 = \begin{pmatrix} 0 & 1 \\ 1 & 0 \end{pmatrix}, \quad \sigma_2 = \begin{pmatrix} 0 & -i \\ i & 0 \end{pmatrix}, \quad \sigma_3 = \begin{pmatrix} 1 & 0 \\ 0 & -1 \end{pmatrix} \tag{2.33}$$

である．これによって $\Psi_{\alpha\beta}$ は

$$\Psi_{\alpha\beta}{}' = R_{\alpha\gamma}R_{\beta\eta}\Psi_{\gamma\eta} = R_{\alpha\gamma}\Psi_{\gamma\eta}R_{\eta\beta}{}^{\mathrm{T}}$$

と変換される．$-\sigma_2\boldsymbol{\sigma}\sigma_2=\boldsymbol{\sigma}^{\mathrm{T}}$ を利用して

$$\begin{aligned} \Psi' &= \Psi+\frac{i}{2}\delta\theta\boldsymbol{n}\cdot(\boldsymbol{\sigma}\Psi-\Psi\sigma_2\boldsymbol{\sigma}\sigma_2) \\ &= \Psi+\frac{i}{2}\delta\theta\boldsymbol{n}\cdot(\boldsymbol{\sigma}\Psi\sigma_2-\Psi\sigma_2\boldsymbol{\sigma})\sigma_2 \end{aligned} \tag{2.34}$$

したがって，スピン空間の回転に対し不変なスピン 1 重項と，ベクトルのように変換されるスピン 3 重項の対に対し，それぞれ

$$\Psi^{(1)} = A(\boldsymbol{k})i\sigma_2 \tag{2.35}$$

$$\Psi^{(3)} = \boldsymbol{A}(\boldsymbol{k})\cdot i\boldsymbol{\sigma}\sigma_2 \tag{2.36}$$

という表現が与えられる．後者を(2.34)に代入すると，$\Psi'=(\boldsymbol{A}+\delta\theta\boldsymbol{n}\times\boldsymbol{A})\cdot(i\boldsymbol{\sigma}\sigma_2)$ となり，$\boldsymbol{A}$ がベクトルの変換をすることがわかる．1 重項(3 重項)の対の軌道状態は，A あるいは $\boldsymbol{A}$ の $\boldsymbol{k}$ 依存性で表わされることになる．反対称性(2.27)から

$$
\begin{aligned}
&1\,\text{重項} \qquad A(-\boldsymbol{k}) = A(\boldsymbol{k}) \\
&3\,\text{重項} \qquad \boldsymbol{A}(-\boldsymbol{k}) = -\boldsymbol{A}(\boldsymbol{k})
\end{aligned}
\tag{2.37}
$$

でなければならない．したがって，もっとも一般的な対の振幅の形は $A, \boldsymbol{A}$ を用いて

$$
\Psi = \Psi^{(1)} + \Psi^{(3)} = \begin{pmatrix} -A_1 + iA_2 & A_3 + A \\ A_3 - A & A_1 + iA_2 \end{pmatrix} \tag{2.38}
$$

と表わされる．

(2.28)式の平均場 $\Delta(\boldsymbol{k})$ に対しても同様の表示が可能である．もし相互作用が 2-1 節の(2.4)式の形であれば，1 重項の対は

$$
\begin{aligned}
\hat{\Delta}(\boldsymbol{k}) &= \Delta(\boldsymbol{k}) i\sigma_2 \\
\Delta(\boldsymbol{k}) &= \sum_{k'} V^{(\mathrm{e})}(\boldsymbol{k}, \boldsymbol{k}') A(\boldsymbol{k}')
\end{aligned}
\tag{2.39}
$$

3 重項の場合は

$$
\begin{aligned}
\hat{\Delta}(\boldsymbol{k}) &= \boldsymbol{\Delta}(\boldsymbol{k}) \cdot i\boldsymbol{\sigma}\sigma_2 \\
\boldsymbol{\Delta}(\boldsymbol{k}) &= \sum_{k'} V^{(\mathrm{o})}(\boldsymbol{k}, \boldsymbol{k}') \boldsymbol{A}(\boldsymbol{k}')
\end{aligned}
\tag{2.40}
$$

と表わされる．$\boldsymbol{\Delta}(\boldsymbol{k})$ は d ベクトルとよばれ，$\boldsymbol{A}$ と同じくスピン空間の回転に対しベクトルの変換をする．容易に

$$
\hat{\Delta}^{\dagger} \hat{\Delta} = \boldsymbol{\Delta}^* \cdot \boldsymbol{\Delta} + i(\boldsymbol{\Delta}^* \times \boldsymbol{\Delta}) \cdot \boldsymbol{\sigma} \tag{2.41}
$$

が示される．これはスピンの量子化軸を回転させて $\boldsymbol{\Delta}^* \times \boldsymbol{\Delta} /\!/ \hat{z}$ とすれば対角化され，固有値は $\boldsymbol{\Delta}^* \cdot \boldsymbol{\Delta} \pm |\boldsymbol{\Delta}^* \times \boldsymbol{\Delta}|$ に等しいことがわかる．$\boldsymbol{\Delta}^* \times \boldsymbol{\Delta} = 0\ (\neq 0)$ の対はユニタリ(非ユニタリ)な対とよばれる．

$\Delta(\boldsymbol{k}), \boldsymbol{\Delta}(\boldsymbol{k})$ は一般に複素数であり，その $\boldsymbol{k}$ 依存性は軌道状態を表わす．それは，2-1 節におけるように部分波展開によって扱われるが，くわしくは次章以下で具体的に考察する．

与えられた系でどのような対形成が生じるかは，自由エネルギーを最小にすることで決められる．ふつうは自由エネルギーがかえって高くなるから 1 重項と 3 重項の対が共存する状態は考えないが，始めから共存することを禁止する理由はない．

2-4 Bogoliubov 変換

前節(2.30)の $\mathcal{H}_{\mathrm{mf}}$ は，$a, a^\dagger$ についての 2 次形式であるから，

$$a_{k\alpha} = \sum_\beta \{u_{k\alpha\beta}\gamma_{k\beta} + v_{k\alpha\beta}\gamma_{-k\beta}{}^\dagger\} \tag{2.42}$$

という，いわゆる **Bogoliubov 変換**によって対角化される．そのさい，新しい演算子 $\gamma, \gamma^\dagger$ はやはり Fermi 粒子の反交換関係をみたすものとする．この条件は

$$\begin{gathered} u_k{}^{\mathrm{T}} = u_{-k}, \qquad v_k{}^{\mathrm{T}} = -v_{-k} \\ u_k u_k{}^\dagger + v_k v_k{}^\dagger = \hat{1}, \qquad u_k v_k - v_k u_k = 0 \end{gathered} \tag{2.43}$$

とすれば満たされる．ただし，$u_{k\alpha\beta}, v_{k\alpha\beta}$ を成分とする 2×2 の行列をたんに u_k, v_k と書いた．さらに，以下で扱う場合ではいつも u_k が Hermite 的，すなわち

$$u_k{}^\dagger = u_k \tag{2.44}$$

として差し支えない．

条件(2.2), (2.3)をみたす Bogoliubov 変換

$$\begin{aligned} a_k &= u_k\gamma_k + v_k\gamma_{-k}{}^\dagger \\ a_{-k} &= u_k{}^{\mathrm{T}}\gamma_{-k} - v_k{}^{\mathrm{T}}\gamma_k{}^\dagger \end{aligned} \tag{2.42$'$}$$

を使って，$\mathcal{H}_{\mathrm{mf}}$ を $\gamma, \gamma^\dagger$ で書いたとき，積 $\gamma\gamma$ あるいは $\gamma^\dagger\gamma^\dagger$ の項が 0 になるという条件は

$$u_k\hat{\xi}_k v_k + v_k\hat{\xi}_{-k}u_k - u_k\hat{\Delta}_k u_k + v_k\hat{\Delta}_k{}^\dagger v_k = 0 \tag{2.45}$$

である．ただし $\Delta_{\alpha\beta}(\boldsymbol{k})$ を $\hat{\Delta}_k$ と書き

$$\hat{\xi}_k \equiv \begin{pmatrix} \xi_{k\uparrow} & 0 \\ 0 & \xi_{k\downarrow} \end{pmatrix} \tag{2.46}$$

とした．(2.45)がみたされるとすると $\mathcal{H}_{\mathrm{mf}}$ は次のようになる．

$$\mathcal{H}_{\mathrm{mf}} = \sum_k \gamma_k{}^\dagger\hat{\varepsilon}_k\gamma_k + \mathcal{H}_{\mathrm{c}} \tag{2.47}$$

ここで

$$\hat{\varepsilon}_k \equiv u_k \hat{\xi}_k u_k - v_k \hat{\xi}_{-k} v_k{}^\dagger + u_k \hat{\Delta}_k v_k{}^\dagger + v_k \hat{\Delta}_k{}^\dagger u_k \tag{2.48}$$

および対形成の凝縮エネルギー

$$\mathcal{H}_\mathrm{c} = -\frac{1}{2}\sum_k \mathrm{tr}\{\hat{\varepsilon}_k - u_k \hat{\xi}_k u_k - v_k \hat{\xi}_{-k} v_k{}^\dagger - \hat{\Delta}_k{}^\dagger \hat{\Psi}_k\} \tag{2.49}$$

を定義した．（ここで tr はスピンの添字に関するものである．）$\hat{\varepsilon}_k$ は Hermite 的であるから対角行列と考えてよく，$\gamma, \gamma^\dagger$ で記述される準粒子励起のエネルギーを与える．また基底状態はこの準粒子の真空に相当する．なお混同する恐れがなければ，以下で準粒子というときにはこれらの超伝導状態の励起を指すことにする．

一般の場合は複雑になるから，正常状態でのエネルギーがスピンによらず($\xi_{k\alpha}=\xi_k$)，また $\hat{\Delta}$ がユニタリ，すなわち 1 重項の対かあるいは $\hat{\Delta}_k{}^\dagger \hat{\Delta}_k = \boldsymbol{\Delta}_k{}^* \boldsymbol{\Delta}_k \cdot \hat{1}$ であるときの解を与えておこう．このとき

$$u_{k\alpha\beta} = \bar{u}_k \delta_{\alpha\beta}/D_k, \qquad v_{k\alpha\beta} = +\Delta_{k\alpha\beta}/D_k$$

と仮定すると，(2.45)は $2\xi_k \bar{u}_k - \bar{u}_k{}^2 + |\Delta_k|^2 = 0$ となる．ただし，$|\Delta_k|^2 \equiv \frac{1}{2}\mathrm{tr}(\hat{\Delta}_k \hat{\Delta}_k{}^\dagger)$．これと(2.48)式とから，

$$\begin{aligned} \bar{u}_k &= \xi_k + \varepsilon_k \\ D_k{}^2 &= (\xi_k + \varepsilon_k)^2 + |\Delta_k|^2 \\ \varepsilon_k &= \sqrt{\xi_k{}^2 + |\Delta_k|^2} \end{aligned} \tag{2.50}$$

が得られる．すこし変形すると Bogoliubov 変換の行列は，いまの場合

$$\begin{aligned} u_k &= \frac{1}{\sqrt{2}}\sqrt{1+\frac{\xi_k}{\varepsilon_k}}\cdot\hat{1} \\ v_k &= \frac{1}{\sqrt{2}}\sqrt{1-\frac{\xi_k}{\varepsilon_k}}\frac{\hat{\Delta}_k}{|\Delta_k|} \end{aligned} \tag{2.51}$$

となる．したがってユニタリ状態であれば，スピン 1 重項(もちろんユニタリ)でも 3 重項でもこの形の変換で $\mathcal{H}_\mathrm{mf}$ が対角化されるのである．（一般の場合の対角化については巻末文献[E-8]を参照.）

平均場近似の残るステップは，対の振幅 $\boldsymbol{\Psi}_k$，したがって Δ_k の決定である．

対の振幅に対する統計平均(2.26)は，(2.47)式の $\mathscr{H}_{\rm mf}$ を用いると $\gamma, \gamma^\dagger$ が Fermi 粒子の演算子であるから容易に求められ，それを(2.28)式に代入すると

$$\Delta_{k\alpha\beta} = -\sum_{k',\alpha'\beta'\gamma'} V_{\alpha\beta,\alpha'\beta'}(\boldsymbol{k},\boldsymbol{k}')\{u_{k'\alpha'\gamma'}v_{k'\gamma'\beta'}[1-f(\varepsilon_{k'\gamma'})]-v_{k'\alpha'\gamma'}u_{k'\gamma'\beta'}f(\varepsilon_{-k'\gamma'})\} \tag{2.52}$$

となる．ここで

$$f(x) = (e^{\beta x}+1)^{-1} = \frac{1}{2}\left(1-\tanh\frac{\beta x}{2}\right) \tag{2.53}$$

は Fermi 分布関数である．(2.52)式は平均場 Δ_k を self-consistent に決める方程式であり，ふつう**ギャップ方程式**とよばれる．

この節を終わる前に自由エネルギーを求めておこう．

$$F(T,V,\mu) = -\beta^{-1}\ln \mathrm{Tr}(e^{-\beta\mathscr{H}_{\rm mf}}) = -\beta^{-1}\sum_{k,\alpha}\ln(1+e^{-\beta\varepsilon_{k\alpha}})+\mathscr{H}_{\rm c} \tag{2.54}$$

大文字の Tr は系のすべての状態についての和である．(2.50), (2.51)式が使えるときには，これは

$$F_{\rm s} = -\beta^{-1}\sum_{k,\alpha}\ln(1+e^{-\beta\varepsilon_{k\alpha}})-\sum_{k,\alpha}\left(\varepsilon_{k\alpha}-\xi_{k\alpha}+\frac{1}{2}\mathrm{tr}\,\hat{\Delta}_k{}^\dagger\hat{\Psi}_k\right) \tag{2.55}$$

となる．

ギャップ方程式(2.52)は自由エネルギーを極小にする $\hat{\Delta}_k$ の条件，すなわち

$$\frac{\partial F}{\partial \hat{\Delta}_k{}^*} = 0 \tag{2.56}$$

という条件であることを注意しておこう．このとき Δ_k と $\Delta_k{}^\dagger$ の各要素はそれぞれ独立な量とみなさなければならない．また F は

$$\begin{aligned} F &= E-TS \\ S &= -k_{\rm B}\sum_{k,\alpha}\{(1-f)\ln(1-f)+f\ln f\} \\ E &= \sum_{k,\alpha}\varepsilon_{k\alpha}f+\mathscr{H}_{\rm c} \end{aligned} \tag{2.57}$$

と書きなおされる．ただし $f=f(\varepsilon_{k\alpha})$．$S$ は熱的に励起された準粒子ガスのエントロピー，E は内部エネルギーで，第1項は準粒子励起のエネルギー，第2項は凝集エネルギーである．

相互作用が2粒子の全スピンを保存する(2.4)式の形をしているときには，スピン1重項の対のときにも3重項のときにも，(2.52)式(したがってユニタリ状態の場合)は同じ形

$$\Delta_{k\alpha\beta} = -\sum_{k'} V(\boldsymbol{k}, \boldsymbol{k}') \frac{\Delta_{k'\alpha\beta}}{2\varepsilon_{k'\alpha}} [1-2f(\varepsilon_{k'\alpha})] \tag{2.58}$$

となる．この式は(2.50),(2.51)式が使える場合には容易に確かめられる．

ゼロでない $\Delta_{k\alpha\beta}$ の現われる温度が臨界温度 $T_{\rm c}$ である．$T_{\rm c}$ をきめる式は(2.58)で $\varepsilon_k=|\xi_k|$ とおけばよい．相互作用が(2.12)式の形であり，しかも V_l が2-2節で述べたように Fermi 面の近傍(ただしこんどは上下を考える)で一定とみなせる，すなわち

$$V_l = \begin{cases} \text{const.} & (|\xi_k|, |\xi_{k'}| \leqq \omega_{\rm c}) \\ 0 & (|\xi_k|, |\xi_{k'}| > \omega_{\rm c}) \end{cases} \tag{2.59}$$

という場合には，$\boldsymbol{k}'$ の方向についての積分を行なうことができる．結局，各々の l に対して $T_{\rm c}=1/k_{\rm B}\beta_{\rm c}$ を決める式

$$1 = -N(0)V_l \int_0^{\omega_{\rm c}} d\xi \frac{1}{\xi} \tanh \frac{\beta_{\rm c}\xi}{2} \tag{2.60}$$

が得られる．すなわち，このような簡単化したモデルでは，どんな対形成に対しても $T_{\rm c}$ を決める式は同じ形をする．これから $|V_l|$ がもっとも大きい引力である l の対の凝縮がもっとも高い $T_{\rm c}$ で生じることが期待される．ギャップ方程式(2.58)は，$T<T_{\rm c}$ のとき $\Delta_{k\alpha\beta}$ について非線形であるから，一般には解に異なる l の成分が現われる．しかし実際には主な成分以外のものが混じる割合は小さい．

与えられた系で V_l がどんな値になるか，とくにどの V_l が負でもっとも大きいかを見るには，粒子間の有効相互作用を知らなければならず，一般に困難な問題である．たんなる例示として Fermi 面上で相互作用 V が

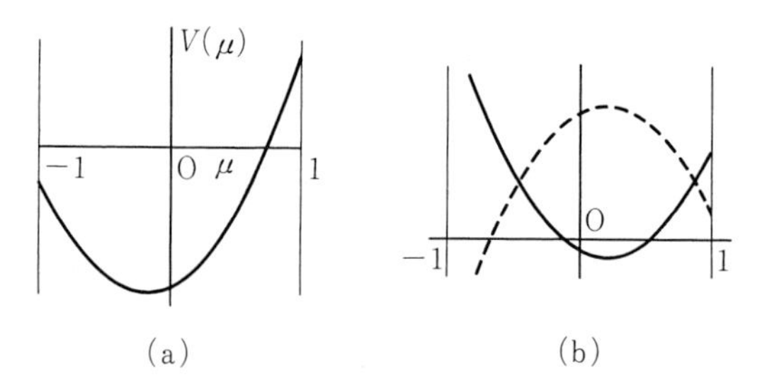

図 2-2 (a) s 波の対を作る $V(\mu)$ の例. (b) p 波(実線)と d 波(破線)の対を作る $V(\mu)$ の例.

$$V(\mu) = V_0+3V_1P_1(\mu)+5V_2P_2(\mu)$$

で与えられるとしよう. ただし $|\boldsymbol{k}|\sim|\boldsymbol{k}'|\sim k_{\mathrm{F}}$ とし, $\mu=\hat{\boldsymbol{k}}\cdot\hat{\boldsymbol{k}}'$. 相互作用がフォノンとかスピンのゆらぎの交換によるときには, その波数 $\boldsymbol{q}=\boldsymbol{k}'-\boldsymbol{k}$ で μ は $\mu=\hat{\boldsymbol{k}}\cdot\hat{\boldsymbol{k}}'=1-(q^2/2k_{\mathrm{F}}^2)$ と表わされる(図 2-1). 図 2-2 は V_0 を適当にとり, (a) $V_1=V_2=1$, (b) $V_1=-1, V_2=1$ (実線)と $V_1=1, V_2=-1$ (破線)の場合の $V(\mu)$ を描いたもので, それぞれ s 波, p 波, d 波の対を生じさせる.

3 BCS 理論

この章では Fermi 面近くの電子間に引力が働いて，スピン 1 重項 s 波の対凝縮が生じるとする，いわゆる BCS 理論に従って，超伝導状態の基本的な性質を議論する．ここでの考察は，第 4 章以下で行なう一般化にさいし，いわば基準の役割をする．

3-1 スピン 1 重項の対とエネルギーギャップ

通常の超伝導金属では，相互作用が伝導電子間の平均距離ていどまで引力と考えられ(第 4 章を参照)，したがって(2.12)式で角度によらない $l=0$，すなわち s 波の成分がもっとも重要である．それゆえ，すでに 2-2 節でふれたとおり普通，超伝導はスピン 1 重項 s 波の対形成による．この場合，平均場 Δ_k は (2.39)式の形，

$$\Delta_k = \begin{pmatrix} 0 & \Delta_k \\ -\Delta_k & 0 \end{pmatrix} \tag{3.1}$$

をもち，$\Delta_k = \Delta_{-k}$ は一般に複素数である．

この Δ_k の場合の Bogoliubov 変換

$$
\begin{aligned}
a_{k\uparrow} &= u_k \gamma_{k\uparrow} + v_k \gamma_{-k\downarrow}{}^\dagger \\
a_{-k\downarrow} &= u_k \gamma_{-k\downarrow} - v_k \gamma_{k\uparrow}{}^\dagger
\end{aligned}
\tag{3.2}
$$

の u_k, v_k は(2.59),(2.51)式ですでに与えた.

$$
u_k = \frac{1}{\sqrt{2}}\left(1+\frac{\xi_k}{\varepsilon_k}\right)^{1/2}, \qquad v_k = \frac{1}{\sqrt{2}}\left(1-\frac{\xi_k}{\varepsilon_k}\right)^{1/2}\frac{\Delta_k}{|\Delta_k|} \tag{3.3}
$$

BCS 理論では 2-2 節でふれたように Fermi 面近くで一定の大きさの s 波の引力を仮定する．すなわち(2.59)式のように

$$
V_0(k, k') = \begin{cases} -g & (\omega_c > |\xi_k|, |\xi_{k'}|) \\ 0 & (\text{それ以外}) \end{cases} \tag{3.4}
$$

g は正の定数，ω_c は，フォノンを媒介にする引力のときは Debye 振動数のていどである．この相互作用では，$|\xi_k| < \omega_c$ のとき $\Delta_k = \Delta$, それ以外では $\Delta = 0$ となり，定数 Δ はギャップ方程式(2.58)式,

$$
\Delta = g \sum_{|\xi_{k'}| < \omega_c} \frac{\Delta}{2\varepsilon_{k'}} \tanh \frac{\beta \varepsilon_{k'}}{2} \tag{3.5}
$$

によって定められる．ここで ε_k は準粒子の励起エネルギーである．

$$
\varepsilon_k = \sqrt{\xi_k{}^2 + |\Delta|^2} \tag{3.6}
$$

議論を簡単にするために基底状態，すなわち準粒子の真空からの励起を考察しよう．Bogoliubov 変換の逆を求めてみればわかるように準粒子を 1 つ作るには，電子を 1 つ系に加えるか，取り去るかしなければならない．したがって系の粒子数を変化させない過程で可能なのは，準粒子の対を作ることである．そのためには最小 $2|\Delta_0|$ のエネルギー(Δ_0 は $T=0$ K の Δ を表わす)が必要である，すなわち励起のスペクトルにエネルギーギャップがある．すべての電子が対を組んで凝縮している基底状態から励起を作るには対をこわさなければならず，それには少なくとも対の束縛エネルギーが必要なわけである．有限温度ではすでに熱的に励起された準粒子の気体があって，その散乱の過程も考えなければならないが，準粒子を作る励起については同じことがいえる．ただ対を組んでない粒子があるために平均場が小さくなっており，したがってギャップ $\Delta(T)$ は Δ_0 より小さい．

準粒子も運動量とスピン，$\boldsymbol{k}, \alpha$ で指定されるから，特定の α をもつ準粒子励起の状態密度は Fermi 面付近では

$$\mathscr{D}(\omega) = \sum_k \delta(\varepsilon_k - |\omega|) \cong N(0)\int d\xi_k \delta(\varepsilon_k - |\omega|) = N(0)\frac{|\omega|}{\sqrt{\omega^2 - |\Delta|^2}}\theta(|\omega| - |\Delta|) \tag{3.7}$$

で与えられる．これによると超伝導状態では，図3-1のようにギャップ内の状態が外に押し出され，$\omega \to \pm|\Delta|$ のとき $\sqrt{\omega^2 - |\Delta|^2}$ の逆数に比例して無限大になる．あとで見るとおり，この状態密度はいろいろな物理的性質に現われる．なお(3.7)は等方的な Fermi 面の場合に正しい式であって，実際の金属では Δ の大きさが Fermi 面上で変化するから，$\mathscr{D}(\omega)$ もこの式からはずれることを注意しておく．また準粒子励起の群速度は $v_{\mathrm{g}}(\boldsymbol{k}) = \nabla_k \varepsilon_k = (\boldsymbol{k}/m)(\xi_k/\varepsilon_k)$ である．

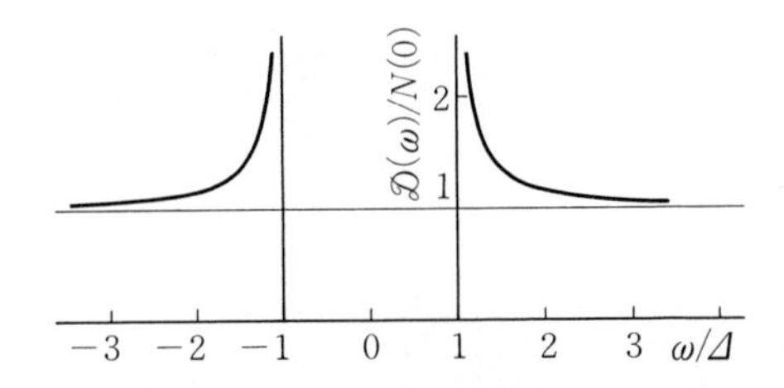

図3-1 超伝導状態での状態密度 $\mathscr{D}(\omega)$.

エネルギーギャップ 方程式(3.5)では両辺の Δ を，$\Delta=0$ がつねに1つの解であることを示すために残したが，以下では消去する．$\omega_c \ll \varepsilon_F$ であるから，(3.5)は次のようになる．

$$1 = N(0)g\int_0^{\omega_c} d\xi \frac{1}{\varepsilon} \tanh\frac{\beta\varepsilon}{2} \tag{3.8}$$

最初に(3.8)で $\beta=\infty$ とおいて，$T=0$ K，すなわち基底状態でのギャップの大きさ Δ_0(絶対値の記号は省略する)が求められる．$\omega_c \gg \Delta_0$ のとき，それは(2.21)式とほとんど同じ形で与えられる．

$$\Delta_0 = 2\omega_c \exp[-1/N(0)g] \tag{3.9}$$

次に有限な Δ の解の現われる温度，すなわち臨界温度 T_c を求めよう．あとの

計算に便利なように，まず(3.8)を公式

$$\frac{1}{2x}\tanh\frac{x}{2} = \sum_{n=-\infty}^{\infty}\frac{1}{(2n+1)^2\pi^2+x^2} \tag{3.10}$$

を使って級数和の形に書く．

$$1 = 2N(0)g\beta^{-1}\sum_{n=-\infty}^{\infty}\frac{1}{\sqrt{\omega_n{}^2+|\Delta|^2}}\tan^{-1}\frac{\omega_c}{\sqrt{\omega_n{}^2+|\Delta|^2}} \tag{3.11}$$

ここで $\omega_n=(2n+1)\pi\beta^{-1}$．$T=T_c$ では $\Delta=0$ となるから，

$$1 = 4N(0)g\sum_{n=0}^{\infty}\frac{1}{(2n+1)\pi}\tan^{-1}\frac{\beta_c\omega_c}{(2n+1)\pi}$$

から β_c がきまる．$\beta_c\omega_c\gg 1$ であるから，右辺の和を $\frac{1}{2}\sum_{n\leqq n_c}(2n+1)^{-1}$ で近似する．ただし $(2n_c+1)\pi=\beta_c\omega_c$．そうすると

$$\begin{aligned}[N(0)g]^{-1} &= \psi(\beta_c\omega_c/2\pi+1)-\psi(1/2)\\ &\cong \ln(\beta_c\omega_c/2\pi)-\ln(e^{-\gamma}/4)\end{aligned} \tag{3.12}$$

が得られる．ここで $\psi(z)$ はディ Γ 関数で，公式

$$\sum_{m=1}^{n}\frac{1}{m+z} = \psi(n+z+1)-\psi(z+1)$$

と $|z|\gg 1$ のときの漸近形

$$\psi(z) \simeq \ln z+O(|z|^{-1})$$

および γ を Euler の定数として

$$\psi(1/2)=\ln(e^{-\gamma}/4)$$

であることを使った．これから

$$k_B T_c = 1.13\omega_c\exp[-1/N(0)g] \tag{3.13}$$

という BCS 理論の表式が得られる $(2e^{\gamma}/\pi\cong 1.13)$．(3.9)と比較して，エネルギーギャップとの比は

$$\frac{2\Delta_0}{k_B T_c} = 3.54 \tag{3.14}$$

となる．k_BT_c が対をこわすのに必要なエネルギーと同程度なのは，物理的に期待される結果である．比 3.54 は T_c などの大きさによらない「universal」な

表 3-1 $2\Delta_0/k_B T_c$ と $\Delta C/C_n$ の実測値

	T_c	$2\Delta_0/k_B T_c$	$\Delta C/C_n$
BCS		3.53	1.43
Al	1.18	3.53	1.45
Cd	0.52	3.44	1.32
Sn	3.72	3.61	1.60
Hg	4.15	3.65	2.37
Pb	7.20	3.95	2.71
Nb	9.25	3.65	1.87

値であるが，BCS 理論のいわゆる弱結合の近似での値である．表 3-1 に示すように T_c の低い通常の超伝導金属では実験値もこれに近いが，T_c の高いものでははっきりしたずれがみられる．後の章で BCS 理論の値からのはずれが大事なポイントになる．

エネルギーギャップの温度依存性は図 3-2 に示されるとおりで，平均場理論で期待される曲線になっている．低温 $T \ll T_c$ では近似的に

$$\Delta(T) \cong \Delta_0\left[1-\left(\frac{2\pi}{\beta\Delta_0}\right)^{1/2} e^{-\beta\Delta_0}\right] \qquad (3.15)$$

となる．T_c 付近での $\Delta(T)$ は次節で与える．

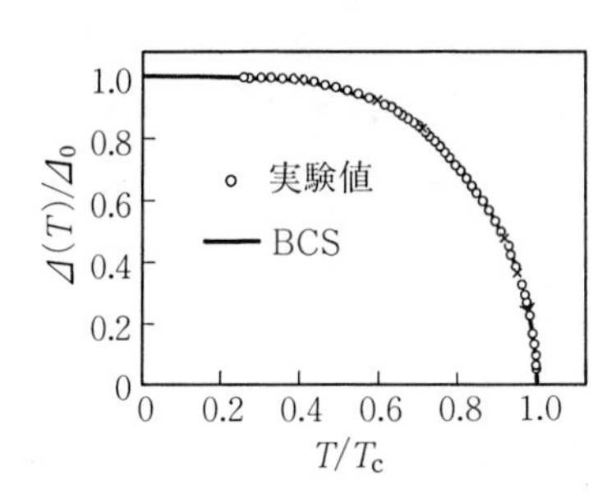

図 3-2 Pb のエネルギーギャップの温度変化．○ はトンネル効果による実験値．実線は BCS 理論による．

コヒーレンスの長さ 超伝導状態を特徴づけるエネルギーの大きさはいうまでもなく Δ である．それに対応する特徴的な長さ

$$\xi(T) \equiv \hbar v_F/\pi\Delta(T) \qquad (3.16)$$

はコヒーレンスの長さ(coherence length)とよばれ，超伝導現象を考える上で重要な量である．とくに $T=0$ の値を ξ_0 で表わそう．凝縮した対の波動関数((2.26)式)は $\Psi_k=-u_k v_k$ であり，実空間では

$$\Psi(\boldsymbol{x}) = \sum_k \Psi_k \exp(i\boldsymbol{k}\cdot\boldsymbol{x}) = \sum_k \frac{1}{2}\left(\frac{|\Delta|^2}{\xi_k{}^2+|\Delta|^2}\right)^{1/2} \exp(i\boldsymbol{k}\cdot\boldsymbol{x})$$

で与えられる．これは2-2節で考察したCooper対の波動関数の表式とほとんど同じであり，コヒーレンスの長さ ξ が対のひろがりを表わすことがわかる．通常の超伝導金属では ξ_0 は 10^{-4} cm ていどであり，電子間距離よりはるかに大きく，したがって多くの対が互いに重なりあっている．

電荷密度　電荷密度 en を Bogoliubov 変換(3.2)を用いて求めると，

$$\begin{aligned} &e\sum_{k,\alpha}\langle a_{k\alpha}{}^{\dagger}a_{k\alpha}\rangle = Q_{\mathrm{s}}+Q^* \\ &Q_{\mathrm{s}} = 2\sum_k |v_k|^2, \qquad Q^* = 2\sum_k(|u_k|^2-|v_k|^2)f(\varepsilon_k) \end{aligned} \tag{3.17}$$

となる．Q_{s} は凝縮体あるいは対の寄与と考えられ，$\xi_k<0$ の状態数 $n=k_{\mathrm{F}}{}^3/3\pi^2$ で与えられる．Q^* は準粒子励起の寄与であって，平衡状態の Fermi 分布では，粒子-空孔の対称性があれば0に等しい．しかし平衡からはずれて，粒子的励起(Fermi 面の上)と空孔的励起(下)の数が異なる分布になると第2項が有限になる．そのさい，運動量 $\boldsymbol{k}$ の準粒子は $q_k=e(|u_k|^2-|v_k|^2)=e\xi_k/\varepsilon_k$ の電荷をもつと考えてよい．また $\partial\sum_k|v_k|^2/\partial\mu$ を計算するとわかるように，化学ポテンシャルが $\delta\mu$ 変化すると Q_{s} は，$\delta Q_{\mathrm{s}}=2eN(0)\delta\mu$ だけ変化することも注意しておこう．

3-2 熱力学的性質

超伝導状態の熱力学的性質は(2.55)式の自由エネルギーによって記述される．その考察に入る前に，完全反磁性が実現しているときの超伝導体に関する熱力学的関係式にふれておこう．超伝導体は長い円柱状で，外部磁場はそれに平行で一様，大きさは H とする．このとき内部で磁束密度 $\boldsymbol{B}$ も平行で一様となる．

超伝導状態と正常状態とをそれぞれ添字 s, n で区別する．単位体積あたりの自由エネルギー，エントロピーを F, S としよう．$\boldsymbol{B}\to\boldsymbol{B}+d\boldsymbol{B}$ とするに要する仕事は一般に単位体積あたり $(1/4\pi)\boldsymbol{H}\cdot d\boldsymbol{B}$ であるから，$dF=-SdT+(1/4\pi)\boldsymbol{H}\cdot d\boldsymbol{B}$ である．$F(T,\boldsymbol{B})$ の代わりに $\boldsymbol{H}$ を変数にとったときの自由エネルギー $G(T,\boldsymbol{H})$（残りの変数は省略した）に移るには $G(T,\boldsymbol{H})=F(T,\boldsymbol{B})-\boldsymbol{B}\cdot\boldsymbol{H}/4\pi$ とすればよい．したがって

$$G(T,\boldsymbol{H})-G(T,0) = -\frac{1}{4\pi}\int_0^{\boldsymbol{H}}\boldsymbol{B}(\boldsymbol{H}')\cdot d\boldsymbol{H}' \tag{3.18}$$

が得られる．いまの場合，正常状態では $\boldsymbol{B}=\boldsymbol{H}$ としてよく（正常金属の磁化率は $10^{-6}\sim10^{-7}$ のていど），また完全反磁性を仮定すると超伝導状態では $\boldsymbol{B}=0$ であるから，

$$\begin{aligned} G_{\mathrm{n}}(T,\boldsymbol{H}) &= G_{\mathrm{n}}(T,0)-\frac{1}{8\pi}\boldsymbol{H}^2 \\ G_{\mathrm{s}}(T,\boldsymbol{H}) &= G_{\mathrm{s}}(T,0) = F_{\mathrm{s}}(T) \end{aligned} \tag{3.19}$$

いま，第1種の超伝導体に話を限ろう（第2種については第5章で扱う）．外部磁場が $H=H_{\mathrm{c}}(T)$ に達すると正常状態になるということは，そのとき $G_{\mathrm{s}}=G_{\mathrm{n}}$ であるから $G_{\mathrm{s}}(T,0)-G_{\mathrm{n}}(T,0)=-H_{\mathrm{c}}^2(T)/8\pi$ となる．すなわち，臨界磁場を測定すれば $\boldsymbol{H}=0$ での自由エネルギーの下がりがわかる．磁場 $\boldsymbol{H}$ の下ではこれと(3.19)から

$$G_{\mathrm{s}}(T,\boldsymbol{H})-G_{\mathrm{n}}(T,\boldsymbol{H}) = \frac{1}{8\pi}(\boldsymbol{H}^2-H_{\mathrm{c}}^2(T)) \tag{3.20}$$

これからエントロピーの差は

$$S_{\mathrm{s}}(T,\boldsymbol{H})-S_{\mathrm{n}}(T,\boldsymbol{H}) = \frac{1}{4\pi}H_{\mathrm{c}}(T)\frac{dH_{\mathrm{c}}(T)}{dT}$$

となり，当然これは負でなければならない．もう一度 T で微分して $H_{\mathrm{c}}(T_{\mathrm{c}})=0$ を考えると，T_{c} での比熱のとびに対する表式が得られる．

$$\Delta C = (C_{\mathrm{s}}-C_{\mathrm{n}})_{T=T_{\mathrm{c}}} = \frac{T_{\mathrm{c}}}{4\pi}\left[\left(\frac{dH_{\mathrm{c}}}{dT}\right)_{T_{\mathrm{c}}}\right]^2 \tag{3.21}$$

a) BCS 理論による自由エネルギー

前節で扱ったBCS 理論のモデルに対する自由エネルギーを求めよう．求めたいのは超伝導状態($\Delta \neq 0$)と，かりに正常状態($\Delta = 0$)のままであるとしたときとの自由エネルギーの差である．というのは，自由エネルギー F_s は，$|\xi_k|$ の大きい，Fermi 球の内部の領域の寄与も含んだ，1粒子あたり ε_F ていどの大きな量であり，それを求めるには金属の正常状態の定量的な理論が必要になるからである．しかし，いま考えているモデルでも，差は問題にできる．(2.55)式は，いまの場合

$$F_s = -\sum_k \{2\beta^{-1}\ln(1+e^{-\beta\varepsilon_k})+\varepsilon_k-\xi_k+\Delta_k{}^*\Psi_k\} \tag{3.22}$$

となり，BCS モデルに対しては

$$\begin{aligned} F_s - F_n &= F_s + 2\sum_{k<k_F}|\xi_k| + \sum_k 2\beta^{-1}\ln(1+e^{-\beta|\xi_k|}) \\ &= -4N(0)\beta^{-1}\int_0^\infty d\xi \ln\frac{1+e^{-\beta\varepsilon}}{1+e^{-\beta|\xi|}} - 2N(0)\int_0^{\omega_c} d\xi(\varepsilon-|\xi|)+|\Delta|^2/g \end{aligned} \tag{3.23}$$

が得られる．以下この節では $|\Delta(T)|$ を単に Δ と書く．最初の対数の積分以外は実行でき，(3.9)式を使うと

$$F_s - F_n = -\beta^{-1}4N(0)\left\{\int_0^\infty d\xi\ln(1+e^{-\beta\varepsilon})-\frac{\pi^2}{12}\beta^{-1}\right\}-N(0)\Delta^2\left(\frac{1}{2}+\ln\frac{\Delta_0}{\Delta}\right) \tag{3.24}$$

が得られる．

<u>$T \ll T_c$</u>　(3.24)式の積分は部分積分をすると $\beta\Delta^2\int_1^\infty dx\sqrt{x^2-1}\,(e^{\beta\Delta x}+1)^{-1}$ となり，$\beta\Delta \gg 1$ のときは変形 Bessel 関数 $K_1(\beta\Delta)$ で与えられる．その漸近形を使い，第2項を $1-(\Delta/\Delta_0)$ の最低次まで求めると

$$F_s - F_n(T=0) \cong -\frac{1}{2}N(0)\Delta_0{}^2 - 2N(0)(2\pi\Delta_0\beta^{-3})^{1/2}e^{-\beta\Delta_0}+\frac{\pi^2}{3}N(0)(k_BT)^2 \tag{3.25}$$

となる．第3項は正常状態からの寄与であって，正常状態の電子比熱

$$C_{\mathrm{n}}=\frac{2}{3}\pi^2 N(0)k_{\mathrm{B}}{}^2 T \tag{3.26}$$

を与える．右辺のTの係数はふつうSommerfeld定数とよばれる．超伝導状態の比熱は第2項から

$$C_{\mathrm{s}}\cong 2N(0)k_{\mathrm{B}}(2\pi\Delta_0{}^5\beta^3)^{1/2}e^{-\beta\Delta_0} \tag{3.27}$$

で，エネルギーギャップのために，低温では指数関数的に小さい．(3.20)，(3.25)および(3.14)によって

$$\begin{aligned} H_{\mathrm{c}}{}^2(0)/8\pi &= N(0)\Delta_0{}^2/2 \\ H_{\mathrm{c}}(T) &= H_{\mathrm{c}}(0)\left[1-\frac{e^{2\gamma}}{3}\left(\frac{T}{T_{\mathrm{c}}}\right)^2\right] \end{aligned} \tag{3.28}$$

が得られる．$T=0\,\mathrm{K}$の凝縮エネルギーが，対の数$N(0)\Delta_0/2$と対の束縛エネルギーΔ_0との積のていどであるのは，物理的にもうなずける．また(3.28)式の臨界磁場の温度依存性は，かなり広い温度範囲にわたって正しい．

$T\lesssim T_{\mathrm{c}}$　次に臨界温度付近の考察に進もう．後でGinzburg-Landau理論のためにここの結果が必要になる．T_{c}付近では$\Delta(T)/k_{\mathrm{B}}T_{\mathrm{c}}\ll 1$であるから，こんどは$\Delta$のベキで自由エネルギーを求める．そのためにはもともとΔ_kは複素数であり，Δ_kと$\Delta_k{}^*$とを独立な量とみなせることを思い出し，$F_{\mathrm{s}}-F_{\mathrm{n}}$(以下で$F_{\mathrm{sn}}$と表わす)を直接求める代わりに，(3.22)を微分した

$$\frac{\partial F_{\mathrm{s}}}{\partial \Delta_k{}^*}=-\left\{[1-2f(\varepsilon_k)]\frac{\partial\varepsilon_k}{\partial\Delta_k{}^*}-\Psi_k\right\} \tag{3.29}$$

を計算する方が容易である．BCSモデルではこれから

$$\begin{aligned} \frac{1}{\Delta}\frac{\partial F_{\mathrm{sn}}}{\partial\Delta^*} &= -\frac{1}{2}\sum_k\left\{\frac{1}{\varepsilon_k}\tanh\frac{\beta\varepsilon_k}{2}-\frac{1}{\xi_k}\tanh\frac{\beta_{\mathrm{c}}\xi_k}{2}\right\} \\ &\cong 2N(0)\int_0^\infty d\xi\frac{1}{\xi}[f(\beta\xi)-f(\beta_{\mathrm{c}}\xi)] \\ &\quad +\beta^{-1}N(0)|\Delta|^2\sum_n\int_0^\infty d\xi\frac{1}{(\omega_{\mathrm{nc}}{}^2+\xi^2)^2} \end{aligned}$$

が得られる．2行目に移るさい，(3.11)を用いた．また$\omega_{\mathrm{nc}}=(2n+1)\pi/\beta_{\mathrm{c}}$．第1項は，$(1-T/T_{\mathrm{c}})\ll 1$を使うとすぐ計算される．第2項も$\xi$の積分を先に行

なうと容易に求められる．結局

$$
\begin{aligned}
F_{\mathrm{sn}} &= -a|\Delta|^2+\frac{b}{2}|\Delta|^4 \\
a &= N(0)(1-T/T_{\mathrm{c}}), \qquad b = \frac{7\zeta(3)}{8\pi^2}N(0)\beta_{\mathrm{c}}^2
\end{aligned} \tag{3.30}
$$

が得られる．ただし $\zeta(3)=\sum_{n=1}^{\infty} n^{-3}$．さて 2-4 節の終わりで注意したとおり，ギャップ $|\Delta|$ の平衡値は F_{sn} の極小で決められるから

$$
|\Delta|^2 = \frac{a}{b} = \frac{8\pi^2}{7\zeta(3)}(k_{\mathrm{B}}T_{\mathrm{c}})^2\left(1-\frac{T}{T_{\mathrm{c}}}\right) \tag{3.31}
$$

したがって，平衡状態の自由エネルギーは，

$$
\begin{aligned}
F_{\mathrm{sn}} &= -\frac{1}{8\pi}H_{\mathrm{c}}^2(T) = -\frac{a^2}{2b} \\
&= -\frac{1}{2}N(0)|\Delta|^2\left(1-\frac{T}{T_{\mathrm{c}}}\right)
\end{aligned} \tag{3.32}
$$

に等しい．$(1-T/T_{\mathrm{c}})^2$ に比例することに注意しよう．この結果から T_{c} での比熱のとびに対し

$$
\Delta C/C_{\mathrm{n}} = 12/7\zeta(3) = 1.43 \tag{3.33}
$$

が得られる．この値も，BCS モデルでは universal である．実測値との比較は表 3-1 に示してある．T_{c} 付近での C_{s} の温度変化は，展開の次の項から生じるから，$T/T_{\mathrm{c}}-1$ に比例する．図 3-3 は Al の比熱の実験値で，BCS 理論と

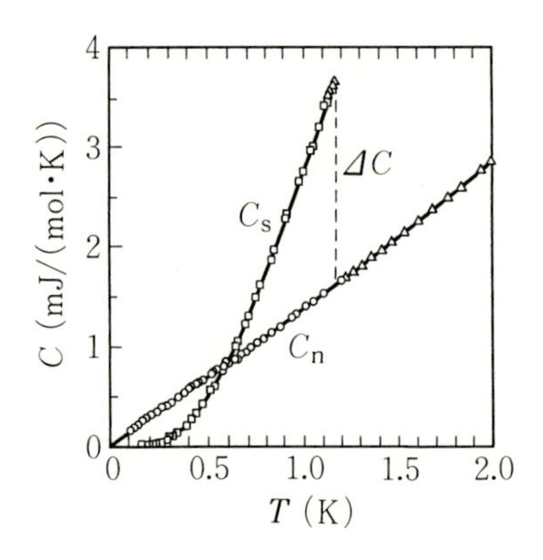

図 3-3 Al の比熱の温度変化．300 G の磁場では，正常状態の T に比例する比熱が観測される．（N. E. Phillips: Phys. Rev. **114** (1959) 676）

よく一致している．

b) 超伝導電流のある状態

超伝導電流が流れている状態では，重心の運動量 $\boldsymbol{q} \neq 0$ の状態に対形成が生じる．したがって統計平均 $\Psi_{\alpha\beta}(\boldsymbol{k}, \boldsymbol{q}) = \langle a_{k_+\alpha} a_{-k_-\beta} \rangle$ が有限である．ただし $\boldsymbol{k}_\pm \equiv \boldsymbol{k} \pm \boldsymbol{q}/2$．この状態は系の全運動量を指定したときの平衡状態であり，やはり熱力学的な状態であることを強調しておこう．また，このときの実空間での秩序パラメタは，$\Psi(\boldsymbol{x}) = \sum_k e^{i(\boldsymbol{k}_+ - \boldsymbol{k}_-)\cdot \boldsymbol{x}} \langle a_{k_+\uparrow} a_{-k_-\downarrow} \rangle \propto e^{i\boldsymbol{q}\cdot\boldsymbol{x}}$ という位相因子をもつ．$|q| \ll k_{\mathrm{F}}$ であるから，対を作る電子のエネルギーは

$$\begin{aligned} \xi_{k_+\uparrow} &= \xi_k + \boldsymbol{k}\cdot\boldsymbol{q}/2m \\ \xi_{-k_-\downarrow} &= \xi_k - \boldsymbol{k}\cdot\boldsymbol{q}/2m \end{aligned} \tag{3.34}$$

である．第2章の理論は簡単にこの場合に拡張されて，次の結果が得られる．Bogoliubov 変換

$$\begin{aligned} a_{k_+\uparrow} &= u_k \gamma_{k_+\uparrow} + v_k \gamma_{-k_-\downarrow}{}^\dagger \\ a_{-k_-\downarrow} &= u_k \gamma_{-k_-\downarrow} - v_k \gamma_{k_+\uparrow}{}^\dagger \end{aligned} \tag{3.35}$$

の係数は，

$$u_k = \frac{1}{\sqrt{2}}\left(1 + \frac{\xi_k}{\varepsilon_k}\right)^{1/2}, \qquad v_k = \frac{1}{\sqrt{2}}\left(1 - \frac{\xi_k}{\varepsilon_k}\right)^{1/2} \frac{\Delta_k}{|\Delta_k|}$$

と，形の上では $\boldsymbol{q}=0$ のときと変わらない．ただし励起エネルギーは

$$\begin{aligned} \varepsilon_{k_+\uparrow} &= \varepsilon_k + \boldsymbol{k}\cdot\boldsymbol{q}/2m \\ \varepsilon_{-k_-\downarrow} &= \varepsilon_k - \boldsymbol{k}\cdot\boldsymbol{q}/2m \end{aligned} \tag{3.36}$$

である．この結果は，素励起のある状態に対する Galilei 変換から求めたものと一致する((1.18)式で $\boldsymbol{v}_{\mathrm{s}} = \boldsymbol{q}/2m$ とする)．さらに自由エネルギーは，(3.22)の代わりに

$$F_{\mathrm{s}} = -\sum_k \{2\beta^{-1} \ln[1 + \exp(-\beta\varepsilon_{k+q})] + \varepsilon_k - \xi_k + \Delta_k{}^* \Psi_k\} \tag{3.37}$$

となる．

最初に電流密度の表式を導く．一様な電流は演算子 $\boldsymbol{J}_{\mathrm{s}} = \dfrac{e}{m} \sum_{k,\alpha} \boldsymbol{k} a_{k\alpha}{}^\dagger a_{k\alpha}$ で与えられるから，この $\boldsymbol{J}_{\mathrm{s}}$ の超伝導状態での期待値を求めればよい．

$$\boldsymbol{J}_{\mathrm{s}} = \frac{e}{m}\sum_{k}\left\{\left(\boldsymbol{k}+\frac{\boldsymbol{q}}{2}\right)\langle a_{k_+\uparrow}{}^{\dagger}a_{k_+\uparrow}\rangle + \left(-\boldsymbol{k}+\frac{\boldsymbol{q}}{2}\right)\langle a_{-k_-\downarrow}{}^{\dagger}a_{-k_-\downarrow}\rangle\right\}$$
$$= \frac{e}{m}\sum_{k}\left\{\boldsymbol{k}[f(\varepsilon_{k_+})-f(\varepsilon_{k_-})] + \frac{1}{2}\boldsymbol{q}\left[1-\frac{\xi_k}{\varepsilon_k}+\frac{\xi_k}{\varepsilon_k}(f(\varepsilon_{k_+})+f(\varepsilon_{k_-}))\right]\right\} \tag{3.38}$$

ここで上の Bogoliubov 変換を用いた．またスピンの添字は適当に省略する．ここでは超流体成分の密度 $n_{\mathrm{s}}(T)$ を求める目的で，$\boldsymbol{q}$ に比例する項だけ求めよう．Fermi 面付近だけが寄与するから $|\boldsymbol{k}|\cong k_{\mathrm{F}}$ とおいてよい．第 2 項は $\frac{1}{2}\boldsymbol{q}\sum_{k}(1-\xi/|\xi|)=\frac{1}{2}n\boldsymbol{q}$ を差引くと，Fermi 面の上下$(\pm|\xi|)$の寄与が相殺しあう．したがって

$$\boldsymbol{J}_{\mathrm{s}}-ne\boldsymbol{q}/2m = \frac{1}{m}\sum_{k}\frac{\partial f(\varepsilon_k)}{\partial\varepsilon_k}\frac{\boldsymbol{k}(\boldsymbol{k}\cdot\boldsymbol{q})}{q} \cong \boldsymbol{q}\frac{2}{3}\frac{k_{\mathrm{F}}^2}{m}N(0)\int_0^{\infty}d\xi\frac{\partial f(\varepsilon)}{\partial\varepsilon} \tag{3.39}$$

となる．n は粒子密度，$n=2N(0)k_{\mathrm{F}}^2/3m$ であるから，結局

$$\boldsymbol{J}_{\mathrm{s}} = n_{\mathrm{s}}(T)e\frac{\boldsymbol{q}}{2m}$$
$$n_{\mathrm{s}}(T) = n\left(1+2\int_0^{\infty}d\xi\frac{\partial f(\varepsilon)}{\partial\varepsilon}\right) \tag{3.40}$$

が得られる．第 2 項はつねに負である．

まず $T=0\,\mathrm{K}$ では $n_{\mathrm{s}}(T)=n$ となる．すなわち，すべての粒子が速度 $\boldsymbol{v}_{\mathrm{s}}=\boldsymbol{q}/2m$ で動く対を作り，超流動に参加する．T_{c} 近くでは，$n_{\mathrm{s}}=n(1-T/T_{\mathrm{c}})$ となり T_{c} では当然 0 となる．いうまでもなく，$n-n_{\mathrm{s}}(T)$ は止まっている Fermi 分布に従う熱的な準粒子励起によって生じた常流体成分である．

対の重心運動の影響はギャップ方程式には，やはり励起の分布関数を通して現われる．ここではむしろ T_{c} 付近の自由エネルギー F_{sn} に加わる $\boldsymbol{q}^2|\Delta|^2$ に比例する項を求めよう．$\boldsymbol{q}\neq0$ のときには，(3.29)式で $2f(\varepsilon_k)$ を $f(\varepsilon_k+\boldsymbol{k}\cdot\boldsymbol{q}/2m)+f(\varepsilon_k-\boldsymbol{k}\cdot\boldsymbol{q}/2m)$ で置き換えればよい．これから $(\partial F_{\mathrm{sn}}/\partial\Delta^*)\Delta^{-1}$ の $\boldsymbol{q}^2$ に比例する項は

$$\beta^{-1}\sum_k\sum_n\left\{\frac{3}{(\omega_n{}^2+\varepsilon_k{}^2)^2}-\frac{4\varepsilon_k{}^2}{(\omega_n{}^2+\varepsilon_k{}^2)^3}\right\}\left(\frac{\boldsymbol{k}\cdot\boldsymbol{q}}{2m}\right)^2$$

となる．$T\cong T_c$ では $\varepsilon_k{}^2=\xi_k{}^2$ とおいてよい．$\boldsymbol{k}$ 積分を行ない，n の和をとると，求める自由エネルギーの項は

$$2\beta_c{}^2N(0)\frac{7\zeta(3)}{8\pi^2}\frac{1}{3}\frac{k_F{}^2}{4m^2}\boldsymbol{q}^2|\Delta|^2=\frac{7\zeta(3)n}{8\pi^2}\beta_c{}^2\left(\frac{\boldsymbol{q}^2}{4m}\right)|\Delta|^2 \qquad (3.41)$$

となる．したがって $\boldsymbol{q}\neq 0$ であるときの F_{sn} (3.30)にこれが付け加わることになる．また(3.31)の $|\Delta|^2$ を用いると，$(\boldsymbol{q}^2/4m)$ の係数はちょうど(3.40)の $n_s(T)$ の 1/2，すなわち対の数になることを注意しておこう．薄膜での臨界電流など超伝導電流のある状態に関する問題はまとめて第5章で扱う．

c）スピン常磁性

次に電子のスピンによる常磁性(Pauli 常磁性ともよばれる)を考察する．系が一様な外部磁場 $\boldsymbol{H}$ のなかにあるとする．超伝導体では Meissner 効果があるため侵入長 λ よりも小さい微粒子や薄膜，あるいは第2種超伝導体で H_{c2} 近くの状態で $\boldsymbol{B}(\simeq\boldsymbol{H})$ も一様とみなせる場合の磁化率が得られる．また第6章で扱う液体 ^{3}He ではまさにスピンだけが磁場と結合する．電子の磁気モーメントを μ_0 とすると，対を作る電子のエネルギーは

$$\xi_{k\uparrow}=\xi_k+\mu_0H, \qquad \xi_{-k\downarrow}=\xi_k-\mu_0H$$

となり，ちょうど $\boldsymbol{q}\neq 0$ のときの(3.34)式で $\boldsymbol{k}\cdot\boldsymbol{q}/2m$ の所を μ_0H で置き換えればよい．したがって励起エネルギーだけが $\varepsilon_{k\uparrow(\downarrow)}=\varepsilon_k(\pm)\mu_0H$ のように変わる．たとえばギャップ方程式は

$$1=N(0)g\int_0^{\omega_c}d\xi\frac{1}{2\varepsilon}\left\{\tanh\frac{\beta(\varepsilon+\mu_0H)}{2}+\tanh\frac{\beta(\varepsilon-\mu_0H)}{2}\right\} \qquad (3.42)$$

となる．まず $\boldsymbol{q}$ のときと同様，弱い磁場の場合，すなわち $\mu_0H\ll\Delta$ のときを考える．系の磁化を(3.19)の F_s の微分 $M=-\partial F_s/\partial H$ によって求めるさい，Δ は H に依存するが，平衡状態では $\partial F_s/\partial\Delta=0$ であるから，あからさまな H 依存だけを微分すればよい．したがって

$$M=-\mu_0\sum_k\{f(\varepsilon_k+\mu_0H)-f(\varepsilon_k-\mu_0H)\}$$

磁化率は

$$\chi_s = -2\mu_0{}^2 \sum_k \frac{\partial f(\varepsilon_k)}{\partial \varepsilon_k} = -2\chi_n \int_0^\infty d\xi \frac{\partial f(\varepsilon)}{\partial \varepsilon}$$

で与えられる．(3.40)と見比べると磁場によって分極するのは熱的に励起された準粒子であることがわかり，χ_s の温度変化は

$$\chi_s/\chi_n = \begin{cases} (2\pi\beta\Delta)^{1/2} e^{-\beta\Delta} & (T \ll T_c) \\ 1-\dfrac{7\zeta(3)}{4\pi^2}\beta^2\Delta^2 & (T \lesssim T_c) \end{cases} \tag{3.43}$$

となる．

(3.42)によると，$T=0$ で $\Delta=0$ となる磁場 H は $\mu_0 H/\Delta_0=1/2$ であることが容易に示される．しかし低温では Zeeman エネルギーによる正常状態と超伝導状態間の転移は1次となり，

$$\mu_0 H_P/\Delta_0 = 1/\sqrt{2} \tag{3.44}$$

で決まる磁場 H_P で生じる(**Clogston 限界**あるいは **Pauli 限界**とよばれる)．第2種超伝導体のなかには5-3節で求める H_{c2} が H_P より大きいものがある．この場合，上部臨界磁場は H_P で与えられる．

3-3 超伝導状態の外場への応答

系が時間的に変化する外場 $F_i(\boldsymbol{x}, t)$ と相互作用し，ハミルトニアン $\mathcal{H}$ に

$$\mathcal{H}_1(t) = \int d\boldsymbol{x} C_i(\boldsymbol{x}) F_i(\boldsymbol{x}, t) \tag{3.45}$$

が加わるとしよう．F は電磁場，超音波などであり，多くの場合古典的に扱ってよい．添字 i は F がベクトルのときその成分を表わすが，以下では適当に省略する．時間 $t=-\infty$ で平衡分布をしている系に，この相互作用が断熱的に加えられたとする．このとき系の物理量 $Q(x)$ に現われる F に比例した変化，すなわち線形応答は，よく知られた久保公式

$$\delta Q(\boldsymbol{x}, t) = -i \iint_{-\infty}^{t} d\boldsymbol{x}' dt' \langle [Q(\boldsymbol{x}, t), C_i(\boldsymbol{x}', t')] \rangle F_i(\boldsymbol{x}', t') \tag{3.46}$$

で与えられる．ここで $Q(\boldsymbol{x},t)$ などは $\mathcal{H}-\mu N$ に関する Heisenberg 表示の量である．また μ は化学ポテンシャル，N は系の粒子数であり，Q は粒子密度 $n(\boldsymbol{x},t)$，電流密度 $\boldsymbol{j}(\boldsymbol{x},t)$，等々を表わす．系が空間的に一様であるとき，遅延相関関数を

$$K_{QC}(\boldsymbol{x}-\boldsymbol{x}',t-t') \equiv -i\langle[Q(\boldsymbol{x},t),C(\boldsymbol{x}',t')]\rangle\theta(t-t') \qquad (3.47)$$

と書くと，外場の Fourier 分解

$$F(\boldsymbol{x},t) = \sum_{q,\omega} F(\boldsymbol{q},\omega)\exp(i\boldsymbol{q}\cdot\boldsymbol{x}-i\omega t)$$

に対応して(3.46),(3.47)は

$$\delta Q(\boldsymbol{q},\omega) = K_{QC}(\boldsymbol{q},\omega)F(\boldsymbol{q},\omega)$$
$$K_{QC}(\boldsymbol{q},\omega) = -\sum_{n,m}\frac{\langle n|Q(\boldsymbol{q})|m\rangle\langle m|C(-\boldsymbol{q})|n\rangle}{\omega-i\delta-E_m+E_n}$$
$$\times Z^{-1}e^{-\beta(E_n-\mu N)}(1-e^{-\beta(E_m-E_n)}) \qquad (3.48)$$

という表式で与えられる．ここで Z は状態和であり，また $|n\rangle$ はエネルギー固有値 E_n の固有状態であって，平均場の近似では準粒子励起で表わされる．

系との相互作用による外場の減衰あるいは緩和を求めるには，系の全エネルギーの時間変化

$$\frac{d\langle(\mathcal{H}+\mathcal{H}_1)\rangle}{dt} = -i\int_{-\infty}^{t}dt'\left\langle\left[\frac{\partial\mathcal{H}_1(t)}{\partial t},\mathcal{H}_1(t')\right]\right\rangle \qquad (3.49)$$

を計算し，外場の1周期にわたって平均すればよい．ただし $\partial\mathcal{H}_1/\partial t$ は外場の時間依存だけの微分である．

もっとも重要なのは $C(\boldsymbol{x})$ も $Q(\boldsymbol{x})$ も同一の密度，$n(\boldsymbol{x})$，$\boldsymbol{j}(\boldsymbol{x})$ などである場合であって，その Fourier 変換を

$$C_j(\boldsymbol{q}) = \sum_{k,\alpha} C_j(\boldsymbol{k},\boldsymbol{q})a_{k-\alpha}{}^{\dagger}a_{k+\alpha} \qquad (3.50)$$

としよう．簡単に一般化できるから，C はスピンによらないとした．(3.48)に出てくる行列要素を計算するためにはまず，Bogoliubov 変換，(3.2)式によって $C_i(\boldsymbol{q})$ を $\gamma^{\dagger},\gamma$ で表わさなければならない．(対の重心運動量 — 前節の

$\boldsymbol{q}$—は0の状態を考えている．ここでの $\boldsymbol{q}$ は外場の波数であることに注意).

$$C_i(\boldsymbol{q}) = \sum_k C_i(\boldsymbol{k},\boldsymbol{q})\{(u_{k_-}{}^* u_{k_+} \mp v_{k_+}{}^* v_{k_-})\gamma_{k_-\alpha}{}^\dagger \gamma_{k_+\alpha} + (v_{k_-}{}^* v_{k_+} + v_{k_+}{}^* v_{k_-})\delta_{q0}$$
$$+ (u_{k_-}{}^* v_{k_+} \pm u_{k_+}{}^* v_{k_-})\gamma_{k_-\uparrow}{}^\dagger \gamma_{-k_+\downarrow}{}^\dagger + (v_{k_-}{}^* u_{k_+} \pm v_{k_+}{}^* u_{k_-})\gamma_{-k_-\downarrow}\gamma_{k_+\uparrow}\} \tag{3.51}$$

となる．ここで符号は

$$C_i(-\boldsymbol{k},\boldsymbol{q}) = \pm C_i(\boldsymbol{k},\boldsymbol{q}) \tag{3.52}$$

すなわち $\boldsymbol{k}$ に関する偶奇の順に従う．(3.51)の $\gamma^\dagger\gamma, \gamma^\dagger\gamma^\dagger, \gamma\gamma$ の係数は**コヒーレンス因子**(coherence factor)とよばれ，対形成による超伝導状態に特有の効果を与える．$C(\boldsymbol{x})$ が物理量で実数であるから $C_i{}^*(\boldsymbol{q})=C_i(-\boldsymbol{q})$ であることを考えると，結局

$$K_{C_iC_j}(\boldsymbol{q},\omega) = -\sum_k C_i(\boldsymbol{k},\boldsymbol{q})C_j{}^*(\boldsymbol{k},\boldsymbol{q})$$
$$\times\Biggl[2|(u_{k_-}{}^* u_{k_+} \mp v_{k_+}{}^* v_{k_-})|^2 \frac{f(\varepsilon_{k_+})-f(\varepsilon_{k_-})}{\omega - i\delta + \varepsilon_{k_+} - \varepsilon_{k_-}}$$
$$+ |(u_{k_-}{}^* v_{k_+} \pm u_{k_+}{}^* v_{k_-})|^2 [1-f(\varepsilon_{k_+})-f(\varepsilon_{k_-})]$$
$$\times\left(\frac{1}{\omega - i\delta - \varepsilon_{k_+} - \varepsilon_{k_-}} - \frac{1}{\omega - i\delta + \varepsilon_{k_+} + \varepsilon_{k_-}}\right)\Biggr] \tag{3.53}$$

が得られる．第1項は熱的に励起されている準粒子を外場が散乱する過程，第2項は外場による準粒子の対の生成消滅過程の寄与である．コヒーレンス因子は(3.3)式を代入して

$$|u_{k_-}{}^* u_{k_+} \mp v_{k_+}{}^* v_{k_-}|^2 = \frac{1}{2\varepsilon_{k_-}\varepsilon_{k_+}}(\varepsilon_{k_-}\varepsilon_{k_+} + \xi_{k_-}\xi_{k_+} \mp |\Delta|^2)$$
$$|u_{k_-}{}^* v_{k_+} \pm u_{k_+}{}^* v_{k_-}|^2 = \frac{1}{2\varepsilon_{k_-}\varepsilon_{k_+}}(\varepsilon_{k_-}\varepsilon_{k_+} - \xi_{k_-}\xi_{k_+} \pm |\Delta|^2) \tag{3.54}$$

となる．次に応用例をいくつかあげよう．

(1) 超音波吸収

もっとも簡単な応用例は，超音波吸収である．その理由は，音波のモードをきめると，振動数 ω に対応して波数 $\boldsymbol{q}$ が決まるからであって，次に述べる電

磁波と対照的である．しかも音速 $v_s=\omega/q$ は Fermi 速度 v_F よりはるかに小さい．以下で考察する縦波のときには(3.45)の $C(\boldsymbol{x})$ は粒子密度 $n(\boldsymbol{x})$ であり，$C(\boldsymbol{k},\boldsymbol{q})=1$ となる．音波(長波長の格子波)の作る電子に対するポテンシャルを $\phi_\omega e^{i(\boldsymbol{q}\cdot\boldsymbol{x}-\omega t)}$ としよう．音波の吸収は(3.49)から

$$\omega\,\mathrm{Im}\,K(\boldsymbol{q},\omega)|\phi_\omega|^2/2$$

を求めればよいことが示される．ここで $K(\boldsymbol{q},\omega)$ は(3.53)で $C_i=1$ とおいた量である．超音波の振動数は実際には $|\Delta(T)|$ よりはるかに小さいから，必要な虚数部分に寄与するのは(3.53)の第1項だけで

$$\mathrm{Im}\,K(\boldsymbol{q},\omega) = -\pi\sum_k\left(1+\frac{\xi_+\xi_- - |\Delta|^2}{\varepsilon_+\varepsilon_-}\right)\times[f(\varepsilon_+)-f(\varepsilon_-)]\delta(\omega-\varepsilon_-+\varepsilon_+)$$

で与えられる．コヒーレンス因子に注意しよう．また $qv_F\gg\omega=qv_s$ であるから $\xi_+-\xi_-=\hat{\boldsymbol{k}}\cdot\boldsymbol{q}v_F$，$\xi=(\xi_++\xi_-)/2$ を利用して変数変換

$$\sum_k\cdots\to N(0)\frac{1}{4qv_F}\iint d\xi_+d\xi_-\cdots \tag{3.55}$$

を行なう．$\omega\ll|\Delta|$ を使うと

$$\mathrm{Im}\,K(\boldsymbol{q},\omega)\propto\omega\int_\Delta^\infty d\varepsilon\left(\frac{\varepsilon}{\xi}\right)^2\left(1-\frac{|\Delta|^2}{\varepsilon^2}\right)\frac{\partial f}{\partial\varepsilon} \tag{3.56}$$

となり，状態密度の因子とコヒーレンスの因子とがちょうど相殺することがわかり，積分は $f(\Delta)$ を与える．実験との比較には，正常状態の値との比が便利であり，

$$\frac{\alpha_s}{\alpha_n} = 2f(\Delta(T)) \tag{3.57}$$

が得られる．

$v_F\gg v_s$ であるから，吸収の過程は $\boldsymbol{q}$ に垂直な Fermi 面の赤道付近の準粒子を音波が散乱することによって生じる．したがって(3.57)に入る $\Delta(T)$ は，赤道上の平均をとったエネルギーギャップである．図3-4に見るとおり，α_s/α_n はギャップの温度変化を直接表わしている．なお，横波の超音波では，自由電子モデルで扱うとベクトルポテンシャルが代わって現われるため，Meissner

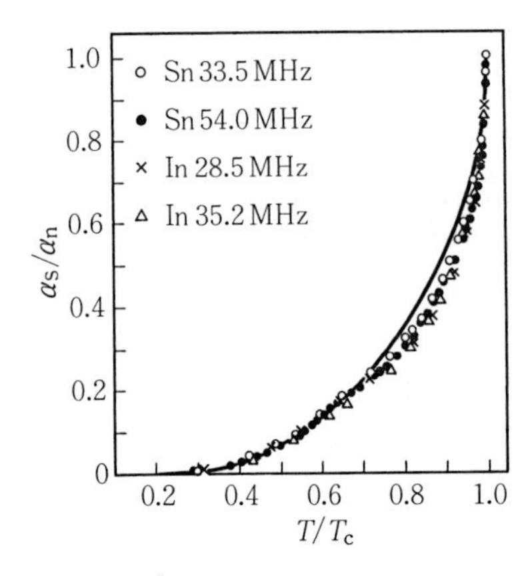

図 3-4 超音波吸収.(R. W. Morse and H. V. Bohm: Phys. Rev. **108** (1957) 1094)

効果によって吸収は T_c 以下で急激に小さくなる．しかし現実には電子は有限な平均自由行程 l をもち，また電子のバンドの効果などを考慮しなければならない．

(2) 電磁場への応答

電磁場のベクトルポテンシャルを $\boldsymbol{A}(\boldsymbol{x},t)$ とする．理由はあとで述べるが，$\nabla\cdot\boldsymbol{A}=0$ のゲージを用いる．電流密度の演算子は量子力学によると

$$\begin{aligned}\boldsymbol{j}(\boldsymbol{x}) &= \frac{e}{2m}\sum_{\alpha}\left\{\psi_\alpha{}^\dagger(\boldsymbol{x})\left(\frac{\nabla}{i}-\frac{e}{c}\boldsymbol{A}\right)\psi_\alpha(\boldsymbol{x})+\left(-\frac{\nabla}{i}-\frac{e}{c}\boldsymbol{A}\right)\psi_\alpha{}^\dagger(\boldsymbol{x})\cdot\psi_\alpha(\boldsymbol{x})\right\}\\ &= \boldsymbol{j}_{\mathrm{p}}(\boldsymbol{x})-\frac{e^2}{mc}n(\boldsymbol{x})\boldsymbol{A}(\boldsymbol{x},t) \end{aligned}\tag{3.58}$$

であり，第1項は常磁性電流，第2項は反磁性電流とよばれる．相互作用の $\boldsymbol{A}$ に比例する項は

$$\mathscr{H}_1 = -\frac{1}{c}\int d\boldsymbol{x}\boldsymbol{j}_{\mathrm{p}}(\boldsymbol{x})\boldsymbol{A}(\boldsymbol{x},t)\tag{3.59}$$

である．応答として電流密度自身を求めよう．

(3.58)の第2項はすでに $\boldsymbol{A}$ に比例しているから，$n(\boldsymbol{x})$ を平均粒子密度 n とおけばよい．第1項の形

$$\boldsymbol{j}_{\mathrm{p}}(\boldsymbol{q}) = \sum_{k\alpha}\frac{e}{m}\boldsymbol{k}a_{k_-\alpha}{}^\dagger a_{k_+\alpha}$$

を見ると，こんどは(3.53)で $C_i(\boldsymbol{k},\boldsymbol{q})=ek_i/m$ とすればよい．

一般の場合は複雑であるので，ここでは $T=0\,\mathrm{K}$ のときだけを議論しよう．応答はこのとき

$$\langle j_i(\boldsymbol{q},\omega)\rangle = \left[-\frac{ne^2}{mc}+K(\boldsymbol{q},\omega)\right]A_j(\boldsymbol{q},\omega)$$

$$K(\boldsymbol{q},\omega) = -\frac{e^2}{2m^2c}\sum_k\left(\boldsymbol{k}^2-\frac{(\boldsymbol{k}\cdot\boldsymbol{q})^2}{\boldsymbol{q}^2}\right)\left(1-\frac{\xi_{k_-}\xi_{k_+}+|\Delta|^2}{\varepsilon_{k_-}\varepsilon_{k_+}}\right)$$
$$\times\left(\frac{1}{\omega-i\delta-\varepsilon_{k_-}-\varepsilon_{k_+}}-\frac{1}{\omega-i\delta+\varepsilon_{k_-}+\varepsilon_{k_+}}\right) \tag{3.60}$$

で与えられる．最初に，$\omega=0$，すなわち静磁場の場合についてふれておく．$qv_\mathrm{F}\ll|\Delta_0|$，すなわち $q\xi_0\ll1$（**London 極限**）であれば，容易に $K(\boldsymbol{q},\omega)\cong O((qv_\mathrm{F}/\Delta_0)^2)$ であることが示せて，

$$\boldsymbol{j} = -\frac{ne^2}{mc}\boldsymbol{A}$$

という **London 方程式**が得られる．第1章で見たとおり，Maxwell 方程式と連立させると，これから Meissner 効果が導ける．なお(3.60)で $\Delta=0$ とおくと $K=ne^2/mc$ となって，ちょうど第1項を打ち消す．正常状態ではベクトルポテンシャル $\boldsymbol{A}$ に比例する電流はありえず，Ohm の法則のように，電流の応答は $\omega\boldsymbol{A}$ に比例する項から始まる．

次に(3.60)の虚数部分を考察しよう．超音波吸収と異なって，電磁波の吸収がはるかに複雑な問題であるのは，Maxwell 方程式を(3.60)式と連立させてサンプルのなかの $\boldsymbol{A}(\boldsymbol{q},\omega)$ が決まるからである．したがって与えられた振動数 ω の波が入射したとき，一般に表皮効果があり，また超伝導体では Meissner 効果も手伝って，波は表面から有限の深さ δ までしか侵入しない．そのため，$|\boldsymbol{q}|\sim\delta^{-1}$ ていどの波数に対し $K(\boldsymbol{q},\omega)$ を求めなければならない．しかし厚さ d がコヒーレンス長より小さい，すなわち $d\ll\xi=v_\mathrm{F}/\Delta$ の薄膜では $\boldsymbol{q}$ 依存性は問題にならず，解析が容易になる．求める虚数部分は(3.60)式で $\mathrm{Im}\,(\omega-i\delta-\varepsilon_{k_-}-\varepsilon_{k_+})^{-1}=\pi\delta(\omega-\varepsilon_{k_-}-\varepsilon_{k_+})$ とおいて得られるが，$qv_\mathrm{F}\gg\Delta_0\sim\omega$ であるから，ここでも(3.55)という置き換えが許される．計算結果を ω に依存する電気伝

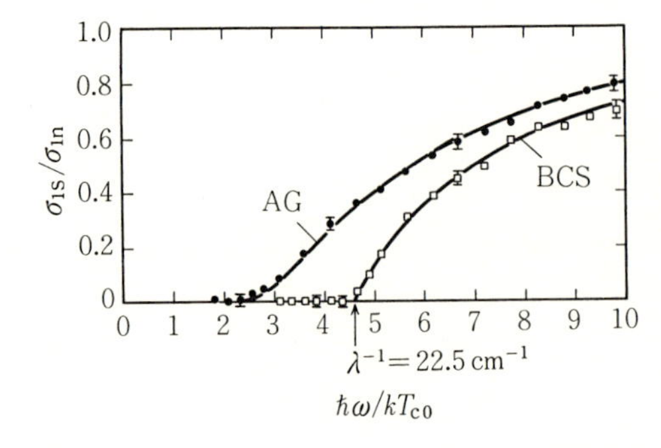

図 3-5 純粋な Pb(□)および磁性不純物 Gd を加えた Pb(●)における σ_1 の ω 依存性. AG 理論については 4-6 節を参照. (G. J. Dick and F. Reif: Phys. Rev. **181** (1969) 774)

導率 $\sigma_1(\omega)+i\sigma_2(\omega)=-i(c/\omega)K(\omega)$ の実部(resistive part) $\sigma_1(\omega)$ に対する式として表わそう. 超音波吸収のときと同様, 正常状態との比に興味がある.

$$\frac{\sigma_{1s}}{\sigma_{1n}}=\frac{1}{\omega}\int_{\Delta}^{\omega-\Delta}d\varepsilon\frac{\varepsilon(\varepsilon-\omega)-\Delta_0{}^2}{(\varepsilon^2-\Delta_0{}^2)^{1/2}((\omega-\varepsilon)^2-\Delta_0{}^2)^{1/2}} \tag{3.61}$$

鉛の薄膜での実験値はこの BCS 理論の結果とよく一致している. とくにエネルギーギャップをこえた所で吸収が始まるのが見られる(図 3-5).

電気伝導率と同様に熱伝導率 κ は重要な輸送係数であるが, ここでは次のコメントをするにとどめる. 普通, 金属では伝導電子による熱伝導が主であり, 直流の電気伝導率 $\sigma=1/\rho$ との間に Wiedemann-Franz の関係式 $\kappa=(\pi^2/3)(k_B/e)^2T\sigma$ が成り立つ. しかし超伝導状態になると σ は無限大になるが, κ は正常状態のときよりも小さくなる. 電流は対の凝縮体が運ぶが, エントロピーは熱的に励起された準粒子の気体だけが担うからである. とくに T_c より充分低くなると κ は $\exp(-\beta\Delta_0)$ に比例して小さくなる(詳しくは巻末文献[C-2]vol I, [C-3]を参照).

ゲージ不変性と集団運動 BCS 理論の準粒子励起のみを考慮して電磁場への応答を求めた上の結果は, $\nabla\cdot\boldsymbol{A}=0$ というゲージでしか正しくない. いいかえるとゲージ変換 $\boldsymbol{A}\to\boldsymbol{A}+\nabla\chi(\boldsymbol{x})$ に対して不変ではない. 量子力学ではベクトルポテンシャルのこの変換と同時に, 系の状態ベクトルに $\exp(iN\chi)$ (N は全粒子数) という位相因子をかけるユニタリ変換を行なうのがゲージ変換であるから, それにより秩序パラメタ $\Psi=\langle N-2|\psi\psi|N\rangle$ は位相因子 $\exp(i2\chi)$ だ

け変化するはずである．そのため Δ の位相，したがって v_k の位相が同じ変化をするが，それが上の理論では無視されているためにゲージ不変になっていない．第1章で超伝導や超流動状態でやぶられる対称性は，特定の位相をもった対凝縮が生じるために，ゲージ変換に対する不変性が失われることであると述べた．しかし任意に選べるゲージによって結果が異なることは許されず，特に $\boldsymbol{A}=\nabla\chi$ というベクトルポテンシャルで有限の電流が生じることはありえない．この困難は，対称性のやぶれにともなって現われるいわゆる南部-Goldstone モードの一例である Bogoliubov-Anderson モードと呼ばれる集団運動，すなわち秩序パラメタの位相の変化を考えることによって消滅する．

$|\Psi_0\rangle$ を $(\boldsymbol{k}\uparrow, -\boldsymbol{k}\downarrow)$ 対の凝縮した BCS の基底状態としたとき，このモードは近似的に

$$\sum_k f(\boldsymbol{k},\boldsymbol{q})(a_{k_+\uparrow}{}^{\dagger}a_{-k_-\downarrow}{}^{\dagger}-a_{-k_-\downarrow}a_{k_+\uparrow})|\Psi_0\rangle \tag{3.62}$$

という形で与えられる励起状態である．$\boldsymbol{q}\to 0$ のときこれはたんに対の位相を定数だけずらすことに相当し，そのエネルギーは基底状態と変わらない．この励起までとり入れると，ベクトルポテンシャルの縦成分に対する電流の応答が0になることが示される．(厳密には Ward-高橋の関係を用いてゲージ不変な理論が作られる．巻末文献[C-3]を参照.)

3-2節で見たように対の位相 χ が $\boldsymbol{q}\cdot\boldsymbol{x}$ のように空間変化すると一定の超流体の流れを与えるが，χ が $e^{i\boldsymbol{q}\cdot\boldsymbol{x}}$ のように変化すると流れが一様でないから密度のゆらぎを生じる．したがってこの集団運動のモードは有限の q では密度のゆらぎと結合し，電子系の場合には Coulomb 相互作用のため大きな振動数をもつプラズマ振動になる．そのため，超伝導などの現象に直接関与することはない．

最後に s 波以外の軌道角運動量 $l\neq 0$ の対形成による超伝導・超流動では一般に集団運動のモードはきわめて興味深い役割を演じることを注意しておく(第6章を参照)．

(3) 核磁気共鳴

超伝導になる多くの金属の原子核はスピンをもっている．核スピンを $\boldsymbol{I}$ とし，それにともなう磁気モーメントを $\boldsymbol{m}_{\mathrm{N}}=\gamma_{\mathrm{N}}\boldsymbol{I}$ としよう．このモーメントは静磁場 $\boldsymbol{H}$ のなかで歳差運動をするが，周囲の影響を受けて共鳴振動数は $\omega_0=\gamma_{\mathrm{N}}H$ からずれ，また減衰も生じる．金属中では伝導電子と相互作用するために，核磁気共鳴から伝導電子の状態について情報が得られる．相互作用は核磁気モーメントと電子のスピンおよび軌道角運動量にともなう磁気モーメントとの結合から生じる．ここでは簡単のために前者だけがあるとする．原点にある磁気モーメント $\boldsymbol{m}_{\mathrm{N}}$ が作る磁場は

$$\boldsymbol{B}(\boldsymbol{x}) = \frac{3\boldsymbol{x}(\boldsymbol{x}\cdot\boldsymbol{m}_{\mathrm{N}})-|\boldsymbol{x}|^2\boldsymbol{m}_{\mathrm{N}}}{|\boldsymbol{x}|^5}+\frac{8\pi}{3}\boldsymbol{m}_{\mathrm{N}}\delta(\boldsymbol{x})$$

で与えられるから，電子スピン $\boldsymbol{s}$ にともなう磁気モーメントとの相互作用は

$$\begin{aligned}\mathcal{H}_{\mathrm{s}I} &= -\mu_0\int d\boldsymbol{x}\boldsymbol{s}(\boldsymbol{x})\cdot\boldsymbol{B}(\boldsymbol{x})\\ \boldsymbol{s}(\boldsymbol{x}) &= \psi_\alpha^*(\boldsymbol{x})\boldsymbol{s}_{\alpha\beta}\psi_\beta(\boldsymbol{x})\end{aligned} \tag{3.63}$$

である．いま伝導電子は s 波のバンドのもので $|\psi(\boldsymbol{x})|^2$ は原子核のまわりで等方的であるとしよう．このときには上のデルタ関数の項だけが寄与する．したがって核が格子点 $\boldsymbol{R}_i$ にあるとすると電子系と核スピン系との相互作用は

$$\mathcal{H}_1 = -\frac{8\pi}{3}\mu_0\int d\boldsymbol{x}\boldsymbol{s}(\boldsymbol{x})\cdot\sum_i\gamma_{\mathrm{N}}\boldsymbol{I}_i\delta(\boldsymbol{x}-\boldsymbol{R}_i) \tag{3.64}$$

で与えられる．

共鳴振動数のずれ(Knight シフト)　ω_0 は電子スピンの運動に比べて小さいから，核磁気モーメントは平均した電子スピンを見る．外部磁場 $\boldsymbol{H}$ 中での電子系の磁化(スピンによる部分)は

$$M = \mu_0\left\langle\int d\boldsymbol{x}\boldsymbol{s}(\boldsymbol{x})\right\rangle = \chi H$$

によって与えられる．したがって個々の核スピンは，(3.64)によると，余分に $(8\pi/3)|\psi(0)|^2\chi\boldsymbol{H}$ の磁場(hyperfine field)を感じることになる．ここで χ は磁

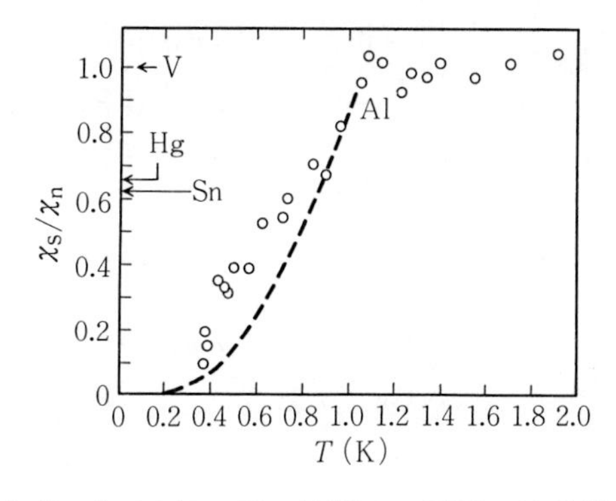

図 3-6　Al での Knight シフト (R. H. Hammond and G. M. Kelly: Phys. Rev. Lett. 18 (1967) 156). Hg, Sn では S-L 散乱のため，$T\to 0$ にしても矢印のところまでしか下がらない．

化率，$|\psi(0)|^2$ は核の位置での電子の波動関数の大きさである．したがって振動数のずれは

$$K \equiv \frac{\omega-\omega_0}{\omega_0} = \frac{8\pi}{3}|\psi(0)|^2\chi \tag{3.65}$$

に等しい．これは **Knight シフト**とよばれる．$|\psi(0)|^2$ は定量的に決めるのが難しいが，比

$$K_s/K_n = \chi_s/\chi_n$$

は理論と比べられる．(3.44)式によると $T\to 0$ のとき $\chi_s/\chi_n\to 0$ となるのに対し実験では図 3-6 のように Al では理論曲線に近いが，Sn, Hg などでは有限の値に向かうのが観測された．この不一致の理由は，スピン・軌道散乱(S-L 散乱)の効果によるとされている．実験ではマイクロ波を用いるため微粒子の試料が使われ，表面での S-L 散乱が無視できない．S-L 散乱があると電子のスピン自身はよい量子数でなくなり，したがって対の状態も純粋なスピン 1 重項ではなくなる．その結果，一般には χ_s も有限にとどまるようになる．また S-L 散乱の小さい Al では図 3-6 のように Knight シフトが T とともに 0 になるわけである．なお磁化率には電子の軌道運動による寄与 χ_{orb} があるが，温度変化が小さいので区別される．

核スピン緩和時間 T_1　異なる核スピンの運動の間に相関がないとすると，個々の核スピンが電子との相互作用(3.64)によってエネルギー ω_0 の状態から

0の状態に遷移する確率を求めればよい．1つの核スピンに注目すると，伝導電子のスピンとの相互作用は，核スピンの z 成分を上下する演算子を $I^{(\pm)}\equiv I_x\pm iI_y$ として，$\mathcal{H}_1\propto\sum_{k,q}(a_{k_+\uparrow}{}^\dagger a_{k_-\downarrow}I^{(-)}+\mathrm{h.c.})$ である．$\mathcal{H}_1$ の2次の摂動で遷移確率をこれまでと同様の計算で求めると

$$T_{1\mathrm{s}}{}^{-1}\propto\sum_{k,q}f(\varepsilon_{k_+})[1-f(\varepsilon_{k_-})]|u_{k_-}{}^*u_{k_+}+v_{k_+}{}^*v_{k_-}|^2\delta(\varepsilon_{k_+}+\omega-\varepsilon_{k_-})$$

が得られる．ただし $\omega\ll\Delta$ であるから，準粒子の対を作る過程は無視した．コヒーレンス因子としては(3.52)で奇の場合のものが現われること，また1つの核スピンの場所でのスピンの逆転をともなう散乱過程であるから，$\boldsymbol{q}$ の和があることに注意しよう．等方的なモデルでは

$$\begin{aligned}T_{1\mathrm{s}}{}^{-1}&\propto\iint d\xi_+d\xi_-f(\varepsilon_+)[1-f(\varepsilon_-)]\left(1+\frac{\xi_+\xi_-+\Delta^2}{\varepsilon_+\varepsilon_-}\right)\delta(\varepsilon_++\omega-\varepsilon_-)\\&=4\int_\Delta^\infty d\varepsilon\frac{\varepsilon}{\sqrt{\varepsilon^2-\Delta^2}}\frac{\varepsilon+\omega}{\sqrt{(\varepsilon+\omega)^2-\Delta^2}}f(\varepsilon+\omega)[1-f(\varepsilon)]\left(1+\frac{\Delta^2}{\varepsilon(\varepsilon+\omega)}\right)\end{aligned}\tag{3.66}$$

となる．($\xi_+\xi_-$ の項は，Fermi面の上下の寄与が相殺する．) $\Delta=0$ とすると，この表式は

$$\int_0^\infty d\xi f(\xi)[1-f(\xi)]=\frac{1}{2}k_\mathrm{B}T$$

であり，ついでに比例定数を書いておくと，正常状態では

$$T_{1\mathrm{n}}{}^{-1}=\left(\frac{8\pi}{3}\mu_0\gamma_\mathrm{N}|\psi(0)|^2N(0)\right)^2\pi k_\mathrm{B}T\tag{3.67}$$

になる(**Korringaの式**)．$T_1{}^{-1}$ がFermi縮退のために T に比例していることに注意しよう．(3.66)には分布関数以外に状態密度の因子とコヒーレンスの因子が現われている．そのため $\omega\sim0$ とすると，下限 $\varepsilon\to\Delta$ で対数的に発散する．したがって $T_\mathrm{s}{}^{-1}$ は T_c の下で非常に大きくなると予想される．しかし実際の金属では引力の原因である電子・フォノン相互作用も状態密度も，等方的ではない．その結果エネルギーギャップもFermi面上で数%から10%てい

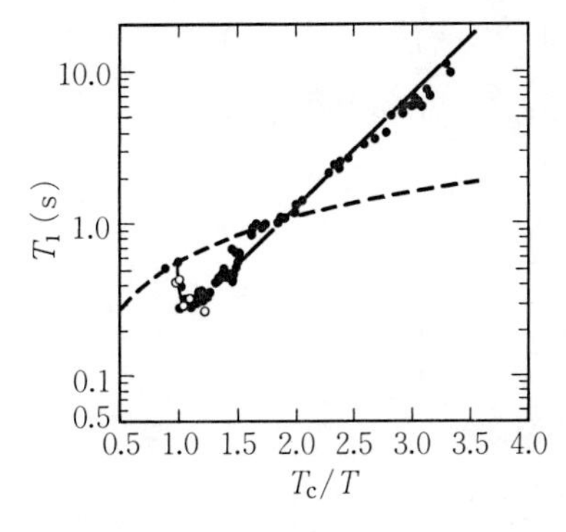

図 3-7 ^{27}Al での T_1 の温度変化．実線はギャップの非等方性を考慮した理論曲線．破線は正常状態のもの．（•は，Y. Masuda and A. G. Redfield: Phys. Rev. **125** (1962) 159，∘は L. C. Hebel and C. P. Slichter: Phys. Rev. **113** (1959) 1504）

どの非等方性をもっており，その平均化によって発散が弱められる．このことを考慮すると図 3-7 のように実験値と一致する結果が得られている．また第 4 章で扱う強結合の効果も T_s^{-1} の増大をおさえることを付け加えておく．いずれにせよ T_c のすぐ下での緩和 T_{1s}^{-1} の増大は，超音波吸収 α_s の単純な減少に対比される結果である．また(3.66)式は，低温($\Delta(T)\sim\Delta_0$)になると分布関数の因子のため指数関数的に小さくなるが，図 3-7 にもそれが見られる．（核磁気共鳴についての総説としては，巻末文献[E-1]がある．）

3-4 トンネル接合と Josephson 効果

超伝導状態を探る強力な手段は，トンネル接合である．第 1 に，その特性からエネルギーギャップをともなう状態密度が直接見られるだけでなく，対のトンネルによって生じる Josephson 効果は超伝導における対称性のやぶれ，すなわち秩序パラメタの位相の役割を見事に示してくれた．第 2 に，トンネル特性を調べることにより通常の超伝導体において，電子・フォノン相互作用がどのように対形成をもたらすかが詳細に調べられる．後者については第 4 章でふれることにし，ここでは BCS モデルにもとづいて超伝導におけるトンネル効果を考察することにする．

図 3-8(a)に示したとおり，2 つの金属が薄い絶縁体(多くの場合酸化被膜)

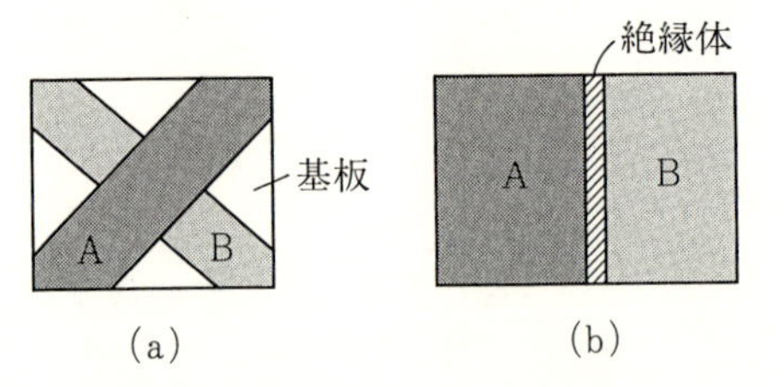

図 3-8 トンネル素子.

をはさんで接しているのがトンネル素子の典型的な例であるが，一般には針先で接するなど弱く結合しているものでもよい．モデル化して図 3-8(b)のように金属 A, B がトンネル障壁によって結合されているとし，A(B)の中の電子状態を $\boldsymbol{k}, \alpha$ ($\boldsymbol{p}, \beta$) で表わそう．障壁の内部に両側の電子の波が侵入するため，一方から他方へ電子の移動が生じる．その効果を記述するため A と B を結合するトンネルハミルトニアン

$$H_{\mathrm{T}} = \sum_{k,p} T_{kp} a_{k\alpha}{}^{\dagger} c_{p\alpha} + \mathrm{h.c.} \tag{3.68}$$

を導入しよう($a_{k\alpha}$($c_{p\alpha}$)は系 A(B)の電子の演算子である)．ここで T_{kp} は B の $\boldsymbol{p}, \alpha$ 状態にある電子を A の $\boldsymbol{k}, \alpha$ に移す行列要素で，スピンによらないとしてよい．時間反転に対する不変性，すなわち逆向きにも同じ確率振幅で移動が生じるために，$T_{kp} = T^{*}_{-k,-p}$ でなければならない．フォノンをともなう過程や磁性不純物が介在する場合などは，もちろん(3.68)の H_{T} では無視されている．トンネル電流は系 A の電子数の時間変化，すなわち $N_{\mathrm{A}} = \sum_{k,\alpha} a_{k\alpha}{}^{\dagger} a_{k\alpha}$ と H_{T} との交換関係から

$$J = ie \sum_{k,p,\alpha} [T_{kp} a_{k\alpha}{}^{\dagger} c_{p\alpha} - \mathrm{h.c.}] \tag{3.69}$$

で与えられる．

一般にトンネル接合では両側に一定の電位差 V が加えられる．いま，系 A は V，B は 0 の電位にあるとすると，系 A の電子のエネルギーは $-eV$ だけ底上げされる．したがって系 A から B へ電子を移す行列要素 $\langle m | a_{k\alpha}{}^{\dagger} c_{p\alpha} | n \rangle$ はすべて $e^{-i(E_n - E_m)t}$ ($|m\rangle, |n\rangle$ は H_{T} がないときの系 A+B のエネルギーの固有状態)という因子の他に e^{-ieVt} をもつ．この因子を始めから H_{T} に背負わせ

ることにしよう．すなわち

$$H_{\rm T}(t) = h_{\rm T}e^{-ieVt} + h_{\rm T}^{\dagger}e^{ieVt}, \qquad h_{\rm T} \equiv \sum_{k,p,\alpha} T_{kp}a_{k\alpha}^{\dagger}c_{p\alpha} \tag{3.70}$$

と書く．求めるのは $H_{\rm T}$ が加わったときの電流 J の期待値であるが，トンネル接合は弱い相互作用であるから，最低次つまり $|T|^2$ まで求めればよい．これは3-3節で扱った線形応答にほかならず，そこでの形式をあてはめればよい．(3.69),(3.70)から

$$\begin{aligned}\langle J(t)\rangle &= -i\int_{-\infty}^{t} dt'\langle[J(t), H_{\rm T}(t')]\rangle \\ &= 2e\,{\rm Re}\int_{-\infty}^{t} dt'\{\langle[h_{\rm T}(t), h_{\rm T}^{\dagger}(t')]\rangle e^{-ieV(t-t')} \\ &\qquad + \langle[h_{\rm T}(t), h_{\rm T}(t')]\rangle e^{-ieV(t+t')}\}\end{aligned} \tag{3.71}$$

となる．第2項は超伝導体に特有の項であって，系Aあるいは B の中の電子数が不確定であるために有限の寄与をするのである．(3.48)式と同じ形に書くと，(3.71)から

$$\begin{aligned}\langle J(t)\rangle = -2e\,{\rm Im}\sum_{n,m} Z^{-1}(e^{-\beta E_n} - e^{-\beta E_m})\frac{1}{E_m - E_n + eV - i\delta} \\ \times\{|\langle n|h_{\rm T}|m\rangle|^2 + e^{-i2eVt}\langle n|h_{\rm T}|m\rangle\langle m|h_{\rm T}|n\rangle\}\end{aligned} \tag{3.72}$$

が得られる．

(1)　**準粒子項**

(3.72)式の状態和は系 A と系 B について独立に行なわれる．それぞれの系の**スペクトル密度**とよばれる量を導入しよう．

$$\begin{aligned}\rho_{{\rm A}\alpha}{}^{(G)}(\boldsymbol{k}, \omega) \equiv \sum_{n_{\rm A}, m_{\rm A}} Z_{\rm A}{}^{-1}\exp(-\beta E_{n_{\rm A}})|\langle n_{\rm A}|a_{k\alpha}|m_{\rm A}\rangle|^2 \\ \times\delta(\omega - E_{m_{\rm A}} + E_{n_{\rm A}})(1 + e^{-\beta\omega})\end{aligned} \tag{3.73}$$

$\rho_{{\rm B}\alpha}{}^{(G)}(\boldsymbol{p}, \omega)$ についても同様．これを使うと，(3.72)の｛　｝内の第1項の寄与 I は

$$I = -2e \sum_{k,p} |T_{kp}|^2 \iint d\omega_1 d\omega_2 \pi\delta(\omega_2 - \omega_1 + eV) \times \rho_{\mathrm{A}\alpha}{}^{(G)}(\boldsymbol{k}, \omega_1) \rho_{\mathrm{B}\alpha}{}^{(G)}(\boldsymbol{p}, \omega_2) [f(\omega_1) - f(\omega_2)] \tag{3.74}$$

という形に書ける．ここで $|T_{kp}|^2$ が Fermi 面付近の状態について平均した量で置き換えられるとすると

$$I = -4\pi e \langle |T_{kp}|^2 \rangle \int d\omega \mathscr{D}_{\mathrm{A}}(\omega) \mathscr{D}_{\mathrm{B}}(\omega - eV) [f(\omega) - f(\omega - eV)] \tag{3.75}$$

が得られる．これはたいていの場合に許される近似である．ここで

$$\mathscr{D}_{\mathrm{A}}(\omega) = \sum_{k,\alpha} \rho_{\mathrm{A}\alpha}{}^{(G)}(\boldsymbol{k}, \omega) \tag{3.76}$$

等は状態密度である．

BCS モデルでは準粒子励起で状態が記述されるから，スペクトル密度(3.74)はすぐ求められ，

$$\rho^{(G)}(\boldsymbol{k}, \omega) = |u_k|^2 \delta(\omega - \varepsilon_k) + |v_k|^2 \delta(\omega + \varepsilon_k) \tag{3.77}$$

となる．さらに粒子-空孔の対称性があると，(3.76)の和をとったときコヒーレンスの因子は消えて，

$$\mathscr{D}(\omega) = N(0) \frac{|\omega|}{\sqrt{\omega^2 - |\Delta|^2}} \theta(|\omega| - |\Delta|)$$

となり，(3.7)式で与えた状態密度にほかならないことがわかる．

(i) I_{nn}. A, B ともに正常状態の場合には，$\mathscr{D}_{\mathrm{A}}(\omega) = N_{\mathrm{A}}(0)$ 等となるから，ただちに

$$\begin{aligned} I_{\mathrm{nn}} &= R^{-1} V \\ R^{-1} &= 4\pi e^2 \langle |T_{kp}|^2 \rangle N_{\mathrm{A}}(0) N_{\mathrm{B}}(0) \end{aligned} \tag{3.78}$$

が得られる．トンネル電流はオームの法則に従い，R^{-1} は単位面積あたりのコンダクタンスである．

(ii) I_{sn}. 一方(B とする)が正常状態の金属である場合は，電子・フォノン相互作用などを調べるときに重要になる．実験との比較には dI_{sn}/dV を見るのが便利である．

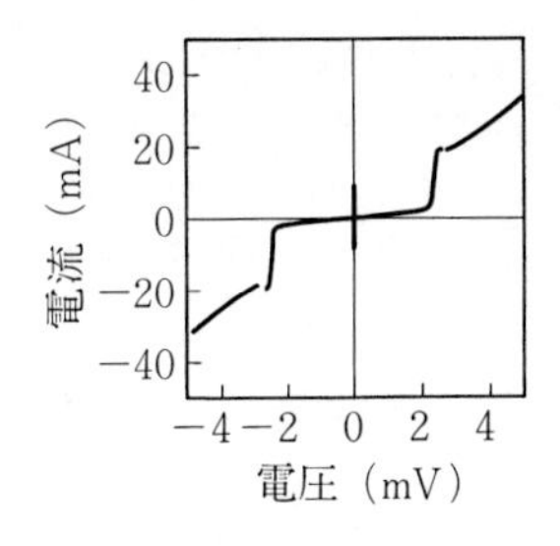

図 3-9　Nb-Pb トンネル接合の $T=1.4\,\mathrm{K}$ での I-V 特性．$V=0$ のときの Josephson 電流に注意．

$$\frac{dI_{\mathrm{sn}}}{dV} = (N_{\mathrm{A}}(0)R)^{-1}\int_{-\infty}^{\infty} d\omega \mathscr{D}_{\mathrm{A}}(\omega)\frac{\partial f(\omega-eV)}{\partial\omega} \tag{3.79}$$

分布関数の微分は $\omega=eV$ のまわりに幅 $k_{\mathrm{B}}T$ で有限であるから，状態密度 $\mathscr{D}_{\mathrm{A}}(\omega)$ が観測できるわけである．具体例は第 4 章で述べる．なお図 3-9 に両側が超伝導体である場合のトンネル特性 I_{ss} の例が示してある．

(2)　**Josephson 項**

(3.72)の｛　｝内第 2 項からの寄与を J とする．それを(3.74)と同様の形に表わすために，各々の系に関して新しいスペクトル密度を導入する(添字 A, B は省略した)．

$$\rho^{(F)}(\boldsymbol{k},\omega) = -\sum_{n,m} Z^{-1}e^{-\beta E_n}\langle n|a_{k\uparrow}|m\rangle\langle m|a_{-k\downarrow}|n\rangle\delta(\omega-E_m+E_n)(1+e^{-\beta\omega}) \tag{3.80}$$

BCS モデルでは，(3.2)式からすぐ

$$\rho^{(F)}(\boldsymbol{k},\omega) = +u_k v_k[\delta(\omega-\varepsilon_k)-\delta(\omega+\varepsilon_k)] \tag{3.81}$$

となることがわかる．$|T_{kp}|^2$ を平均で置き換える近似では，(3.74)に対応して，

$$J = -\frac{1}{2}(eRN_{\mathrm{A}}(0)N_{\mathrm{B}}(0))^{-1}\iint d\omega_1 d\omega_2\,\mathrm{Im}\Big(\frac{1}{\omega_2-\omega_1+eV-i\delta}e^{-i2eVt} \times\sum_{k,p}\rho_{\mathrm{A}}{}^{(F)*}(\boldsymbol{k},\omega_1)\rho_{\mathrm{B}}{}^{(F)*}(\boldsymbol{p},\omega_2)\Big)[f(\omega_1)-f(\omega_2)] \tag{3.82}$$

が得られる．ここで(3.81)に現われる $u_k v_k$ は秩序パラメタに比例することを思い出そう．したがって $\sum_k \rho_{\mathrm{A}}{}^{(F)}(\boldsymbol{k},\omega)$ は系 A の秩序パラメタ，すなわち凝縮体の波動関数に比例する．単純な BCS モデルでは

$$\sum_k \rho^{(F)}(\boldsymbol{k},\omega) \equiv e^{i\chi}\tilde{\mathscr{D}}(\omega) = e^{i\chi}\sum_k \frac{|\Delta|}{2\varepsilon_k}[\delta(\omega-\varepsilon_k)-\delta(\omega+\varepsilon_k)]$$

$$= e^{i\chi}N(0)\frac{\omega}{|\omega|}\frac{|\Delta|}{\sqrt{\omega^2-|\Delta|^2}}\theta(\omega^2-|\Delta|^2) \tag{3.83}$$

となる．ここで χ は秩序パラメタ(あるいは Δ)の位相であり，いまの場合は定数である．これを(3.82)で用いると

$$J = (2\pi eRN_{\rm A}(0)N_{\rm B}(0))^{-1}\iint d\omega_1 d\omega_2 \tilde{\mathscr{D}}_{\rm A}(\omega_1)\tilde{\mathscr{D}}_{\rm B}(\omega_2)[f(\omega_1)-f(\omega_2)]$$

$$\times\left\{{\rm P}\frac{1}{\omega_2-\omega_1+eV}\sin(\chi_{\rm B}-\chi_{\rm A}-2eVt)\right.$$

$$\left.+\pi\delta(\omega_2-\omega_1+eV)\cos(\chi_{\rm B}-\chi_{\rm A}-2eVt)\right\} \tag{3.84}$$

が得られる．(3.83)から $\tilde{\mathscr{D}}_A\tilde{\mathscr{D}}_B \propto |\Delta_{\rm A}||\Delta_{\rm B}|$ に注意しよう．また J が対の波動関数の位相差に依存すること，したがって電位差があるときには $2eV$ の振動数で振動することに注目しよう．{ }の中の第2項は準粒子項と同じ構造をしていて，対のトンネルの寄与と考えられる．この成分の存在も実験で確かめられているが，ここでは立ち入らないことにする．第1項が有名な **Josephson 効果**を与える．以下その寄与 $J_{\rm s1}$ を考察する．

まず $J_{\rm s1}$ は電位差 $V=0$ でも，A, B の超伝導状態の間に位相差 $\chi_{\rm B}-\chi_{\rm A}$ があれば有限であることに注目しなければならない．これは，バルクで位相の空間変化が超伝導電流を与えるのに対応し，対がコヒーレンスを保ってトンネルすることによって生じる．$V=0$ の場合，

$$J_{\rm s1} = J_{\rm c}\sin(\chi_{\rm B}-\chi_{\rm A}) \tag{3.85}$$

と表わそう．これにともなうトンネル接合のエネルギーは

$$E_{\rm T} = -J_{\rm c}\cos(\chi_{\rm B}-\chi_{\rm A}) \tag{3.86}$$

であり，$\chi_{\rm B}=\chi_{\rm A}$ のとき最低になる．両側が同じ超伝導金属のとき，BCS モデルでは($\Delta=\Delta_{\rm A}=\Delta_{\rm B}$)

$$J_{\rm c} = \frac{\pi}{2}(eR)^{-1}\Delta\tanh\frac{\beta\Delta}{2} \tag{3.87}$$

となる．また，$T \ll \Delta_A, \Delta_B$ のとき

$$J_c = 2(eR)^{-1}\frac{\Delta_A \Delta_B}{\Delta_A + \Delta_B} K\left(\frac{|\Delta_A - \Delta_B|}{\Delta_A + \Delta_B}\right)$$

となる．ここでは K は第1種の完全楕円積分である．

干渉効果　図3-10のように超伝導線のループ中に2つの Josephson 接合があり，磁束 $\boldsymbol{\Phi}$ がループをつらぬいているとしよう．接合以外の導線中では電流の効果は小さいとすると，磁束の量子化と同じ議論(第1章)から

$$\chi_R(x_1) - \chi_L(x_1) + \chi_L(x_2) - \chi_R(x_2) = 2e\oint \boldsymbol{A}\cdot d\boldsymbol{l} = 2\pi\boldsymbol{\Phi}/\phi_0$$

が成り立つことがわかる．2つの接合の特性が同じであるとすると，左から右へ流れる超伝導電流は

$$I = 2J_c \sin\chi \cos\left(\frac{\pi\boldsymbol{\Phi}}{\phi_0}\right)$$

で与えられる．ただし $\chi = \chi_R(x_1) - \chi_L(x_1) + \pi\boldsymbol{\Phi}/\phi_0$ である．磁束 $\boldsymbol{\Phi}$ によって2つの経路を通る波の位相が変化し，干渉が生じる．この原理を利用したのが **SQUID**(superconducting quantum interference device)とよばれる磁束の測定装置であって，10^{-7} Gauss ていどの磁場まで測定可能である．

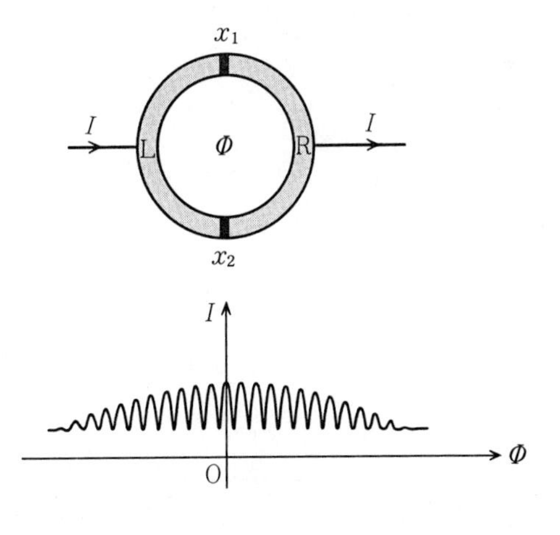

図3-10　リングをつらぬく磁束 $\boldsymbol{\Phi}$ による干渉効果.

a.c. Josephson 効果 (3.84)式から電位差 V_0(ここでははっきりさせるため，直流電圧には添字 0 をつける)を加えたときに

$$\hbar\omega = 2eV_0 \tag{3.88}$$

という振動数の交流電流が生じることが期待される．これは **a.c. Josephson 効果**とよばれる．(3.88)によると $V=1\times10^{-6}$ V は $2\pi\omega=483.6$ MHz に相当する．もし a.c. Josephson 電流の振動数が測定できれば，電位差の測定になる．その1つの方法に関連して，V_0 だけでなく，ある振動数 ω_1 の交流電圧を同時に加えた場合を考察しよう．(3.84)式の第1項は(V があまり大きくなければ)，$\chi(t)$ を A と B との位相差として(3.85)と同じく

$$J_{s1} = J_c \sin \chi(t)$$

と書ける．ここでゲージ不変性からスカラーポテンシャルと波動関数の位相の時間微分とはつねに和になって現われることを思い起こそう．いまの場合は電子の対であるから $2eV+\partial\chi/\partial t$ という和になる(以下では $\hbar=1$ とおく)．$V=0$ のとき $\chi=$一定 となるはずだから，χ の時間変化は

$$\partial\chi/\partial t+2eV = 0 \tag{3.89}$$

で定められる．$V=V_0$ のときには $\chi=-2eV_0t+\text{const.}$ となって(3.84)に帰着する．(3.89)の $V=V_0+v\cos\omega_1 t$ のときの解を上の J_{s1} の式に代入すると

$$J(t) = J_c \sin\left[2eV_0t+(2ev/\omega_1)\times\sin\omega_1 t+\text{const.}\right]$$

が得られる．この表式を Fourier 分解するとわかるように，

$$2eV_0 = n\omega_1 \qquad (n \text{ は整数})$$

のとき $J(t)$ に直流成分が現われるのが重要な点である．

この効果を見られるのは ω_1 のマイクロ波をかけて接合の I-V_0 特性を測定する実験である．このとき図 3-11 のように，$V_0=n(\hbar\omega/2e)$ のところにステップが観測される(**Shapiro ステップ**とよばれる)．この特性の定量的な解析には準粒子による電流も加えた取扱いが必要となる．マイクロ波の振動数の測定は 10^{-12} ていどの相対誤差で可能であるため，この効果を利用した電圧標準として $2e/h=4.8359767\times10^{14}$ Hz/V が用いられるようになった．

Josephson 効果に関しては，ふれなかった事柄が多い．たとえば巻末文献

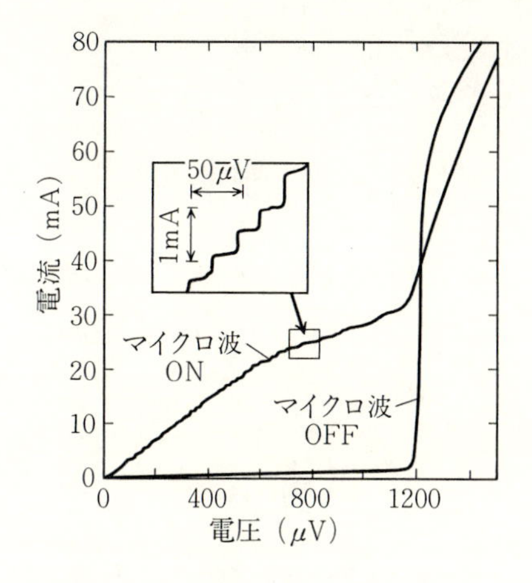

図 3-11 Sn-Sn トンネル接合(T=1.2 K)に 10 GHz のマイクロ波を加えたとき，I-V 特性に現われるステップ．(W. H. Parker, D. N. Langenberg, A. Denenstein and B. N. Taylor: Phys. Rev. 177 (1969) 287)

[C-4], [D-1]を参照されたい．

3-5 空間変化のある場合の平均場理論

外場，境界あるいは不純物などがあって，空間的に一様でない場合にはエネルギーギャップも場所によって変化し，準粒子励起の散乱とか，局在した励起などが生じる．このような問題を扱うには実空間での表式が便利である．平均場近似でのハミルトニアンを

$$\mathscr{H}_{\mathrm{mf}} = \int d\boldsymbol{x}\{\psi_\alpha{}^\dagger H_{(\mathrm{b})}\psi_\alpha + \psi_\alpha{}^\dagger U(\boldsymbol{x})\psi_\alpha + \Delta^*(\boldsymbol{x})\psi_\uparrow(\boldsymbol{x})\psi_\downarrow(\boldsymbol{x}) + \Delta(\boldsymbol{x})\psi_\downarrow{}^\dagger(\boldsymbol{x})\psi_\uparrow{}^\dagger(\boldsymbol{x})\} \tag{3.90}$$

と書こう．ここで $H_{(\mathrm{b})}$ は周期ポテンシャルも含めた 1 電子のハミルトニアンで，自由電子モデルでは $(1/2m^*)(\nabla/i - e\boldsymbol{A}/c)^2 - \mu$ である．定数 $\Delta^*\Psi$ の項は省略した．$U(\boldsymbol{x})$ は不純物や界面によるポテンシャルで，通常の Hartree-Fock 近似による補正は化学ポテンシャル μ にくりこんだものとした．また引力の相互作用はこれまでと同様に $-g\delta(\boldsymbol{x}-\boldsymbol{x}')$ で近似し，超伝導の平均場を

$$\Delta(\boldsymbol{x}) = -g\langle\psi_\uparrow(\boldsymbol{x})\psi_\downarrow(\boldsymbol{x})\rangle \tag{3.91}$$

とする．Heisenberg 表示での $\psi, \psi^\dagger$ に対する運動方程式は

$$
\begin{aligned}
i\frac{\partial \psi_\uparrow}{\partial t} &= [H_{(\mathrm{b})}+U(\boldsymbol{x})]\psi_\uparrow - \Delta(\boldsymbol{x})\psi_\downarrow{}^\dagger \\
-i\frac{\partial \psi_\downarrow{}^\dagger}{\partial t} &= [H_{(\mathrm{b})}{}^*+U(\boldsymbol{x})]\psi_\downarrow{}^\dagger - \Delta^*(\boldsymbol{x})\psi_\uparrow
\end{aligned}
\tag{3.92}
$$

となり，$\psi_\uparrow$ と $\psi_\downarrow{}^\dagger$ とが結合している所が通常の Hartree-Fock 方程式と異なっている．ただし簡単のため $U(\boldsymbol{x})$ はスピンによらないとした．Bogoliubov 変換(3.2)に対応して

$$
\begin{pmatrix} \psi_\uparrow \\ \psi_\downarrow{}^\dagger \end{pmatrix} = \sum_n \begin{pmatrix} u_n(\boldsymbol{x}) & v_n(\boldsymbol{x}) \\ -v_n{}^*(\boldsymbol{x}) & u_n{}^*(\boldsymbol{x}) \end{pmatrix} \begin{pmatrix} \gamma_{n\uparrow} \\ \gamma_{n\downarrow}{}^\dagger \end{pmatrix}
\tag{3.93}
$$

のように，$\psi, \psi^\dagger$ を固有状態 n の準粒子の生成消滅演算子 $\gamma_{n\uparrow}, \gamma_{n\downarrow}{}^\dagger$ で展開しよう．$(u_n(x), v_n(x))$ はその固有関数であって，一様なときには平面波の状態 $(e^{ikx}u_k, e^{ikx}v_k)$ であった．$\gamma_{n\uparrow}, \gamma_{n\downarrow}{}^\dagger \propto e^{-i\varepsilon_n t}$ として(3.92)に代入し，$\gamma_{n\uparrow}$(あるいは $\gamma_{n\downarrow}{}^\dagger$)の係数を 0 に等しいとおくことにより，$u_n(x), v_n(x)$ を定めるいわゆる Bogoliubov-de Gennes 方程式

$$
\begin{pmatrix} H_{(\mathrm{b})}+U(\boldsymbol{x})-\varepsilon_n & \Delta(\boldsymbol{x}) \\ -\Delta^*(\boldsymbol{x}) & H_{(\mathrm{b})}{}^*+U(\boldsymbol{x})+\varepsilon_n \end{pmatrix} \begin{pmatrix} u_n(\boldsymbol{x}) \\ v_n{}^*(\boldsymbol{x}) \end{pmatrix} = 0
\tag{3.94}
$$

が得られる．(3.94)から，もし (u_n, v_n) が固有値 ε_n をもつ解であれば，$(u_n{}^*, v_n{}^*)$ は固有値 $-\varepsilon_n$ の解であることが示される．準粒子励起としては正のエネルギーのものだけを考えればよい．また異なる固有値をもつ固有関数 (u_n, v_n) はたがいに直交する．$\Delta(\boldsymbol{x})$ は(3.91), (3.93)から

$$
\Delta(\boldsymbol{x}) = +g\sum_n u_n(\boldsymbol{x})v_n(\boldsymbol{x})[1-2f(\varepsilon_n)]
\tag{3.95}
$$

で定められ，問題は(3.94)と(3.95)を同時にみたす解 (u_n, v_n) を求めることになる．磁場がなく一様であると，3-1 節の結果がただちに導かれる．

Bogoliubov-de Gennes 方程式(3.94), (3.95)は，境界があったり，外部磁場が加えられていて空間変化があるときに，エネルギーギャップ $\Delta(\boldsymbol{x})$ と準粒子励起を求めるのに使われる．たとえば，超伝導体に正常金属あるいは異なる

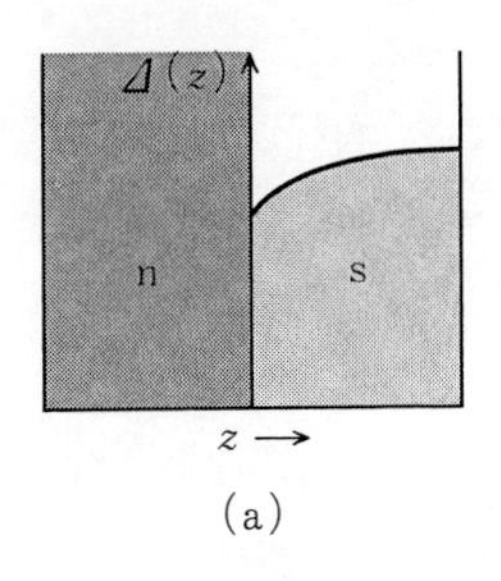

(a)

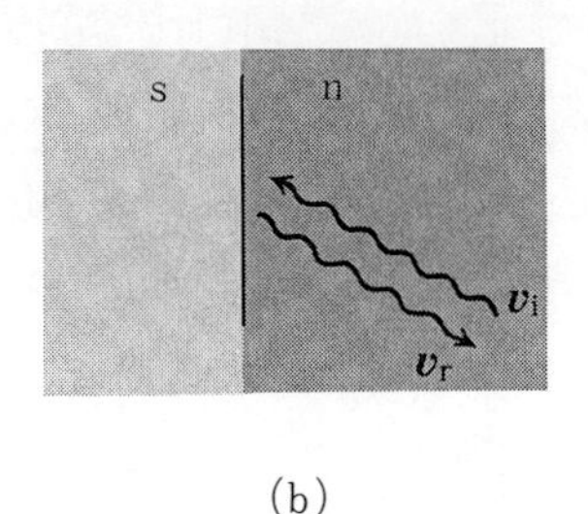

(b)

図 3-12 (a)正常金属 n と接したときのエネルギーギャップの空間変化. (b)Andreev 散乱. 励起の速度ベクトルが逆向きになる.

超伝導体が接していると，その近傍で $\Delta(\boldsymbol{x})$ が変化する(図 3-12(a)). このようなとき，Δ の空間変化による準粒子励起の散乱(**Andreev 散乱**)が生じる(図 3-12(b)). 図のように正常状態(n)の側から入射した運動量 $\boldsymbol{k}$ の粒子は，超伝導の側に入るとき $-\boldsymbol{k}$ の粒子と対を作って凝縮体に加わる. したがって $-\boldsymbol{k}$ の空孔が n 側に残される. 反射面に垂直な運動量成分だけが逆になる通常の過程と異なり，この場合，反射波は入射波と逆の向きに出てくるのである. また第 5 章でふれるが，第 2 種超伝導体で磁束量子が侵入している所には局在した励起が存在する. (巻末文献[C-1]を参照.)

欠陥・界面の影響　通常の超伝導の著しい特徴は，表面あるいは界面，磁性を示さない不純物，転位などの欠陥等が存在しても T_c の値などがほとんど影響を受けないことである. この問題を扱うために，まず欠陥が電子に及ぼすポテンシャル U がスピンによらないと仮定しよう. もし外部磁場がない($\boldsymbol{A}=0$)と，$H_{(b)}{}^*=H_{(b)}$ である. そこで $\Delta(\boldsymbol{x})$ が実数であるとすると(定数の位相因子 $e^{i\chi}$ は，$v(\boldsymbol{x})$ も同じ因子をもつとして取り除ける)，(3.94)式の演算子は実となり，縮退した固有値 $\varepsilon_{n\uparrow}=\varepsilon_{n\downarrow}=\varepsilon_n$ をもつ実数の解 (u_n, v_n) があることになる. したがって(3.95)から $\Delta(\boldsymbol{x})$ を実数とする仮定が正当化される. この事情を対形成(pairing)の仕方という観点から見てみよう. $U(\boldsymbol{x})$ は一般に複雑なポテンシャルであるが，固有値方程式

$$[H_{(b)}+U(\boldsymbol{x})]\phi_n(\boldsymbol{x}) = \xi_n\phi_n(\boldsymbol{x})$$

をみたす1電子の波動関数 ϕ_n は必ず存在して，完全直交系を作る．明らかに ϕ_n が解であれば ϕ_n^* も同じ固有値 ξ_n をもつ解である．したがって状態 $\phi_{n\uparrow}$ の状態の電子と $\phi_{n\downarrow}^*$ の電子とが対を作るとすると，一様なときと全く同じ理論ができるわけである．このとき，対の波動関数は，$\langle\phi_{n\uparrow}(\boldsymbol{x})\phi_{n\downarrow}^*(\boldsymbol{x})\rangle$ となり，上に述べたとおり実数になる．

一般に，1重項s波の超伝導では，スピンも含めてある1電子状態 $\psi_{n\alpha}$ とその時間反転した状態 $R_t\psi_{n\alpha}$ にある電子が対を形成する．時間反転で角運動量の符号も逆になるから，上のように $(\psi_{n\uparrow}(\boldsymbol{x}),\psi_{n\downarrow}^*(\boldsymbol{x}))$ という対になる．不純物や境界があっても，それによる散乱も取り入れた1電子状態で対を作ればよいわけである．さらに不純物原子が乱雑に分布していて，平均の $\Delta(\boldsymbol{x})$ は $\boldsymbol{x}$ によらないとすると，(3.94)，(3.95)から

$$\Delta = g\sum_n \frac{\Delta}{2\varepsilon_n}\tanh\frac{\beta\varepsilon_n}{2}, \qquad \varepsilon_n = \sqrt{\xi_n^{\,2}+\Delta^2} \tag{3.96}$$

という一様なときと同じ方程式が得られる．したがってFermi面付近の状態密度が不純物によって変化を受けない限り，Δ は変化を受けないことになる（ただしFermi面の近くで相互作用と状態密度が非等方的であると，不純物による散乱の影響がある）．もちろん境界や不純物原子のまわり遮蔽距離 r_{s} 以内のところでは電子密度も異なるから影響がないわけではないが，r_{s} が小さいから無視できるのである．

時間反転に対して不変でない重要な例は磁性不純物であり，対破壊(depairing)の働きをする．また，3-2節で扱った超伝導電流がある場合，対の波動関数が $e^{i\boldsymbol{q}\cdot\boldsymbol{x}}$ という位相因子をもち，実でなくなる．このとき，上の議論はあてはまらず，非磁性不純物によってもdepairingが生じる．外部磁場があるときも，$H_{(\mathrm{b})}\neq H_{(\mathrm{b})}^*$ となり，位相の空間変化が不可避となり，一般に超伝導状態は著しく変化する．

3-6 Gor'kov 方程式

多体系の理論では，Green 関数の方法が有用であるが，とりわけ超伝導では不可欠な手段となる．それは次の章で扱う電子・フォノン相互作用の理論だけを見ても明らかである．この節では Green 関数による BCS 理論の定式化を行ない，あとの議論の準備とする．（有限温度への一般化等については巻末文献[A-1],[A-4]を参考にされたい.）

1 粒子の Green 関数は

$$G_{\alpha\beta}(\boldsymbol{x}, t ; \boldsymbol{x}', t') \equiv -i\langle \mathrm{T}\psi_\alpha(\boldsymbol{x}, t)\psi_\beta{}^\dagger(\boldsymbol{x}', t')\rangle \tag{3.97}$$

で定義される．ここで $\psi_\alpha(\boldsymbol{x}, t)$ は Heisenberg 表示での電子の演算子，T は時間順序づけの演算子（$t'>t$ のときは $i\langle\psi_\beta{}^\dagger(\boldsymbol{x}', t')\psi_\alpha(\boldsymbol{x}, t)\rangle$ となる），$\langle\cdots\rangle$ は統計平均である．超伝導状態（ここではスピン 1 重項の場合に限る）では対の凝縮体があるから，G に加えて

$$\begin{aligned} F(\boldsymbol{x}, t ; \boldsymbol{x}', t') &\equiv \langle \mathrm{T}\psi_\uparrow(\boldsymbol{x}, t)\psi_\downarrow(\boldsymbol{x}', t')\rangle \\ F^\dagger(\boldsymbol{x}, t ; \boldsymbol{x}', t') &\equiv \langle \mathrm{T}\psi_\downarrow{}^\dagger(\boldsymbol{x}, t)\psi_\uparrow{}^\dagger(\boldsymbol{x}', t')\rangle \end{aligned} \tag{3.98}$$

を導入しなければならない．一様な系においては Fourier 変換した関数

$$G_{\alpha\beta}(\boldsymbol{k}, \omega) = -i\int_{-\infty}^{\infty} dt e^{i\omega t}\langle \mathrm{T}a_{k\alpha}(t)a_{k\alpha}{}^\dagger(0)\rangle\delta_{\alpha\beta}$$

等を使うのが便利である．まえと同様に固有値 E_n をもつ全系の固有状態を $|E_n\rangle$ と書き，統計平均の定義に従って G を求めると，

$$\begin{aligned} \mathrm{Re}\, G(\boldsymbol{k}, \omega) &= +\int_{-\infty}^{\infty} d\boldsymbol{x}\rho^{(G)}(\boldsymbol{k}, x)\mathrm{P}\frac{1}{\omega - x} \\ \mathrm{Im}\, G(\boldsymbol{k}, \omega) &= -\pi\rho^{(G)}(\boldsymbol{k}, \omega)\tanh(\omega/2T) \end{aligned} \tag{3.99}$$

と表わされる．ここで $\rho^{(G)}$ は(3.73)で定義したスペクトル密度にほかならない．同様に

$$F(\boldsymbol{k}, \omega) = \int_{-\infty}^{\infty} dt e^{i\omega t}\langle \mathrm{T}a_{k\uparrow}(t)a_{-k\downarrow}(0)\rangle$$

も(3.80)のスペクトル密度 $\rho^{(F)}(\boldsymbol{k},x)$ を用いて表わすことができる．

上では有限温度の定義を与えたが，$T=0$ 以外では，Wick の定理にもとづいた摂動論を適用するには，虚数時間を使った温度 Green 関数を導入しなければならない．したがってここでは $T=0$，すなわち基底状態の Green 関数だけを扱うことにする．Green 関数 G,F の従う運動方程式は，前節の(3.92)からただちに求められる．

$$
\begin{aligned}
&\left[i\frac{\partial}{\partial t}-H_{(\mathrm{b})}-U(\boldsymbol{x})\right]G(\boldsymbol{x},t\,;\boldsymbol{x}',t')-i\Delta(\boldsymbol{x},t)F^{\dagger}(\boldsymbol{x},t\,;\boldsymbol{x}',t')=\delta(\boldsymbol{x}-\boldsymbol{x}')\delta(t-t')\\
&\left[i\frac{\partial}{\partial t}+H_{(\mathrm{b})}{}^{*}+U(\boldsymbol{x})\right]F^{\dagger}(\boldsymbol{x},t\,;\boldsymbol{x}',t')+i\Delta^{*}(\boldsymbol{x},t)G(\boldsymbol{x},t\,;\boldsymbol{x}',t')=0
\end{aligned}
\tag{3.100}
$$

$\Delta(\boldsymbol{x},t)$ は，F の定義から

$$
\Delta(\boldsymbol{x},t)=gF(\boldsymbol{x},t_{+}\,;\boldsymbol{x},t) \tag{3.101}
$$

となる．ここで $t_{+}=t+\Delta t$ ($\Delta t>0$), $\Delta t\to 0$ を意味する．また U は Hartree-Fock の平均場を含むものとする．方程式(3.100)は **Gor'kov 方程式**と呼ばれる．

Gor'kov 方程式は，磁場，不純物などがあって，超伝導状態が空間的に一様でない場合を取り扱うさいの出発点となる．なお F の定義(3.98)によると，平均場に現われる状態での系の粒子数はすべて $\langle N-2|\psi\psi|N\rangle$ となっている．したがって $\Delta(\boldsymbol{x},t)$ は時間因子 $e^{-i2\mu t}$ をもつ．同様に $\Delta^{*}(\boldsymbol{x},t)\propto e^{i2\mu t}$．3-4 節の(2)で扱った電位差のあるときの a.c. Josephson 効果はこの因子に関係する．

次章のための準備として，外場がなく空間的に一様で，またスピン・軌道相互作用もない場合の Green 関数 G と $F,F^{\dagger}$ を求めておこう．まず超伝導状態でも Feynman-Dyson の摂動論が使えることを示すために，南部によって導入された形式を用いる．まず

$$
\hat{a}_{k}=\begin{pmatrix} a_{k\uparrow} \\ a_{-k\downarrow}{}^{\dagger} \end{pmatrix},\qquad \hat{a}_{k}{}^{\dagger}=(a_{k\uparrow}{}^{\dagger}\quad a_{-k\downarrow}) \tag{3.102}
$$

は，Fermi 粒子の交換関係

$$\{\hat{a}_k(t), \hat{a}_k{}^\dagger(t)\} = \hat{1}$$

に従う．そこで 2×2 行列の Green 関数

$$\hat{G}(\boldsymbol{k}, t) \equiv -i\langle \mathrm{T}\hat{a}_k(t)\hat{a}_k{}^\dagger(0)\rangle = \begin{pmatrix} G_{\uparrow\uparrow}(\boldsymbol{k}, t) & -iF(\boldsymbol{k}, t) \\ -iF^\dagger(\boldsymbol{k}, t) & -G_{\downarrow\downarrow}(-\boldsymbol{k}, -t) \end{pmatrix} \tag{3.103}$$

を導入しておく．ハミルトニアン $H_{(\mathrm{b})}$ は(3.102)を使うと

$$H_{(\mathrm{b})} = \sum_{k,\alpha} \xi_k a_{k\alpha}{}^\dagger a_{k\alpha} = \sum_k (\hat{a}_k{}^\dagger \xi_k \hat{\tau}_3 \hat{a}_k + \xi_k \hat{1}) \tag{3.104}$$

と表わされる(τ_i は Pauli 行列)．ξ_k は Hartree-Fock エネルギーも含めた伝導バンドのエネルギーである．相互作用を考えない自由粒子の Green 関数は

$$G_0{}^{-1}(\boldsymbol{k}, \omega) = (\omega\hat{1} - \xi_k \hat{\tau}_3) \tag{3.105}$$

で与えられる．

粒子間相互作用(2.17)は 2×2 の行列で表わすと

$$H_\mathrm{I} = -\frac{1}{2} \sum_{k, k', q} V_{k'k} \hat{a}_{k'+q}{}^\dagger \tau_3 a_{k+q} \hat{a}_{-k'}{}^\dagger \tau_3 a_{-k}$$

あるいは

$$H_\mathrm{I} = -\frac{1}{4} \sum V_{k'k} \hat{a}_{k'+q}{}^\dagger (\hat{\tau}_1 + i\hat{\tau}_2) \hat{a}_{k'} \cdot \hat{a}_k{}^\dagger (\hat{\tau}_1 - i\hat{\tau}_2) \hat{a}_{k+q} \tag{3.106}$$

と書ける．したがって $\hat{a}_k{}^\dagger, \hat{a}_k$ を 2 成分の Fermi 粒子に対する演算子とみなし，Green 関数も相互作用も行列で与えられていることをさえ忘れなければ，摂動論での Wick の定理が成り立つわけである．したがって Feynman グラフの手法もそのまま使えることになる．

平均場の近似では(3.106)の形を用いて($q=0$ とする)，

$$H_\mathrm{I} = -\sum_k \hat{a}_k{}^\dagger (\Delta_k{}^{(1)} \hat{\tau}_1 + \Delta_k{}^{(2)} \hat{\tau}_2) \hat{a}_k \tag{3.107}$$

とおく．ただし

$$\Delta_k{}^{(1,2)} = \sum_{k'} V_{k'k} \langle \hat{a}_{k'}{}^\dagger \tau_{1,2} \hat{a}_{k'} \rangle \tag{3.108}$$

これらを用いると平均場のハミルトニアンはコンパクトな形

$$
\begin{aligned}
\hat{H}_{\mathrm{mf}} &= \sum_k \hat{a}_k^{\dagger}(\xi_k \hat{\tau}_3 - \hat{\Delta})\hat{a}_k \\
\hat{\Delta} &= \Delta_k^{(1)}\hat{\tau}_1 + \Delta_k^{(2)}\hat{\tau}_2
\end{aligned}
\tag{3.109}
$$

となり，すぐに

$$
\hat{G}(\boldsymbol{k}, \omega) = \frac{1}{\omega^2 - \varepsilon_k{}^2}(\omega \hat{1} + \xi_k \hat{\tau}_3 - \hat{\Delta}) \tag{3.110}
$$

が得られる($\varepsilon_k{}^2 = \xi_k{}^2 + |\Delta_k|^2$)．もちろんこの結果は，Gor'kov 方程式(3.100)から直接導かれる．ギャップ方程式は(3.108)にほかならず，$\Delta_k{}^{(1)}$ と $\Delta_k{}^{(2)}$ は同じ式によって定められる．$\Delta_k{}^{(1)}, i\Delta_k{}^{(2)}$ は実であり，$|\Delta_k|e^{i\chi} = \Delta_k{}^{(1)} + \Delta_k{}^{(2)}$ できまる χ が凝縮体の位相ということになる．フォノンを媒介とする引力では $\Delta_k{}^{(1),(2)}$ 自身が複素になることを付け加えておこう．

最後に2つ注意しておく．Gor'kov 方程式と Bogoliubov-de Gennes 方程式とは，相互作用に時間の遅れがない弱結合近似では同等の形式である．しかし不純物原子の位置についての平均を行なわなければならない場合などでは，平均をとるべき量が波動関数ではなく Green 関数(相関関数)であるから，Gor'kov 方程式の方法が使われる．

磁場があるとき，あるいは超伝導金属と正常金属とが接したときの**近接効果**(proximity effect)等を扱うのに，Gor'kov 方程式そのものを解くのはきわめて困難である．もっとも粗い近似は第5章で述べる Ginzburg-Landau の方法であり，空間変化のスケール L が，$L \gg \xi_0$ のときに有効である(第5章)．$\xi_0 \gtrsim L \gg k_{\mathrm{F}}{}^{-1}$ のときには**準古典近似**(G. Eilenberger, 1968)が有力な方法として用いられている．準古典近似では，準粒子の運動量 $\boldsymbol{k}$ の大きさはすべて k_{F} であるとして，空間変化にともなうエネルギーを $v_{\mathrm{F}}\hat{\boldsymbol{k}} \cdot \nabla$ で近似する．なお s 波以外の対による超伝導では Δ_k が $\boldsymbol{k}$ の方向に依存するから(第6章)，$\Delta_k(\boldsymbol{x})$ という量を導入しなければならず，そのため始めから準古典近似をとらなければならない．

4

電子・フォノン相互作用による超伝導

Al, Pb, Nb などの元素の金属や，Nb_3Sn などの金属間化合物など大多数の超伝導物質で，電子の対形成を誘起するのは，フォノンを媒介とする電子間の相互作用であることが知られている．BCS 理論ではそれを簡単化して電子間に直接働く引力で置き換えたが，ここでは電子・フォノン相互作用から出発する理論について述べよう．そのさい電子間の Coulomb 斥力も近似的に考慮される．固体電子論の基礎であるバンド理論では，結晶格子上に静止したイオンの作る周期ポテンシャルと，適当な近似で電子間 Coulomb 相互作用を取り入れた平均場のポテンシャルとを用いた Schrödinger 方程式を扱う．その固有解として Bloch 関数で表わされる 1 電子状態が定まる．それはバンドの指数と第 1 Brillouin 帯内の波数 $\boldsymbol{k}$ およびスピンで指定されるが，ここではたんに $\boldsymbol{k}, \alpha$ で表わす．また特に断わらないかぎり，この章では磁性をもつ系は取り扱わないから，スピンの添字 α も省略する場合が多い．以下ではバンド理論によってエネルギー固有値 $\xi_{\boldsymbol{k}}$ はわかっているものとしよう．

4-1 電子・フォノン系

イオンの運動は格子波として取り扱われ，そのノーマルモードは波数 $\boldsymbol{q}$ と波の偏りを示す $\boldsymbol{\sigma}$ で指定されるが，これもたんに q と書く．振動数 ω_q，波数 q のモードを量子化したフォノンの生成消滅演算子を $b_q{}^\dagger, b_q$ とすると，q の格子波にともなうイオンの変位 u_q は

$$u_q = (2NM\omega_q)^{-1/2}(b_q + b_{-q}{}^\dagger) \tag{4.1}$$

で与えられる．やはり簡単のために M という質量をもつ1種類のイオンが N 個あるとした．格子波があると，電子は周期ポテンシャルからずれたポテンシャル中を運動するから，電子の散乱が生じる．その散乱を表わす電子・フォノン相互作用は，イオンの変位について1次までの近似で次のようになる．

$$\mathscr{H}_{\text{e-ph}} = \sum_{k,k',\alpha} M_{k'k} u_q a_{k'\alpha}{}^\dagger a_{k\alpha} \tag{4.2}$$

ここで行列要素 $M_{k'k}$ は

$$M_{k'k} = -\int d\boldsymbol{x} \sum_l \boldsymbol{n}_q\cdot\nabla U(\boldsymbol{x}-\boldsymbol{R}_l)\phi_{k'}{}^*(\boldsymbol{x})\phi_k(\boldsymbol{x})\exp i[\boldsymbol{q}\cdot\boldsymbol{R}_l+(\boldsymbol{k}-\boldsymbol{k}')\cdot\boldsymbol{x}] \tag{4.3}$$

で与えられる．U はイオンのポテンシャル，$\boldsymbol{R}_l$ は格子波のないときのイオンの位置，$\phi_k(\boldsymbol{x})e^{i\boldsymbol{k}\cdot\boldsymbol{x}}$ は Bloch 関数，$\boldsymbol{n}_q$ は $\boldsymbol{q}$ の格子波の偏りを表わす単位ベクトルである．波数 $\boldsymbol{q}$ は，$\boldsymbol{G}$ を逆格子ベクトルとしたとき $\boldsymbol{k}'-\boldsymbol{k}=\boldsymbol{q}+\boldsymbol{G}$ できまるが，以下では $\boldsymbol{G}\neq 0$ の Umklapp 過程はあらわに書かないことにする．伝導電子と格子との作る系のハミルトニアンは，以上をまとめて

$$\mathscr{H} = \sum_k \xi_k a_k{}^\dagger a_k + \sum_q \omega_q\left(b_q{}^\dagger b_q + \frac{1}{2}\right) + \sum_{k,q} \frac{1}{\sqrt{2NM\omega_q}} M_{k+q,k}(b_q + b_{-q}{}^\dagger) a_{k+q}{}^\dagger a_k + \mathscr{H}_{\text{Coulomb}} \tag{4.4}$$

である．最後の項は，バンドエネルギー ξ_k に取り入れられていない電子間の

Coulomb 相互作用の部分と考えなければならない．

この系を扱うには Green 関数の方法が有効である．電子の Green 関数は 3-6 節ですでに定義した．フォノンの演算子はいつも(4.1)式の u_q という組合せでしか現われないから，普通 Green 関数を

$$D(q,t) \equiv -i\langle \mathrm{T}\, u_q(t) u_{-q}(0)\rangle$$

$$= -\frac{i}{2NM\omega_q}\langle \mathrm{T}\{b_q(t)b_q{}^{\dagger}(0)+b_{-q}{}^{\dagger}(t)b_{-q}(0)\}\rangle \qquad (4.5)$$

と定義する．(3.99)式に対応して，Fourier 変換 $D(\boldsymbol{q},\omega)$ をフォノンのスペクトル密度 ρ_{ph} を使って表わすのが便利である．

$$D(\boldsymbol{q},\omega) = \int_0^{\infty} dx \rho_{\mathrm{ph}}(\boldsymbol{q},x)\left\{\frac{1}{\omega-x+i\delta}-\frac{1}{\omega+x-i\delta}\right\} \qquad (4.6)$$

$$\rho_{\mathrm{ph}}(\boldsymbol{q},x) = \frac{1}{2NM\omega_q}\sum_n |\langle 0|b_q|n\rangle|^2\delta(x-E_n) \qquad (4.7)$$

ただし $|0\rangle$, $|n\rangle$ はそれぞれ全系の基底状態と，エネルギー E_n の励起状態であり，$\omega_{-q}=\omega_q$ を用い，$T=0$ の形のみを書いた．電子ともたがい同士とも相互作用しない自由なフォノンのスペクトル密度は

$$\rho_{\mathrm{ph}}{}^{(0)}(\boldsymbol{q},x) = (2NM\omega_q)^{-1}\delta(x-\omega_q) \qquad (4.8)$$

である．

電子・フォノン相互作用の効果として物理的に重要なものは次の 3 つである．

(1) フォノンによる電子の散乱．寿命 τ に寄与し，電気抵抗などの輸送現象に現われる．

(2) 電子のエネルギーのくりこみ．とくに周期ポテンシャルの効果とは区別される有効質量 m^* の増大が生じ，比熱等で観測される．

(3) 電子間相互作用を与える．最初に Fröhlich が超伝導の原因として考えた．

超伝導の取扱いがこの章の主題であるが，その準備として次の節で正常状態における電子・フォノン相互作用の効果，すなわち上の(1),(2)について述べることにしよう．

4-2 正常状態での電子・フォノン相互作用

Green 関数がわかると，励起状態の密度など系についての重要な情報が得られる．相互作用がないときの電子とフォノンの Green 関数 G_0, D_0 をそれぞれ細い実線と波線で，相互作用があるときの G, D を太い線で書き，相互作用は電子がフォノンを放出，吸収する点として表わそう(図 4-1)．G および D を求めるには，Feynman-Dyson の式

$$
\begin{aligned}
G(\boldsymbol{k},\omega) &= G_0(\boldsymbol{k},\omega)[1+\Sigma(\boldsymbol{k},\omega)G(\boldsymbol{k},\omega)] \\
&= [G_0{}^{-1}(\boldsymbol{k},\omega)-\Sigma(\boldsymbol{k},\omega)]^{-1} \qquad (4.9)
\end{aligned}
$$

$$
D(\boldsymbol{q},\omega) = [D_0{}^{-1}(\boldsymbol{q},\omega)-\Pi(\boldsymbol{q},\omega)]^{-1} \qquad (4.10)
$$

で定義される自己エネルギー $\Sigma(\boldsymbol{k},\omega)$ と $\Pi(\boldsymbol{q},\omega)$ を求めればよい(図 4-2, 4-3)．$\Sigma(\boldsymbol{k},\omega)$ は図 4-2(b)，$\Pi(\boldsymbol{k},\omega)$ は図 4-3(b)の Feynman グラフで表わされる無限項の和で与えられる．

電子間の直接の相互作用 $V_{kk'}$ に相当するのは $|M_{kk'}|^2D(\boldsymbol{k}-\boldsymbol{k}',\omega-\omega')$ であって，これがすべての摂動項を組み立てる基本ブロックとなる．個々の系の特徴を担う $|M_{kk'}|^2$ とフォノンのスペクトル密度 $\rho_{\mathrm{ph}}(\boldsymbol{q},x)$ とはひとまとめに積で出てくるから，普通

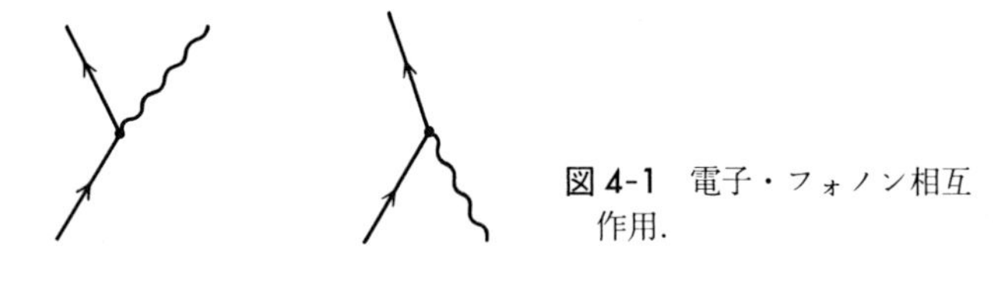

図 4-1 電子・フォノン相互作用．

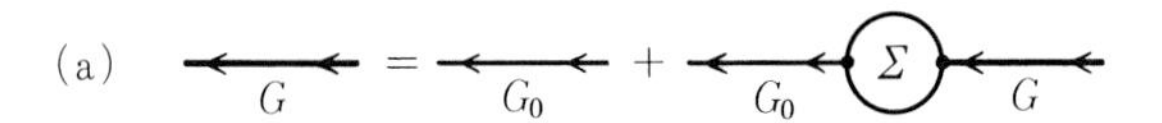

(b) Σ = + + ⋯

図 4-2 電子の Green 関数と自己エネルギーのグラフ．

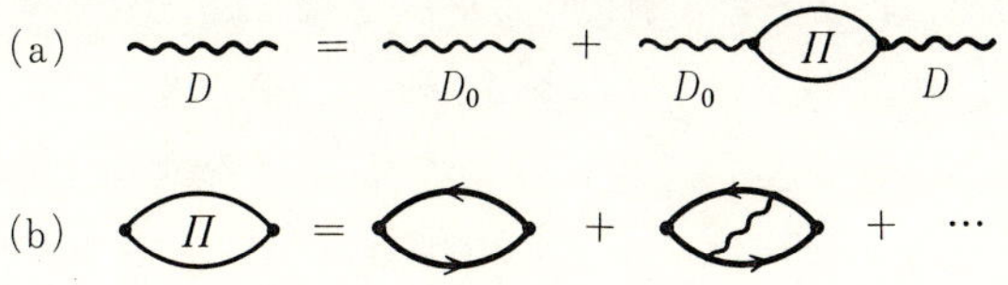

(a) D = D_0 + D_0 Π D

(b) Π = + + ⋯

図 4-3 フォノンの Green 関数と自己エネルギーのグラフ.

$$g(\boldsymbol{k},\boldsymbol{k}',x) \equiv N(0)|M_{kk'}|^2\rho_{\mathrm{ph}}(\boldsymbol{k}-\boldsymbol{k}',x) \tag{4.11}$$

という量を導入する(多くの文献で g の代わりに α^2F という記号が使われていることを特に注意しておく). ただし系は単位体積をもつとした. $g(\boldsymbol{k},\boldsymbol{k}',x)$ は無次元の量で, 電子・フォノン相互作用の大きさを表わすのに便利であることが以下でわかる. 直接の相互作用と異なって振動数にあたる変数 x にも依存する, いいかえると作用の伝わる時間の関数でもあるのが重要な点である.

この節の主な目的は電子の自己エネルギー Σ を求めることである. フォノンの方は, あとで見るように中性子回折などで, 少なくともそのスペクトル ω_q が実験的にわかっているから, 相互作用の効果をくりこんだ, 実際に観測される振動数 ω_q をもつ自由なフォノンとみなし, (4.10)式の $\Pi(\boldsymbol{q},\omega)$ は問題にしないことにする. このような取扱いは, 電子との相互作用によってフォノンの“ソフト化”が生じる場合には許されない. Σ の方はもっとも簡単なグラフ図 4-2(b)の第 1 項だけで近似できるとしよう. 残りの項が無視できるのは, 後でふれる Migdal の定理が成り立つからである. この近似でも図 4-4 に示す過程はすべて含まれている. 対応する表式は

$$\Sigma(\boldsymbol{k},\omega) = -\frac{1}{N(0)}\sum_{k'}\int_0^\infty dxg(\boldsymbol{k},\boldsymbol{k}',x)$$

$$\times\int_{-\infty}^{\infty}\frac{d\omega'}{2\pi i}\left(\frac{1}{\omega-\omega'-x+i\delta}-\frac{1}{\omega-\omega'+x-i\delta}\right)G(\boldsymbol{k}',\omega') \tag{4.12}$$

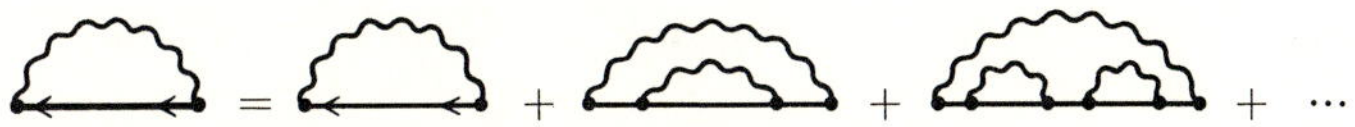

= + + + ⋯

図 4-4 電子の自己エネルギーで計算される過程.

である．右辺の G に Σ が含まれているから，これは積分方程式である．われわれが求めたいのは $|\boldsymbol{k}|$ が k_{F}，$|\omega|$ が Debye の振動数 $\omega_{\mathrm{D}} \ll \varepsilon_{\mathrm{F}}$ のていどの大きさのときの $\Sigma(\boldsymbol{k}, \omega)$ である．したがって，ω, x は ω_{D} ていどであるから，ω' もそのていどの所の寄与が大きい．それゆえ $\boldsymbol{k}'$ の和で寄与するのはやはり $|\boldsymbol{k}'| \sim k_{\mathrm{F}}$ であるような $\boldsymbol{k}'$ である．このことを利用して，$\boldsymbol{k}, \boldsymbol{k}'$ の大きさは k_{F} とし，また $\boldsymbol{k}'$ の和を $\sum_{k'} \cong N(0) \int \frac{d\Omega_{k'}}{4\pi} \int d\xi_k{}'$ で置き換えよう．ただし ω' の積分を先に行なわなくてはならない．

(3.99)式で $T \to 0$ とした形

$$G(\boldsymbol{k}, \omega) = \int_{-\infty}^{\infty} dy \frac{\rho^{(G)}(\boldsymbol{k}, y)}{\omega - y + i(\omega/|\omega|)\delta} \tag{4.13}$$

からわかるように，G は $\omega > 0$ と $\omega < 0$ とで別々の関数で与えられ，それぞれ ω を複素変数に接続したとき上半面と下半面で解析的である．このことを利用して，ω' の積分の積分路を図 4-5 のように実軸にそう上下の経路に変えることができる．その結果(4.12)式の ω' についての積分は

$$\int_{-\infty}^{\infty} \frac{d\omega'}{2\pi i} \left(\frac{\theta(\omega')}{\omega - \omega' - x + i\delta} + \frac{\theta(-\omega')}{\omega - \omega' + x - i\delta} \right) 2i \, \mathrm{Im} \, G(\boldsymbol{k}', \omega')$$

と書きなおされる．$\mathrm{Im}\, G(\boldsymbol{k}', \omega')$ は，(4.13)式からスペクトル密度にほかならない．この形にすると，ξ' 積分は，$|\xi'| \to \infty$ で収束する．自己エネルギー $\Sigma(\boldsymbol{k}', \omega')$ は，$\omega_{\mathrm{D}} \ll \varepsilon_{\mathrm{F}}$ のために ξ' によらないと考えてよいから(後の Migdal の定理を参照)，$\int_{-\infty}^{\infty} d\xi' G = -\int_{-\infty}^{\infty} d\xi [\xi' - \omega' + \Sigma(\omega')]^{-1}$ は，留数の方法で簡単に求められる．そのさい $\mathrm{Im}\, \Sigma(\omega)$ の符号は $\omega/|\omega|$ であることに注意しよう．こうして次の結果に到達する．

$$\begin{aligned} \Sigma(\omega) &= \int_0^{\infty} dx \bar{g}(x) \int_0^{\infty} dz \left\{ \frac{1}{\omega - z - x + i\delta} + \frac{1}{\omega + z + x - i\delta} \right\} \\ &= \int_0^{\infty} dx \bar{g}(x) \left\{ \ln \left| \frac{\omega - x}{\omega + x} \right| - i\pi(\omega/|\omega|)\theta(|\omega| - x) \right\} \end{aligned} \tag{4.14}$$

$$\bar{g}(x) \equiv \int \frac{d\Omega_{k'}}{4\pi} g(\hat{\boldsymbol{k}}, \hat{\boldsymbol{k}}', x) \tag{4.15}$$

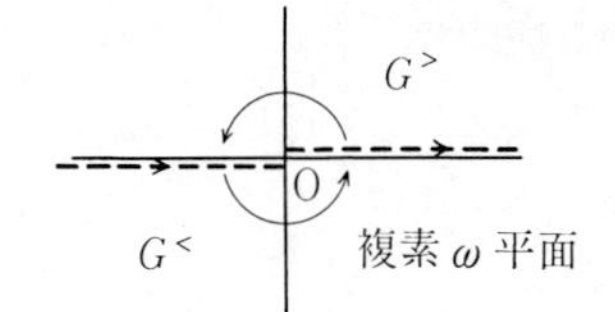

図 4-5 自己エネルギーの計算における積分路の変更.

ただし，系は等方的とした．$\omega_D \ll \varepsilon_F$ のために許される近似のおかげで(4.14)のように ξ' 積分ができたというのが重要な点であり，そのため結果は相互作用の2次の摂動によるものと同じになった.

有効質量と寿命　一般に準粒子励起が有効であるなら，Fermi 面付近では

$$G^{-1}(\boldsymbol{k}, \omega+i\delta) \cong (1+\lambda_k)\omega-(\xi_k+\Sigma^{(r)}(\boldsymbol{k}, 0))-i\Sigma^{(i)}(\boldsymbol{k}, \omega)$$

$$\lambda_k \cong -\left.\frac{\partial\Sigma(\boldsymbol{k}, \omega)}{\partial\omega}\right|_{\omega=0} = 2\int_0^\infty dx\frac{\bar{g}(x)}{x} \tag{4.16}$$

と近似できる．(r), (i) は実，虚数部分を表わす．$\Sigma^{(r)}(\boldsymbol{k}, 0)$ は(4.14)の近似では0であるから，スペクトル密度 Im G のピークは $\omega=\xi_k/(1+\lambda_k)$ にある．等方的な場合には($\lambda_k=\lambda$)準粒子励起の質量が

$$m \rightarrow (1+\lambda)m$$

となる．このため λ は**質量増大**(mass enhancement)**のパラメタ**とよばれる．また準粒子励起の寿命 τ_k は

$$1/2\tau_k \cong -(1+\lambda_k)^{-1}\Sigma^{(i)}(\boldsymbol{k}, (1+\lambda_k)^{-1}\xi_k) \tag{4.17}$$

で与えられる.

具体的に Σ を求めるには，g を知らなければならない．比較的単純な金属に対しては，擬ポテンシャルの方法でフォノンのスペクトルと $M_{kk'}$ が計算される．その詳しい議論は他にゆずり，ここではフォノンをいわゆる**ジェリアムモデル**(jellium model)で扱い，g がどんな量であるかを見てみよう．電子はイオンの遮蔽された Coulomb ポテンシャル

$$U(q) = 4\pi e^2/q^2\varepsilon(q) = 4\pi e^2/(q^2+k_s{}^2) \tag{4.18}$$
$$k_s{}^2 = 6\pi ne^2/\varepsilon_F$$

のなかを運動するとする．ここでイオンは1価であるとし，Thomas-Fermi の誘電率を使った．この場合(4.3)は

$$|M_{k+q,k}|^2 = [4\pi ne^2 q/(q^2+k_s{}^2)]^2 \tag{4.19}$$

となる．このモデルではフォノンは縦波だけであって，波数 q の波の振動数は

$$\omega_q{}^2 = 4\pi ne^2 q^2/M(q^2+k_s{}^2)$$

で与えられる．$q \ll k_s$ のとき $\omega_q = v_s q$ となって，音速は $v_s = \sqrt{m/3M} \cdot v_F$ のように v_F より因子 $\sqrt{m/M}$ だけ小さい．また $q \geqq k_s$ のとき ω_q はイオンのプラズマ振動数 $\Omega_p{}^2 = 4\pi ne^2/M$ に近づく．(4.8), (4.11), (4.19)式から

$$g(\boldsymbol{k}+\boldsymbol{q}, \boldsymbol{k}, x) = \frac{1}{4}\frac{k_s{}^2}{q^2+k_s{}^2}\omega_q \delta(x-\omega_q)$$

が得られる．これを見ると，g がおよそどんな量かわかる．いまの近似では $q \cong k_F\sqrt{1-\mu}$, $\mu = \boldsymbol{k}\cdot\boldsymbol{k}'/k_F{}^2$ であるから，Fermi 面上の平均は μ についての平均となり，それを行なうと

$$\bar{g}(x) = \frac{k_s{}^2}{4k_F{}^2}\frac{x^2}{\Omega_p{}^2 - x^2} \tag{4.20}$$

が得られる．これを用いると(4.14)式から

$$\Sigma^{(i)}(\omega) = -\pi\frac{k_s{}^2}{4k_F{}^2}\left\{\frac{\Omega_p}{2}\ln\frac{\Omega_p+\omega}{\Omega_p-\omega} - \omega\right\} \tag{4.21}$$

となる．これから $|\omega| \ll \Omega_p$ のとき，$\Sigma^{(i)} \sim -\pi\omega^3/6k_F{}^2 v_s{}^2$ となり，Fermi 面付近ではこの粒子的な励起による記述が有効であること，また温度 $T(\ll k_F v_s)$ での寿命は，ω を T によみかえて $\tau^{-1} \sim T^3$ であることなどがわかる．さらに，(4.16), (4.20)から

$$\lambda = \frac{k_s{}^2}{4k_F{}^2}\ln\left(1+\frac{4k_F{}^2}{k_s{}^2}\right) \tag{4.22}$$

と計算される．ただしフォノンの波数は $q < 2k_F$ とした．Bohr 半径 $a_0 = 1/me^2$ と平均の電子間距離 r_0 との比で表わすと，

$$\frac{k_s{}^2}{4k_F{}^2} = \left(\frac{4}{9}\right)^{1/3}\pi^{-4/3}\frac{r_0}{a_0} \sim \frac{r_0}{6a_0}$$

であり，通常の金属で r_0/a_0 は 1 のていどの大きさである．

低温での電子比熱は，バンド理論では状態密度 $2N(0) = m_b k_F/\pi^2$ に比例する．

したがって観測される比熱からきめた質量を m_{th} とすると,

$$m_{\mathrm{th}}/m_{\mathrm{b}} = 1+\lambda \tag{4.23}$$

であることが期待される．単純な金属では表 4-1 にあるとおり擬ポテンシャルを使った計算値と観測値はよく一致している．

表 4-1 m_{th} の実測値と質量増大のパラメタ λ

元素	m_{th}/m	m_{b}/m	$m_{\mathrm{th}}/m_{\mathrm{b}}$	$1+\lambda$
Li	2.22	1.54	1.44	1.41
Na	1.24	1.01	1.22	1.16
K	1.21	1.07	1.13	1.13
Rb	1.37	1.19	1.15	1.16
Cs	1.80	1.53	1.18	1.15
Al	1.49	1.05	1.42	1.44

〔注〕 m_{b} と λ は擬ポテンシャル理論による計算値．巻末文献[D-2]より．

Migdal の定理　自己エネルギー Σ を求めるさい，図 4-3(b)の高次のグラフを無視した．これらの高次の過程はいわゆる vertex part の補正であり，Migdal の定理は，この補正が $\sqrt{m/M}$ というパラメタのベキに比例して小さいことを主張する．最低次の補正は図 4-6 のグラフであり，

$$\overline{|M|^2} \sum_{q'} D(q')G(k-q')G(k+q-q')$$

で与えられる($\boldsymbol{k}, \omega$ をまとめて k と書いた)．ここで行列要素 $M_{k+q,k}$ は急激に変化しない量であるから平均で置き換えた．自己エネルギー Σ に寄与するのは $k, k+q$ が両方とも Fermi 面の付近の場合である．もっとも重要なフォノンの q は k_{F} のていどであるから，このとき $\boldsymbol{k}-\boldsymbol{q}'$ か $\boldsymbol{k}+\boldsymbol{q}-\boldsymbol{q}'$ のどちらかは

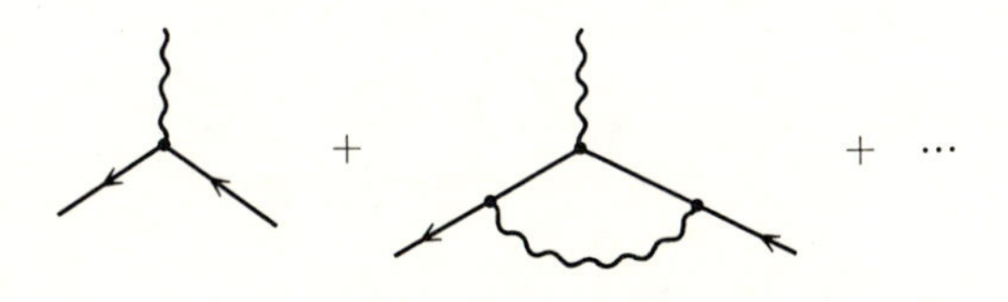

図 4-6　vertex part.

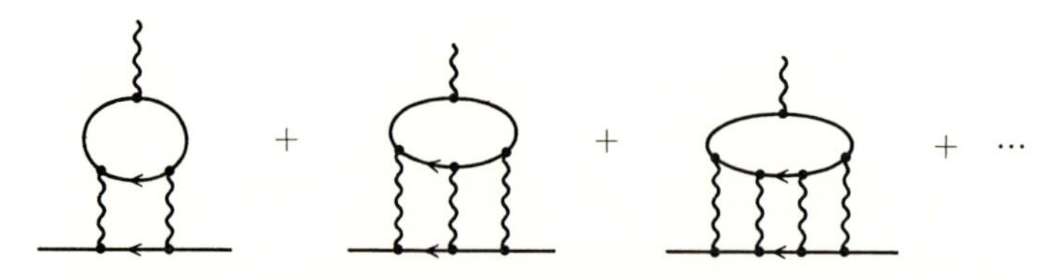

図 4-7 vertex の補正と対形成.

Fermi 面から離れ, $\xi \sim \varepsilon_F$ になる. そうすると G の 1 つは $\varepsilon_F{}^{-1}$ となり, 上の積分は $\omega_D/\varepsilon_F \sim \sqrt{m/M}$ ていどになってしまう. $\boldsymbol{k}, \boldsymbol{k}+\boldsymbol{q}, \boldsymbol{k}-\boldsymbol{q}'$ が Fermi 面の近く($|\xi_k| < \omega_D$ の意味)で, 4 番目の $\boldsymbol{k}+\boldsymbol{q}-\boldsymbol{q}'$ も近くにあるという例外的な場合はあるが, その割合はやはり $N(0)\omega_D/n \sim v_s/v_F \sim \sqrt{m/M}$ で小さい.

Migdal の定理は準 1 次元的な Fermi 面をもつ系など, ネスティングによって電荷密度波あるいはスピン密度波の不安定性が生じる可能性がある系では成り立たない. また超伝導状態を生じさせるのは粒子・粒子の梯子型のグラフであり, vertex の補正には図 4-7 のように現われる. 個々のグラフは Migdal の定理によって $\sqrt{m/M}$ のベキで小さいが, 無限和が発散するから摂動的な扱いはできない.

4-3 Eliashberg 方程式

電子・フォノン相互作用による超伝導状態を扱う強結合理論は, Gor'kov 方程式を拡張した Eliashberg 方程式を出発点にする. この拡張を行なうには, 電子間相互作用 $V_{kk'}$ を $g(\boldsymbol{k}, \boldsymbol{k}', x)$ で置き換えればよい. しかしフォノンは有限の速度で伝播する. いいかえると**相互作用の遅れ**(retardation)があるから, 以下に見るとおり, 平均場自体も励起のエネルギーに依存する. また Gor'kov 方程式では Hartree-Fock 項は ξ_k にくりこんでしまえばよかったが, 前節の議論からわかるように, こんどは多体効果による通常の自己エネルギーもまともに取り扱わなければならない.

3-6 節で導入した 2×2 行列による表示で, Green 関数 $\hat{G}$ に対応する自己エ

ネルギーは，前節(4.9)式を拡張した Feynman-Dyson の式から，

$$\hat{\Sigma}(\boldsymbol{k},\omega) = \hat{G}_0^{-1}(\boldsymbol{k},\omega) - \hat{G}^{-1}(\boldsymbol{k},\omega) \tag{4.24}$$

である．$\hat{G}(\boldsymbol{k},\omega)$ は(3.103)式で定義した $\hat{G}$ の Fourier 変換であり，$\hat{G}_0(\boldsymbol{k},\omega)$ は同じく(3.105)式で与えられている．電子・フォノン相互作用，すなわち(4.4)式の第3項は，この形式では $a_{k+q}{}^\dagger a_k$ を $\hat{a}_{k+q}{}^\dagger \hat{\tau}_3 \hat{a}_k$ という行列で置き換えたものである((3.106)式を参照)．したがって前節と同じ Feynman グラフで $\hat{\Sigma}$ を求めれば，同じ近似を超伝導状態に拡張することになる．そうすると(4.12)式に対応して

$$\begin{aligned}\hat{\Sigma}(\boldsymbol{k},\omega) = & -\frac{1}{N(0)}\sum_{k'}\int\frac{d\omega'}{2\pi i}\int_0^\infty dx g(\boldsymbol{k},\boldsymbol{k}',x) \\ & \times\left(\frac{1}{\omega-\omega'-x+i\delta}-\frac{1}{\omega-\omega'+x-i\delta}\right)\hat{\tau}_3\hat{G}(\boldsymbol{k}',\omega')\hat{\tau}_3\end{aligned} \tag{4.25}$$

具体的な計算に入る前に，$\hat{G}$ と $\hat{\Sigma}$ に関する一般的な関係式を与えよう．考えているのは，磁場等がなく，G がスピンによらず，また空間反転に対し不変，すなわち $\hat{G}(-\boldsymbol{k},\omega)=\hat{G}(\boldsymbol{k},\omega)$ のときであることをくり返しておく．したがって $G_{\uparrow\uparrow}(\omega)=G_{\downarrow\downarrow}(\omega)=G(\omega)$ と書こう(以下，必要でないときには変数 $\boldsymbol{k}$ を省略する)．G の定義から

$$G_{11}(\omega) = G(\omega), \qquad G_{22}(\omega) = -G(-\omega) \tag{4.26}$$

である．(4.24)式を $(\hat{G}_0{}^{-1}-\hat{\Sigma})\hat{G}=\hat{1}$ と書き直そう．これは(3.103)式に示す4つの Green 関数に対する式であるが，(4.26)式からもわかるとおり，3つしか独立な関数がない．(4.24)式を各成分について書き出すとわかるように，条件式

$$\begin{aligned}\Sigma_{22}(-\omega) &= -\Sigma_{11}(\omega) \\ \Sigma_{12}(\omega)F^\dagger(\omega) &= \Sigma_{21}(-\omega)F(-\omega)\end{aligned} \tag{4.27}$$

がみたされなければならない($\Sigma_{\alpha\beta}$ は $\hat{\Sigma}$ の成分)．$\hat{G}$ の成分を求めると

$$\begin{aligned}G(\omega) &= [-G_0{}^{-1}(-\omega)+\Sigma_{11}(-\omega)]/d(\omega) \\ F^\dagger(\omega) &= i\Sigma_{21}(\omega)/d(\omega), \qquad F(\omega) = i\Sigma_{12}(\omega)/d(-\omega)\end{aligned} \tag{4.28}$$

となる．ここで

$$d(\omega) = [-G_0^{-1}(-\omega)+\Sigma_{11}(-\omega)][G_0^{-1}(\omega)-\Sigma_{11}(\omega)]-\Sigma_{12}(\omega)\Sigma_{21}(\omega)$$
$$= d(-\omega) \tag{4.29}$$

エネルギーギャップ関数 Δ_k に相当する $\hat{\Sigma}$ の非対角要素 Σ_{12} と Σ_{21} は，(4.25)に(4.28)式を代入すればわかるように，同じ方程式をみたすから，前章の終わりに Δ_k に対して注意したことがそのまま当てはまる($\Sigma_{12(21)}$ が $\Delta_k^{(1)}{}_{(-)}^{+}\Delta_k^{(2)}$ に相当)．すなわち $e^{-i\chi}\Sigma_{21}(\omega)=e^{i\chi}\Sigma_{12}(\omega)$．$\chi$ は「対称性のやぶれ」にともなう定数の位相である．なお，これは(4.25)式の近似によらず一般的に示される．したがって $\Sigma_{12}(\omega)$ だけを扱えばよいが，これは(4.25)からわかるとおり BCS 理論の Δ と違って ω に依存する複素数である．

以上のことを考慮して

$$\begin{aligned} \omega-\frac{1}{2}(\Sigma(\boldsymbol{k},\omega)-\Sigma(\boldsymbol{k},-\omega)) &\equiv \omega Z(\boldsymbol{k},\omega) \\ \Sigma_1(\boldsymbol{k},\omega)/Z(\boldsymbol{k},\omega) &\equiv \Delta(\boldsymbol{k},\omega) \end{aligned} \tag{4.30}$$

を定義する．ここで $\Sigma_{11}(\omega)=-\Sigma_{22}(-\omega)=\Sigma$，$\Sigma_{12}=\Sigma_1$ と書いた．Σ, Σ_1 はグラフで示すと図 4-8 で与えられる．$\Sigma(\boldsymbol{k},0)$ は ξ_k にくりこんであるとすると，以下で使う ω に対しては $\Sigma(\boldsymbol{k},\omega)+\Sigma(\boldsymbol{k},-\omega)$ は無視できる．これらの量を用いると，一様な系での解は

$$\left.\begin{matrix} G \\ F^\dagger \end{matrix}\right\} = [\omega^2 Z^2-\xi_k{}^2-Z^2\Delta^2]^{-1}\times\begin{pmatrix} \omega Z+\xi_k \\ +iZ\Delta \end{pmatrix} \tag{4.31}$$

と書ける．問題は，(4.31)を(4.25)に代入して得られる非線形連立方程式を解くことである．正常状態におけると同様，$|\boldsymbol{k}|\sim k_{\mathrm{F}}$ の領域が(4.25)で重要な寄与をするために，近似的な計算が可能なのである．

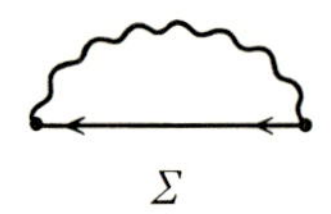

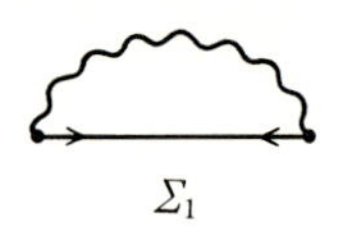

図 4-8 超伝導状態での 2 つの自己エネルギー．

まず(4.14)式を求めたときと同様に，ω' の積分を $G, F^\dagger$ の代わりに $\mathrm{Im}\,G$，$\mathrm{Im}\,F^\dagger$(Green 関数のカットの上下の差)を含む積分に書き直す．そのさい G，$F^\dagger$ も，一般に Green 関数のもつ解析性，すなわち $\omega>0(<0)$ では上(下)半面

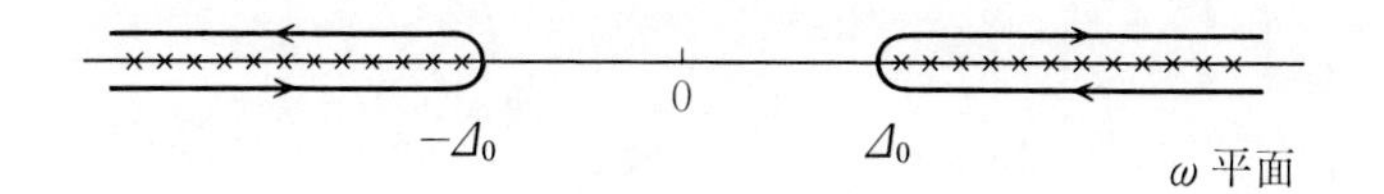

図 4-9　Σ, Σ_1 の計算における積分路.

で解析的な関数であるという性質をもつこと，また実軸上のカット，すなわち $G, F^\dagger$ の分母が 0 になるのは，図 4-9 のように $|\omega|>\Delta_0$ であることに注意する．Δ_0 の意味と(4.31)から，Δ_0 は

$$\Delta_0 = \Delta(\Delta_0) \tag{4.32}$$

で定義される．こうして先に $\xi_{k'}$ についての積分を行なう．そして 4-2 節と同じように $\boldsymbol{k}$ の方向について平均をしたものとして g を $\bar{g}(x)$ でおきかえる．系が等方的であれば，この近似で Z も Δ も ω だけの関数となり，(4.25)は結局

$$[1-Z(\omega)]\omega = \int_{\Delta_0}^{\infty} dz \, \mathrm{Re} \frac{z}{\sqrt{z^2-\Delta^2(z)}} \lambda^{(+)}(\omega, z) \tag{4.33}$$

$$Z(\omega)\Delta(\omega) = \int_{\Delta_0}^{\infty} dz \, \mathrm{Re} \frac{\Delta(z)}{\sqrt{z^2-\Delta^2(z)}} \lambda^{(-)}(\omega, z) \tag{4.34}$$

となる．ここで

$$\lambda^{(\pm)}(\omega, z) = \int_0^{\infty} dx \bar{g}(x) \left(\frac{1}{\omega+z+x-i\delta} \pm \frac{1}{\omega-z-x+i\delta} \right) \tag{4.35}$$

である．

あるていど具体的に方程式(4.33)〜(4.35)の意味を把握するために，振動数 ω_{E} の Einstein フォノンの場合の解を調べてみよう．ギャップ関数 $\Delta(\omega)$ の方に興味があるから，(4.33)の方は $\Delta=0$ と置いた正常状態の $\omega \ll \omega_{\mathrm{E}}$ に対する解 $Z(\omega) \cong 1+\lambda$ を用いることにする．Einstein フォノンの場合の相互作用は

$$\bar{g}(x) = \frac{1}{2} \lambda \omega_{\mathrm{E}} \delta(x-\omega_{\mathrm{E}}) \tag{4.36}$$

である．これを(4.16)式に代入すると質量増大のパラメタがちょうどこの λ になる．(4.36)を(4.34), (4.35)に代入すると，$\Delta(\omega)$ を定める積分方程式

$$\Delta(\omega) = -\frac{\lambda}{1+\lambda} \omega_{\mathrm{E}} \int_{\Delta_0}^{\infty} dz \, \mathrm{Re} \frac{\Delta(z)}{\sqrt{z^2-\Delta^2(z)}} \times \frac{\omega_{\mathrm{E}}+z}{(\omega)^2-(\omega_{\mathrm{E}}+z-i\delta)^2} \tag{4.37}$$

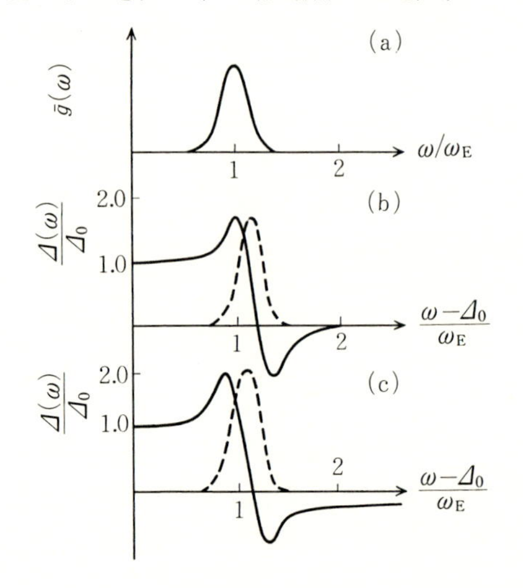

図 4-10 単一のフォノンピークをもつスペクトル(a)のモデルで計算された解 $\Delta(\omega)$ の実部((b)の実線)と虚部(破線).(c)はCoulomb相互作用を加えた場合の解.(D. J. Scalapino：巻末文献[C-2] vol. I)

が得られる．Einstein フォノンに近いスペクトルの場合の数値的な解は図 4-10 に示されているが，重要な特徴は(4.37)式から定性的に見てとれる．

(a)　$\omega=\Delta_0$ とおくと，ギャップ端 Δ_0 をきめる式となり，0 でない解 Δ_0 がある．

(b)　$\Delta(\omega)$ の実数部分は，$\omega<\omega_E$ で正，$\omega>\omega_E$ では負となる．

(c)　$\omega>\omega_E+\Delta_0$ となると虚数部分 $\mathrm{Im}\,\Delta(\omega)$ が現われる．ただし有限温度では，熱的に励起されたフォノンがあるため，$\omega<\omega_E+\Delta_0$ でも $\mathrm{Im}\,\Delta(\omega)$ が有限である．

弱結合　$\lambda\ll 1$ であり，したがって $\Delta_0\ll\omega_E$ であれば(4.37)の積分で主な寄与をする z は ω_E より小さい．それゆえ適当な上限 $\omega_c\cong\omega_E$ を使って(4.37)は

$$\Delta_0\cong\lambda\int_{\Delta_0}^{\omega_c}dz\frac{\Delta_0}{\sqrt{z^2-\Delta_0{}^2}}$$

と近似され，BCS のギャップ方程式が得られる．したがって $\Delta(\omega)=\mathrm{const.}=\Delta_0$，$\omega<\omega_c$ が得られる．これが**弱結合の極限**(weak coupling limit)であり，BCS 理論が正当化されたわけである．

この節を終える前にギャップの ω 依存性についてふれておこう．Σ_{12} と Σ_{21} とは，図 4-11 に示す過程の確率振幅である．フォノンの伝播に有限の時間が

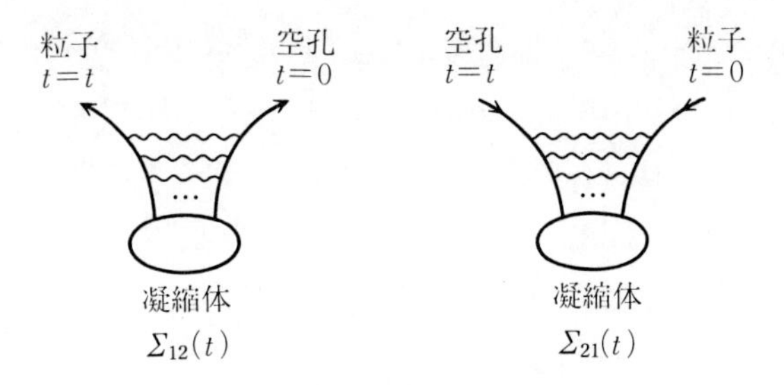

図 4-11 Σ_{12}, Σ_{21} の表わす過程.

必要であるから，Σ_{12}, Σ_{21} は時間 t，したがってその Fourier 変換，ω の複素関数となる．両者が等しい，すなわち，$t=0$ で空孔(粒子)→$t=t$ で粒子(空孔)という確率振幅が同じなのは，物理的にも期待される．Σ_1 したがって $\Delta(\omega)$ の虚数部分は，フォノンの放出(有限温度では熱的に励起されたフォノンの散乱等)による対状態の寿命と解釈される．対称性のやぶれにともなって現われる位相，すなわち凝縮体の位相は，ギャップ端での Δ の位相(上では実の Δ_0 とおいた)とみなしてよいが，かりにそれを実にえらんでも，$\omega \neq \Delta_0$ の $\Delta(\omega)$ は複素数になるのである．

なお，第2章の始めに述べた，2粒子の束縛状態の問題としてこれを見ておこう．フォノン(核力の場合にはパイオン)の交換による相互作用は遅れをともなうから，2粒子の状態を記述する波動関数は $\boldsymbol{x}_1, \boldsymbol{x}_2$ に加えて t_1, t_2，あるいは

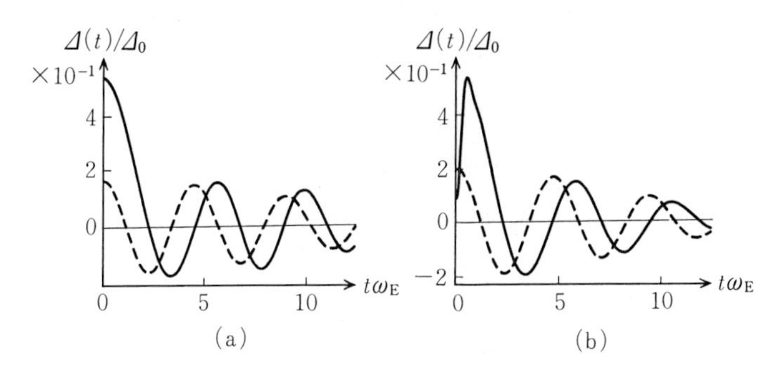

図 4-12 $\Delta(\omega)$ の Fourier 変換(実部は実線，虚部は破線)．t は対の相対時間．(a)は電子・フォノン相互作用のみ，(b)は Coulomb 相互作用も含めた場合．

$(1/2)(t_1+t_2)$ と t_1-t_2 との関数と考えなければならない．Fourier 変換すると 2-1 節の $C(\boldsymbol{k},\boldsymbol{q})$ の代わりに $C(\boldsymbol{k},\omega,\boldsymbol{q},\Omega)$ となる．ここで 2 粒子だけなら全運動量とエネルギーは保存されるから，異なる $\boldsymbol{q},\Omega$ をもつ状態は運動方程式で分離するが，(2.8)に相当する式は変数 ω も含むようになる．ω 依存性は物理的には波動関数の時間的ひろがりと考えられ(図 4-12)，次節で扱う Coulomb 斥力の影響にとって重要である．

4-4 Coulomb 相互作用

電子間に働く斥力の Coulomb 相互作用 V_c も当然，電子・フォノン相互作用と同時に扱わなければならない．フォノンを介した相互作用と違って，V_c の ω 依存性は $|\omega|$ がプラズマ振動数 ω_p くらいにならないと現われない．多くの場合 $\omega_p>\varepsilon_F$ であるから，ここでは V_c には“遅れ”がなく，ω によらないとしてよい．フォノンによる引力が $|\omega|\sim\omega_D$ に集中しているのに対し，V_c の斥力は $0<|\omega|\lesssim\omega_p$ に薄められているといってもよい．このことを利用して近似的な取扱いを行なう．

まず Σ と Σ_1 に対する寄与として V_c の最低次のグラフ(図 4-13)，したがって形式的には電子・フォノン相互作用によるものと同じグラフだけを求める．これは，Fock 項だけを残していることに相当する．この近似ではたんに $\Sigma^{(c)}=V_c\circ G$，${\Sigma_1}^{(c)}=V_c\circ F^\dagger$ を，フォノンによるものに加えればよい(和と積分記号は省略している)．

$$\Sigma=\Sigma^{(\mathrm{ph})}+\Sigma^{(c)},\qquad \Sigma_1={\Sigma_1}^{(\mathrm{ph})}+{\Sigma_1}^{(c)} \tag{4.38}$$

まず $\Sigma^{(c)}$ であるが，正常状態での自己エネルギーへの寄与 $V_c\circ G_n$ は，ω 依存性が上に述べた理由で弱いと期待されるから，ξ_k にすでにくりこんであると

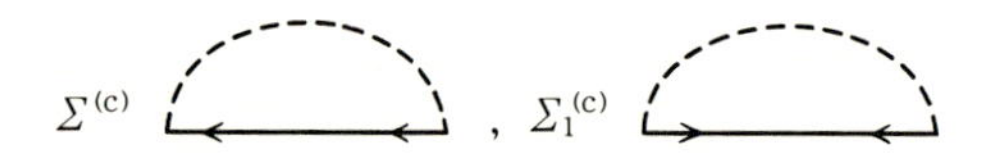

図 4-13 Coulomb 相互作用(破線)による自己エネルギー．

しよう．そうすると $\Sigma^{(c)\prime}=V_c\circ(G-G_n)$ を求めればよい．しかし，G が G_n と異なるのは Fermi 面近傍だけであるが，V_c への寄与はもっと広い運動量空間から来るから，$\Sigma^{(c)\prime}$ は無視してよいであろう．結局，

$$\Sigma_1{}^{(c)}(\boldsymbol{k}) = -\sum_{k'}\int\frac{d\omega'}{2\pi i}V_c(\boldsymbol{k},\boldsymbol{k}')F^{\dagger}(\boldsymbol{k}',\omega') \equiv V_c\circ F^{\dagger} \qquad (4.39)$$

だけを問題にすればよい．この表式で ω' 積分は $|\omega'|\sim\omega_p\gg\omega_D$ までの広い範囲にわたる．そこで ω_D の数倍ていどの振動数 ω_c を導入し，$|\omega'|<\omega_c$ と $|\omega'|>\omega_c$ との 2 つの領域，I と II にわけて考えよう．II では $|\Sigma_1{}^{(ph)}|\ll|\omega'|$ であるから，$F^{\dagger}$ は

$$\begin{aligned} F^{\dagger}(\boldsymbol{k}',\omega') &\cong K(\boldsymbol{k}',\omega')\Sigma_1{}^{(c)}(\boldsymbol{k}') \\ K(\boldsymbol{k}',\omega') &\equiv G_0(\boldsymbol{k}',\omega')G_0(-\boldsymbol{k}',-\omega') = -(\omega'^2-\xi_{k'}{}^2)^{-1} \end{aligned} \qquad (4.40)$$

と近似できる(分子でも $\Sigma_1{}^{(ph)}$ は無視できる)．このことを利用して，II の領域の寄与をたたみこんだ有効相互作用 U を導入し，(4.39)式を領域 I だけの積分方程式にする．そのために図 4-14 のグラフで表わされる方程式(T 行列と同じ形)をみたす U を考える．ただし中間状態は II の領域，すなわち $|\omega|>\omega_c$ に制限する．シンボリックに書くと

$$U = V_c + V_c\circ K_{II}\circ U \qquad (4.41)$$

これと，(4.39)，(4.40)から得られる式

$$\Sigma_1{}^{(c)} = V_c\circ F_I{}^{\dagger}+V_c\circ F_{II}{}^{\dagger} = V_c\circ F_I{}^{\dagger}+V_c\circ K_{II}\circ\Sigma_1{}^{(c)}$$

とを比べると，$UF_I{}^{\dagger}$ と $\Sigma_1{}^{(c)}$ は同じ方程式をみたす．したがって

$$\Sigma_1{}^{(c)} = U\circ F_I{}^{\dagger} \qquad (4.42)$$

とおいてよいことがわかる．このことは，図 4-13 と U に対するグラフ(図 4-14)を比べれば，推測できる．したがって(4.41)に従う U を求めれば，$\Sigma_1{}^{(c)}$

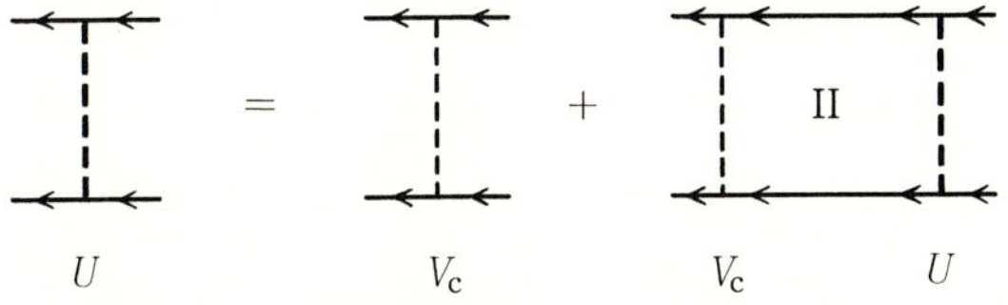

U = Vc + Vc II U

図 4-14　有効 Coulomb 相互作用を定める方程式．

は(4.42)という I の領域だけでの積分方程式(非線形)できめられるわけである.

遮蔽された Coulomb 相互作用を想定して，問題の領域では V_c～定数 とすると，(4.41)できまる U も定数になる．したがって，K の解析性に注意して次の積分を行なえばよい．

$$N(0)\int_{|\omega'|>\omega_c}\frac{d\omega'}{2\pi i}\int_{-\varepsilon_b}^{\varepsilon_b}d\xi' K = N(0)\int_{\omega_c}^{\varepsilon_b}d\omega'\frac{1}{\omega'}$$

ここで $|\xi'|$ の上限 $\varepsilon_b \gg \omega_c$ はバンド幅ていどと考えればよい．よく使われる記号，$\mu \equiv N(0)V_c$，$\mu^* \equiv N(0)U$ で表わすと，この近似では

$$\mu^* = \mu\Big/\left(1+\mu\ln\frac{\varepsilon_b}{\omega_c}\right) \tag{4.43}$$

が得られる．これを(4.42)に使えばよいわけで，結局 Coulomb 相互作用の効果は(4.34)式を

$$Z(\omega)\Delta(\omega) = \int_{\Delta_0}^{\omega_c}dz\,\mathrm{Re}\frac{\Delta(z)}{\sqrt{z^2-\Delta^2(z)}}\{\lambda^{(-)}(\omega, z)-\mu^*\} \tag{4.44}$$

とすることに帰着する．フォノンの部分では積分の上限を ω_c で置き換えたが，これは ω_c を ω_D の数倍にとれば許される近似である．

第1に，V_c が広い振動数にわたっているために(4.43)のように弱められること，第2に(4.44)で λ は $|z|\sim\omega_D$ にピークをもつのに対し μ^* は一定であることに注意しよう．フォノンを介した引力が有効であるのは，このような理由による．図 4-10 に μ^* を加えたときの $\Delta(\omega)$ の解も示されている．また Fourier 変換した $\Delta(t)$ を見ると $t=0$ の所の振幅が抑えられることがわかる(図 4-12).

しかしながら Coulomb 相互作用は遅れがなく，広い振動数にわたって働くという同じ理由で，Migdal の定理が成り立たない．したがって上の近似的な $\Sigma^{(c)}$ には定量的な意味を求められないことを忘れてはならない．Coulomb 相互作用のパラメタ μ^* の大きさについては次節で議論する．

4-5 強結合の効果，転移温度

a) トンネル効果

電子・フォノン相互作用に起因するエネルギーギャップ Δ の ω 依存性は，トンネル効果によって直接観測される．3-4 節で述べたとおり，充分低温で超伝導体と正常金属との間のトンネル特性から，超伝導体の状態密度 $\mathcal{D}(\omega)$ が求められる((3.79)式)．$\mathcal{D}(\omega)$ は，いまの場合，(4.31)式の Green 関数を

$$\mathcal{D}(\omega) = \frac{1}{2\pi i}\sum_{k}\{G(\boldsymbol{k},\omega+i\delta)-G(\boldsymbol{k},\omega-i\delta)\} \tag{4.45}$$

に使えば求められ，したがって $\mathcal{D}(\omega)$ で $\Delta=\Delta(\omega)$ とするだけでよい．

$$\mathcal{D}(\omega) = \pi N(0)\mathrm{Re}\frac{|\omega|}{\sqrt{\omega^2-\Delta^2(\omega)}} \tag{4.46}$$

根号の中の Δ^2 が絶対値の 2 乗でないことを注意しておく．BCS 理論ではこの式で，$|\omega|<\omega_{\mathrm{D}}$ のとき $\Delta=\Delta_0$ ($\Delta_0=\Delta(\Delta_0)$)，$|\omega|>\omega_{\mathrm{D}}$ のとき $\Delta=0$ とおけばよく，強結合の効果は，これからのずれとして測定される．図 4-15 に，実験結果の一例が示してあるが，鉛のような強結合の金属でも，ずれは最大で 10% ていどである．

4-2 節で定義した $g(\boldsymbol{k},\boldsymbol{k}',\omega)$ ((4.11)式)あるいはその平均 $\bar{g}(\omega)$ と，

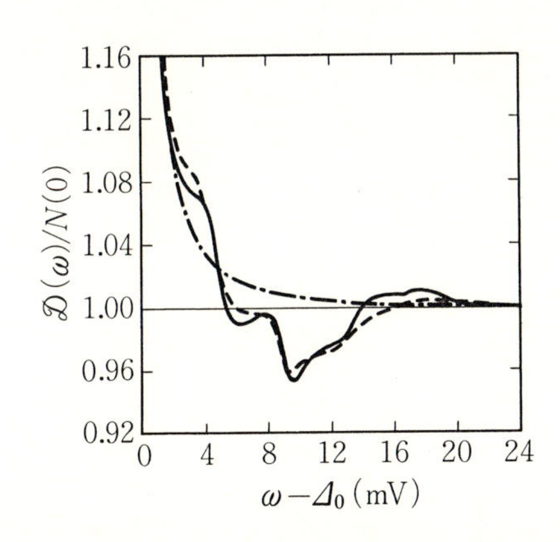

図 4-15　超伝導 Pb での状態密度のエネルギー依存．トンネル効果の測定値(破線)，BCS 弱結合理論(1 点鎖線)，強結合理論(実線)による曲線．(J. R. Schrieffer, *et al.*: 巻末文献[C-3])

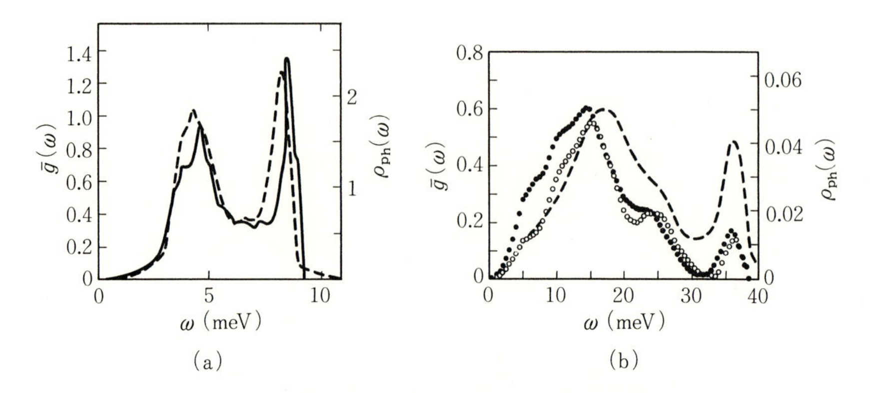

図 4-16 (a)Pb に対する $\bar{g}(\omega)$. 破線は中性子回折で得られたPb のフォノンの状態密度(W. L. McMillan and J. M. Rowell: 巻末文献[C-2]vol. I). (b)トンネル効果から求められた Nb_3Al の $\bar{g}(\omega)$. ●は $T_c=16.4$ K, ○は $T_c=14.0$ K のサンプル. 破線は中性子散乱で求めたフォノンのスペクトル密度. (J. Kwo and T. H. Geballe: Phys. Rev. **B23** (1981) 3230)

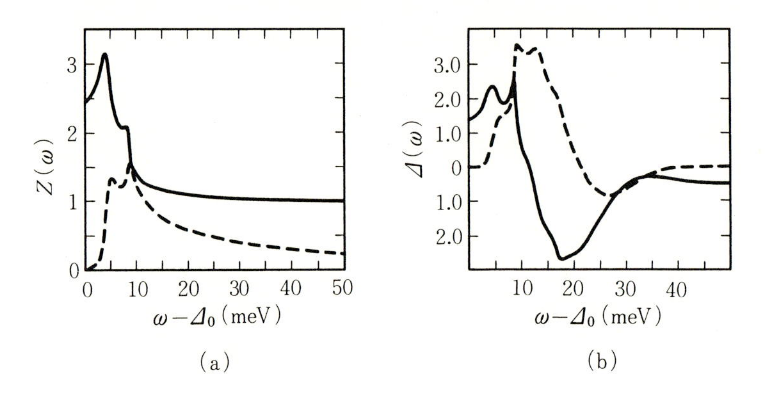

図 4-17 (a)超伝導状態の Pb に対して計算されたくりこみ関数 $Z(\omega)$ の実部(実線)と虚部(破線), (b)Pb における $\Delta(\omega)$ の実部(実線)と虚部(破線). (W. L. McMillan and J. M. Rowell: 巻末文献[C-2]vol. I)

Coulomb 相互作用のパラメタ μ^* とが与えられれば，Eliashberg 方程式から(4.46)が求められるが，実際にはそれらの量を理論的に求めるのは困難である．そこで McMillan-Rowell は，逆に測定されたトンネル特性と Δ_0 が Eliashberg 方程式から得られるように $\bar{g}(\omega)$ と μ^* とを数値的に定める試みを行なった．Pb の場合，彼らは $\mu^*=0.12$ と図 4-16 (a)に示した $\bar{g}(\omega)$ を得た．$\bar{g}(\omega)$ を中性子回折から得られたフォノンの状態密度図 4-16 (b)と比べると興味深い．同じ計算で求められた Pb の $Z(\omega)$ と $\Delta(\omega)$ とが図 4-17(a),(b)に示されている．フォノンの状態密度のピーク(van Hove singularity)は $\Delta(\omega)$ の構造に現われ，特にその付近でフォノンの放出が大きくなるから，Δ の虚数部分が増大する．

b)　転移温度

T_c など有限温度の性質を見るには，温度 Green 関数の方法が使われる．実際に数値計算で解を求めるには，離散的振動数(松原振動数) $\omega_n=(2n+1)\pi T$ (n は整数)を用いた方程式の方が扱いやすい．ここでは T_c を定める式だけを書いておこう．

$$\Delta(n) = \sum_{n'} \frac{1}{(2n'+1)}\left\{\lambda(n-n') - \mu^* - \delta_{nn'} \sum_{n''} \lambda(n'-n'') \frac{n''}{|n''|}\cdot\frac{n'}{|n'|}\right\}\Delta(n') \tag{4.47}$$

$\lambda(n-n')$ は(4.35)の $\lambda(\omega, z)$ に相当する．この式は，(4.33),(4.34)式に相当する有限温度の表式で分母の Δ を 0 とし，$Z(\omega)$ を消去すれば得られる．

T_c に対する便利な表式を求めるために，(4.47)式が「separable」になるように，第 1 項では

$$\lambda(n-n') = \lambda\theta(\omega_D - |\omega_n|)\theta(\omega_D - |\omega_{n'}|)$$

を，第 2 項では $\lambda(n)=\lambda\theta(\omega_D-|\omega_n|)$ とおくことにする．ここで λ は質量増大のパラメタである．このとき $\Delta(n)=\Delta\cdot\theta(\omega_D-|\omega_n|)$ を(4.47)に代入すると，

$$\frac{1+\lambda}{\lambda-\mu^*} = \psi\left(\frac{\omega_D}{2\pi T_c}+1\right) - \psi\left(\frac{1}{2}\right)$$

ここで ψ はディ Γ 関数．これから $T_c=1.13\omega_D \exp\{-(1+\lambda)/(\lambda-\mu^*)\}$ が得られる．ついでに T_c の議論でもっともよく使われてきた McMillan の式を引

用しておこう．

$$T_c = 0.83\omega_{\ln} \exp\left\{\frac{-1.04(1+\lambda)}{\lambda-\mu^*(1+0.62\lambda)}\right\} \tag{4.48}$$

ここで

$$\omega_{\ln} = \exp\langle \ln\omega \rangle, \qquad \langle \ln\omega \rangle = \frac{2}{\lambda}\int_0^\infty d\omega \bar{g}(\omega)\frac{\ln\omega}{\omega}$$

他にも改良した T_c の式が多く提案されているが，詳細は巻末文献[E-3]を参照されたい．

c） アイソトープ効果

通常の超伝導金属で電子・フォノン相互作用が関係していることを直接示した実験は，最初 Sn と Hg で観測されたアイソトープ効果である．フォノンの振動数 ω_q，したがって Debye 振動数 ω_D あるいは平均の振動数 $\omega_{\ln}$ は，$\sqrt{M}$ に比例するとしてよい．定数 λ は(4.3)および(4.22)から M に依存しない．それゆえ，T_c の式で M に依存するのは $\omega_{\ln}$ と μ^* である．アイソトープ効果は

$$\alpha \equiv -d(\ln T_c)/d(\ln M) \tag{4.49}$$

で定義される指数 α で表わされる．(4.48)および(4.43)式を用いると

$$\alpha = \frac{1}{2}\left\{1-\frac{1.04(1+\lambda)(1+0.62\lambda)(\mu^*)^2}{[\lambda-\mu^*(1+0.62\lambda)]^2}\right\} \tag{4.50}$$

が得られる．μ^* が M によらないとすると，当然 BCS モデルの値 1/2 になる．また α は必ず 1/2 より小さい．

d） 有限温度における強結合の効果

熱的励起は，前に述べたように平均場を弱めるが，強結合理論では他の形での影響も現われる．それを見るために，Einstein モデルでの $\Delta(\omega)$ に対する方程式(4.37)を有限温度に拡張した結果を書いておく．

$$\begin{aligned}\Delta(\omega) = &\frac{\lambda}{1+\lambda}\omega_E \int_0^\infty dz \,\mathrm{Re}\frac{\Delta(z)}{\sqrt{z^2-\Delta^2(z)}} \\ &\times\frac{1}{2}\left\{\left[\tanh\frac{z}{2}+f(z)+n(\omega_E)\right]\left(\frac{1}{\omega+z+\omega_E-i\delta}-\frac{1}{\omega-z-\omega_E+i\delta}\right)\right. \\ &\left.-[f(z)+n(\omega_E)]\left(\frac{1}{\omega-z+\omega_E-i\delta}-\frac{1}{\omega+z-\omega_E+i\delta}\right)\right\}\end{aligned} \tag{4.51}$$

ただし $n(x)=[\exp(x)-1]^{-1}$ は Bose 分布関数．弱結合の極限では，BCS 理論と一致する．この式から，強結合は有限温度の Δ を比較的小さくすることがわかる．それゆえ $2\Delta_0/T_c$ は比較的大きくなる．さらに $T=0$ では Im Δ が $\omega>\omega_E$ で有限になるのに対し，最後の項のために $T\neq0$ では $\omega<\omega_E$ でも Im Δ が有限であることに注意しよう．

第3章で見たとおり，BCS 理論では $2\Delta_0/k_BT_c=3.54$，比熱のとび $\Delta C/C_n=1.43$，$H_c(T)/H_c(0)$ ((3.28)) は，個々の系のパラメタによらない「universal」な値，あるいは関係であった．強結合の効果によるこれからのズレは近似的な計算によると

$$\frac{2\Delta_0}{k_BT_c}=3.53\left[1+12.5\left(\frac{k_BT_c}{\omega_{\ln}}\right)^2\ln\left(\frac{\omega_{\ln}}{2k_BT_c}\right)\right] \tag{4.52}$$

$$\frac{\Delta C}{\gamma T_c}=1.43\left[1+53\left(\frac{T_c}{\omega_{\ln}}\right)^2\ln\left(\frac{\omega_{\ln}}{3k_BT_c}\right)\right] \tag{4.53}$$

となる．色々な超伝導体におけるこれらの比および $H_c(T)/H_c(0)$ 曲線の実験値との比較は，表 3-1 および図 4-18 に示すとおりである．

強結合の効果は当然超伝導状態での輸送現象にも現われる．結合が強ければ準粒子励起の寿命も短くなり，そのために状態密度 $\mathcal{D}(\omega)$ が影響を受ける．と

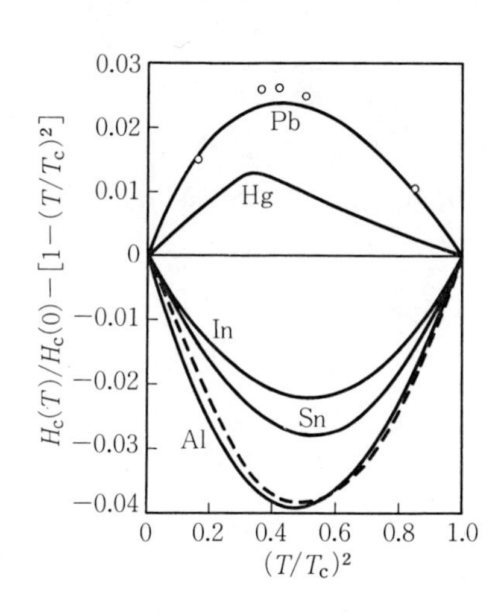

図 4-18　臨界磁場の温度変化．破線は BCS 理論，○は Pb に対する強結合理論の結果．（巻末文献[E-2]vol. I）

くに(4.37)式の下で注意した熱的励起による $\mathrm{Im}\,\Delta$ の出現のために，ギャップ端での $\mathscr{D}(\omega)$ の発散が弱められ，その分 $\mathscr{D}(\omega)$ はひろがる．このことによって核スピン緩和 T_1^{-1} の温度変化にみられた T_c 直下のピークは弱められる．その度合はもちろん個々の系のパラメタに依存する．

この節での取扱いは，$\lambda \lesssim 1$ の領域を対象にしているが，もっと λ の大きい強結合の極限の理論もある．とくに高温超伝導に関してフォノン機構による可能な T_c の最大値などが議論されている．またフォノンの代わりにボソン型の励起をやりとりする機構にも，同じ扱いがされている．これらの問題についても第7章でふれることにする．

4-6 不純物効果

この章の本題から離れるが，3-5節でふれた不純物効果を定量的に扱うには，この章で用いた形式が有効である．乱雑な位置 $\boldsymbol{R}_j$ にある不純物原子と伝導電子との相互作用は，

$$\mathscr{H}_{\mathrm{im}} = \sum \{V_{\mathrm{N}} a_{k'\alpha}{}^{\dagger} a_{k\alpha} + V_{\mathrm{P}} a_{k'\alpha}{}^{\dagger} \boldsymbol{\sigma}_{\alpha\beta} a_{k\beta} \cdot \boldsymbol{S}_j\} e^{i(\boldsymbol{k}-\boldsymbol{k}')\cdot \boldsymbol{R}_j} \tag{4.54}$$

で与えられるとする．ここで $V_{\mathrm{N}}, V_{\mathrm{P}}$ は，それぞれスピンによらない散乱および不純物原子がスピン $\boldsymbol{S}$ をもつときの，交換相互作用による伝導電子のスピンとの結合による散乱の強さを与え，ここでは δ 関数的(接触型)とした．後者は常磁性的な不純物原子の効果を表わす．散乱は弾性的であるとし，また，不純物原子のスピン $\boldsymbol{S}$ は古典的，すなわち伝導電子との相互作用による以外は変化しないとする．

相互作用 $\mathscr{H}_{\mathrm{im}}$ による，伝導電子の自己エネルギーは，図4-19の和で与えられるが，不純物原子の位置について平均すると，$\boldsymbol{R}_j$ に比例する乱雑な位相をもたない項だけの寄与(図4-19(b))だけが残る．同じ原子による散乱は，1つの×から出る破線で表わされ，図4-19(b)の第1項はその最低次の，いわゆるBorn近似に相当する．このグラフだけを残す近似では，ちょうどフォノンのGreen関数のかわりに …×… を用いればよいことになる．破線は V_{N} あるい

(a) 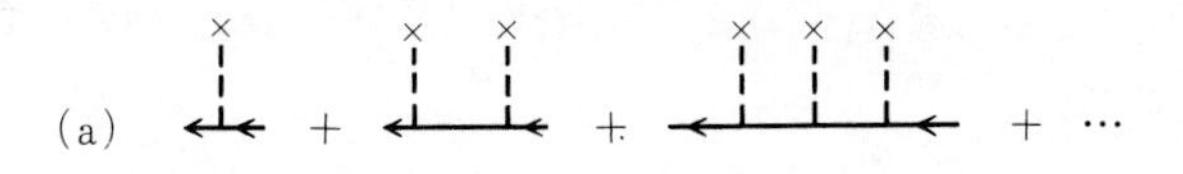

(b) 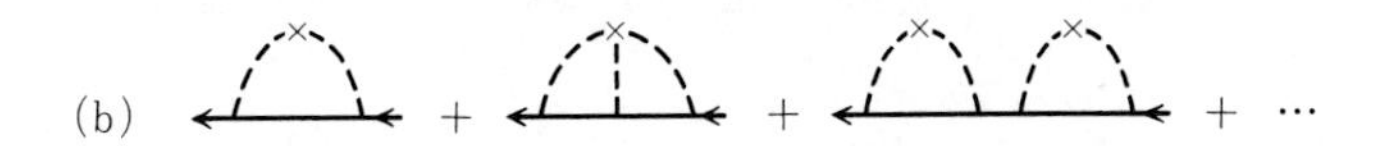

図 4-19　不純物散乱による自己エネルギー.

は V_P を表わす．弾性散乱であるからエネルギー ω は変わらず，運動量とスピンだけが変化する．したがって(4.15)式の $\bar{g}(x)$ に相当するのは，

$$\bar{g}_{\rm im}(x) = \frac{1}{2\pi\tau_+}\delta(x) \tag{4.55}$$

となる．ここで

$$\begin{aligned} \tau_+{}^{-1} &= \tau_{\rm N}{}^{-1}+\tau_{\rm P}{}^{-1} \\ \tau_{\rm N}{}^{-1} &= 2\pi n_{i{\rm N}}N(0)\overline{|V_{\rm N}|^2} \\ \tau_{\rm P}{}^{-1} &= 2\pi n_{i{\rm P}}N(0)S(S+1)\overline{|V_{\rm P}|^2} \end{aligned} \tag{4.56}$$

平均は Fermi 面付近での散乱の角度についてとる．また $n_{i{\rm N,P}}$ は不純物原子の濃度を表わす．(4.55)を用いると，(4.14)から正常状態では

$$\Sigma_{\rm im} = -i\omega/2\tau_+|\omega| \tag{4.57}$$

となり，τ_+ は不純物原子の散乱による準粒子の寿命であることがわかる．

超伝導状態に対する不純物効果を扱った Abrikosov-Gor'kov の理論(AG 理論)では，同様に Σ と Σ_1 を図 4-20 のグラフで求める．Σ_1 では両端のスピンが逆向きであるので，V_P の寄与の符号が変わることに注意しよう．そのため，(4.33)，(4.34)式の $\lambda^{(\pm)}$ が，$\omega>0$ のとき

$$\begin{aligned} \lambda_{\rm im}{}^{(+)} &= -\frac{i}{2\tau_+}\delta(z-\omega) \\ \lambda_{\rm im}{}^{(-)} &= \frac{i}{2\tau_-}\delta(z-\omega) \end{aligned} \tag{4.58}$$

で与えられることになる．ただし $\tau_-{}^{-1}=\tau_{\rm N}{}^{-1}-\tau_{\rm P}{}^{-1}$．不純物効果を理解するために，電子・フォノン相互作用は，弱結合の近似で扱う．したがって Σ に

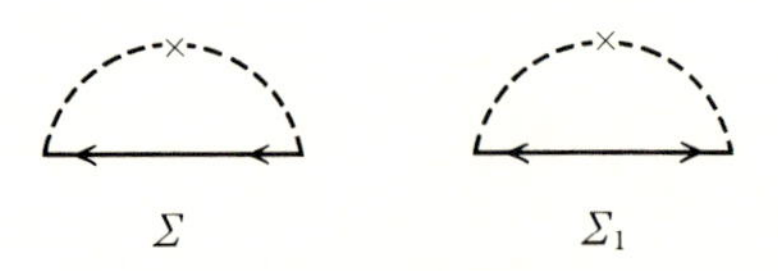

図 4-20 超伝導状態における不純物散乱による自己エネルギー.

対するフォノンの寄与は無視する. (4.58)を(4.33), (4.34)式に代入すると

$$
\begin{aligned}
[1-Z(\omega)]\omega &= -\frac{i}{2\tau_+}\frac{\omega}{\sqrt{\omega^2-\Delta^2(\omega)}} \\
Z(\omega)\Delta(\omega) &= \bar{\Delta}+\frac{i}{2\tau_-}\frac{\Delta(\omega)}{\sqrt{\omega^2-\Delta^2(\omega)}}
\end{aligned}
\tag{4.59}
$$

ここで弱結合の近似を用い,

$$
\bar{\Delta} \equiv \lambda\int_{\Delta_0}^{\omega_c} dz\,\mathrm{Re}\frac{\Delta(z)}{\sqrt{z^2-\Delta^2(z)}} \tag{4.60}
$$

とした. (4.59)の2式から, $u(\omega)\equiv\omega/\Delta(\omega)$ に対し

$$
\frac{\omega}{\bar{\Delta}} = u\left(1-\frac{\zeta}{\sqrt{1-u^2}}\right) \tag{4.61}
$$

という関係が得られる. ここで

$$
\zeta \equiv (\tau_{\mathrm{P}}\bar{\Delta})^{-1} \tag{4.62}
$$

を定義した.

かりに常磁性的不純物がなく, $\tau_{\mathrm{P}}=\infty$ すなわち $\zeta=0$ であれば, (4.61)から $\bar{\Delta}=\Delta=$一定 となり, (4.60)は不純物を考えないときの式と同じになる. こうして3-5節で述べたことが示された.

常磁性的な不純物を増やしていくと, depairing によって臨界温度 T_{c} が下がるだけでなく, 超伝導状態でありながら励起のスペクトルにはギャップのない, いわゆる**ギャップレス状態**が出現する. それを見るには(4.45)式を調べればよい. (4.61)式を用いると

$$
\mathcal{D}(\omega) = \pi N(0)\zeta^{-1}\mathrm{Im}\,u \tag{4.63}
$$

となるから, (4.61)式で ω の関数として $\mathrm{Im}\,u$ がどこから現われるかを調べればよい. $\zeta<1$ であれば,

$$\omega_g = \bar{\Delta}(1-\zeta^{2/3})^{3/2}$$

よりも小さな ω に対する解 u は実となる．したがってエネルギーギャップがあるが，$\zeta>1$ になると $\omega=0$ から $\mathrm{Im}\,u$ が現われ，ギャップレスになる．

虚数の振動数に対して(4.61)が実数の関係になることから推察されるように，$\bar{\Delta}$ とか T_c を求める計算などには温度 Green 関数を用いるのが便利である．ここでは結果だけ引用しておこう．(詳しくは真木和美：巻末文献[C-2]vol. II を参照.)

τ_P による T_c の変化は

$$\ln\frac{T_c}{T_{c0}} = \psi\left(\frac{1}{2}\right)-\psi\left(\frac{1}{2}+\frac{\tau_{Pc}}{\tau_P}\frac{T_{c0}}{T_c}\right) \tag{4.64}$$

で定められる．ここで T_{c0} は $\tau_P=\infty$ のときの臨界温度，ψ はディ Γ 関数であり，

$$\tau_{Pc}{}^{-1} \equiv \pi T_{c0}/2\gamma = \Delta_{00}/2$$

は，$T_c=0$ となる $\tau_P{}^{-1}$ の値である．この値のとき，スピンを反転させる散乱の平均自由行程 $\tau_{Pc}v_F$ が超伝導のコヒーレンスの長さ ξ_0 程度になる．図 4-21 は(4.64)の関係を示したもので，実験値とよく一致している．

ギャップのない状態でも超伝導電流は安定に存在し，Meissner 効果が見られる．したがって，超伝導のためにはエネルギーギャップが不可欠なのではなく，コヒーレンスさえ保たれればよいのである．なお磁場中でのように超伝導電流があるときには，非磁性的な散乱でも depairing を引きおこすこと，また

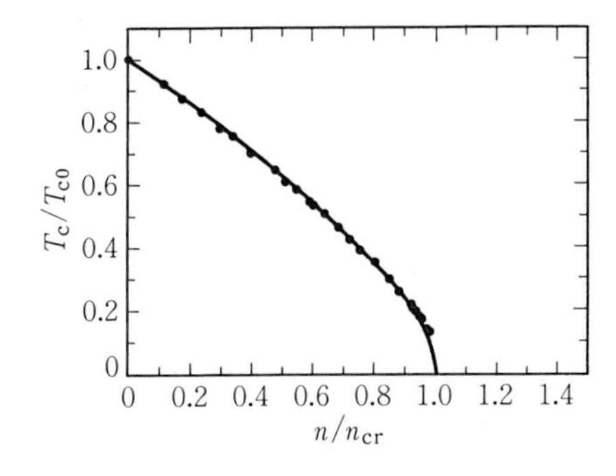

図 4-21 (LaGd)Al_2 で磁性原子 Gd の濃度を増加させたときの T_c．$T_{c0}=3.24$ K，臨界濃度 $n_{cr}=0.59$ at. %．実線は AG 理論．(M. B. Maple：巻末文献[D-5])

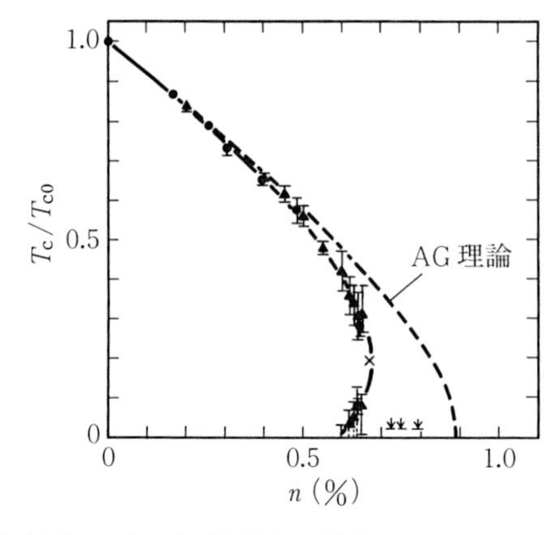

図 4-22 $(LaCe)Al_2$ 系における Ce 濃度と T_c の関係. 破線は AG 理論. (M. B. Maple: 巻末文献[D-5])

s 波以外の対は非磁性的な散乱だけによってもこわされることを付け加えておく.

上の考察では不純物原子のスピンを古典的に扱ったが, 図 4-19(b)の第 2 項の過程まで考慮すると, $V_P>0$(反強磁性的結合)のときには近藤効果が現われる. 近藤効果を示す不純物原子の超伝導状態に及ぼす影響の特徴は, 近藤温度 T_K と T_c が近いときに顕著に現われる. そのときには, 伝導電子同士の Cooper 対という束縛状態と, 伝導電子が不純物原子のスピンと結合して作る 1 重項的束縛状態との間の競合が生じる. したがって比較的低濃度で $T_c \to 0$ となる. また, $T_c > T_K$ のとき τ_P^{-1} が温度変化するために, 図 4-22 に示すように, 温度を下げたときいったん超伝導になるが, より低温で再び正常状態に戻るという現象が現われる.

5

Ginzburg-Landau 理論

一般に秩序相の物理的性質，とくに外場などによる空間変化をともなう状態を考察するには，Ginzburg-Landau(GL)理論が用いられる．また，平均場の近似を越えて，ゆらぎの効果を扱うさいの出発点となる．この現象論は，BCSによる超伝導の微視的理論より前に提出され，それ以後も超伝導現象の理解に大きな役割を果たしてきた．この章では初めに，通常の超伝導に対する時間変化を考えないGL理論とその応用を論じ，次にその拡張およびゆらぎの考察について述べる．

5-1 超伝導のGL理論

GL理論では，系の自由エネルギーF_sが温度Tなどの通常の熱力学的変数に依存するだけでなく，秩序パラメタの関数(空間変化を考えるから一般には汎関数)であるとする．スピン1重項s波の超伝導の場合の秩序パラメタは，対の波動関数，$\Psi(\boldsymbol{x})=\langle\psi_\uparrow(\boldsymbol{x})\psi_\downarrow(\boldsymbol{x})\rangle$，あるいはBCSモデルでは同じことだが，ギャップパラメタ$\Delta(\boldsymbol{x})=g\Psi(\boldsymbol{x})$である．定数の係数の選び方も含めて秩序パラメタを$\Psi(\boldsymbol{x})$と書こう．自由エネルギーは$F_s=F_s(\{\Psi(\boldsymbol{x})\})$(以下$T, V$など

の変数は省略する)であるが，GL 理論では，空間変化がゆるやかであると仮定し，その密度 f_{s} が $\boldsymbol{\Psi}(\boldsymbol{x})$ とそのグラジエント $\nabla\boldsymbol{\Psi}(\boldsymbol{x})$ だけの関数であるとする．そうすると，$\boldsymbol{\Psi}$ の位相を変化させるゲージ変換および空間の回転に対して，自由エネルギーは不変のはずであるから，f_{s} は $\boldsymbol{\Psi}^*(\boldsymbol{x})\boldsymbol{\Psi}(\boldsymbol{x})$ および $\nabla\boldsymbol{\Psi}^*(\boldsymbol{x})\cdot\nabla\boldsymbol{\Psi}(\boldsymbol{x})$ だけの関数でなければならない．実際の計算が可能なのは，さらに，$|\boldsymbol{\Psi}|^2, |\nabla\boldsymbol{\Psi}|^2$ が小さいとして，f_{s} がそれらのベキに展開できる場合である．したがって普通に使われるのは，T_{c} 近くで有効な形，

$$F_{\mathrm{s}} = \int d\boldsymbol{x}\left\{-a|\boldsymbol{\Psi}|^2+\frac{b}{2}|\boldsymbol{\Psi}|^4+c|\nabla\boldsymbol{\Psi}|^2\right\}+F_{\mathrm{n}} \tag{5.1}$$

である．$\boldsymbol{\Psi}=0$ は正常状態であるから，そのときの F を F_{n} と書いた．

まず，一様な($\nabla\boldsymbol{\Psi}=0$)平衡状態では，$F$ を極小にする $\boldsymbol{\Psi}=\boldsymbol{\Psi}_{\mathrm{e}}$ が実現するから，$|\boldsymbol{\Psi}_{\mathrm{e}}|^2=a/b$，そのとき $(F_{\mathrm{s}}-F_{\mathrm{n}})_{\mathrm{e}}=-a^2/2b=-H_{\mathrm{c}}{}^2(T)/8\pi$ (3-2 節を参照)．$\boldsymbol{\Psi}/|\boldsymbol{\Psi}_{\mathrm{e}}|$ をあらためて $\boldsymbol{\Psi}$ とすると，

$$F_{\mathrm{s}}-F_{\mathrm{n}} = \frac{H_{\mathrm{c}}{}^2(T)}{4\pi}\int d\boldsymbol{x}\left\{-|\boldsymbol{\Psi}|^2+\frac{1}{2}|\boldsymbol{\Psi}|^4+\xi^2|\nabla\boldsymbol{\Psi}|^2\right\} \tag{5.2}$$

となる．ここで，コヒーレンスの長さ $\xi(T)\equiv\sqrt{c/a}$ を定義した．

BCS モデルでの上の係数の表式はすでに 3-2 節で求めた．$\boldsymbol{\Psi}\propto e^{i\boldsymbol{q}\cdot\boldsymbol{x}}$ としたときのグラジエントエネルギーは(3.41)式に等しいはずであるから，

$$\xi(T) = v_{\mathrm{F}}/\sqrt{6}\,\Delta_{\mathrm{e}}(T) = 0.74\xi_0(1-T/T_{\mathrm{c}})^{-1/2} \tag{5.3}$$

となる．ξ_0 は(3.16)式の $T=0$ の値($\xi(T)$ は，$\pi^2/6$ だけそこの定義と異なることに注意)．非磁性的散乱による平均自由行程 l が有限のときは，上の ξ^2 に因子 $\eta\equiv8/7\zeta(3)\sum_{n=0}^{\infty}[(2n+1)^2(2n+1+\xi_0/l)]^{-1}\sim(1+0.752\xi_0/l)^{-1}$ をかけなければならない．

次に静磁場との結合を考えよう．$\boldsymbol{\Psi}$ は電荷をもつ対の波動関数であること，第 2 種のゲージ変換に対して，自由エネルギーが不変であることを考えると，(5.2)の第 3 項は，$\xi^2\left(-\frac{\nabla}{i}-\frac{e^*}{\hbar c}\boldsymbol{A}\right)\boldsymbol{\Psi}^*\cdot\left(\frac{\nabla}{i}-\frac{e^*}{\hbar c}\boldsymbol{A}\right)\boldsymbol{\Psi}$ となるはずである．e^* は現象論では任意であるが，対であるから $e^*=2e$ とおいてしまおう．磁場のエネルギー $\int d\boldsymbol{x}\boldsymbol{B}^2/8\pi$ も加えて，結局，

$$F = \frac{H_c^2(T)}{4\pi}\int d\boldsymbol{x}\left\{-|\Psi|^2+\frac{1}{2}|\Psi|^4+\xi^2\left(-\frac{\nabla}{i}-\frac{2\pi}{\phi_0}\boldsymbol{A}\right)\Psi^*\cdot\left(\frac{\nabla}{i}-\frac{2\pi}{\phi_0}\boldsymbol{A}\right)\Psi\right\}$$
$$+\frac{1}{8\pi}\int d\boldsymbol{x}(\nabla\times\boldsymbol{A})\cdot(\nabla\times\boldsymbol{A}) \tag{5.4}$$

が得られる．$\phi_0=hc/2e$ は磁束量子(1-1 節)である．

平衡状態での $\Psi(\boldsymbol{x})$ および $\boldsymbol{A}(\boldsymbol{x})$ は，それぞれ $\delta F/\delta\Psi^*=0$，$\delta F/\delta\boldsymbol{A}=0$．すなわち，

$$\xi^2\left(\frac{\nabla}{i}-\frac{2\pi}{\phi_0}\boldsymbol{A}\right)^2\Psi-\Psi+|\Psi|^2\Psi = 0 \tag{5.5}$$

$$\nabla\times(\nabla\times\boldsymbol{A}) = \frac{4\pi}{c}\boldsymbol{j}_s \tag{5.6}$$

$$\boldsymbol{j}_s(x) = \frac{en_s(T)}{4m}\frac{1}{i}\{\Psi^*\cdot\nabla\Psi-\nabla\Psi^*\cdot\Psi\}-\frac{e^2}{mc}n_s(T)|\Psi|^2\boldsymbol{A} \tag{5.7}$$

によって定められる．ただし $n_s(T)$ は(3.40)式で定義された超伝導成分の密度であり，T_c 付近では $n_s(T)=2n(1-T/T_c)$ で与えられる．対の数密度 $n_s/2$ を使うと，電流密度(5.7)は，質量 $2m$，電荷 $2e$ をもつ粒子に対する量子力学的表式であることがわかる．なお，(5.5)式は **Ginzburg-Landau 方程式**とよばれる．これと(1.7)式との類似は明らかである．

(5.5)式はコヒーレンスの長さ ξ を含むが，(5.6)式にはもう 1 つの特徴的な長さ λ が現われる．

$$\lambda^{-2} \equiv 4\pi e^2 n_s(T)/mc^2$$

これは London の侵入長にほかならない((1.12)式)．これを使って(5.6)式を書き直すと

$$\lambda^2\nabla\times(\nabla\times\boldsymbol{A}) = (\phi_0/4\pi i)(\Psi^*\cdot\nabla\Psi-\nabla\Psi^*\cdot\Psi)-|\Psi|^2\boldsymbol{A} \tag{5.8}$$

となる．2 つの長さの比

$$\kappa \equiv \lambda/\xi = \sqrt{2}\,2\pi H_c(T)\lambda^2/\phi_0 \tag{5.9}$$

は，**GL パラメタ**とよばれる．なお l が有限のときには，λ^2 が因子 η^{-1} をもち，したがって $\kappa\propto\eta^{-1}$ となることを付け加えておく．

超伝導電流があるときの転移　GL 理論のもっとも簡単な応用例として，超

伝導電流が流れている細線の転移を考察しよう．その半径が，前節の$\xi(T)$，および$\lambda(T)$のどちらよりも小さいと，断面にわたってΨは一定とみなせ，また磁場は無視できる．したがって1次元(x方向とする)の問題となり，$\Psi=\psi e^{ikx}$ (ψは実の定数)とおくと，(5.5)から$\psi^2=1-\xi^2k^2$，それゆえ(5.7)から$j=(n_\mathrm{s}e/2m)k(1-\xi^2k^2)$ となる．この量は，$\xi k=1/\sqrt{3}$ のときに極大値

$$j_\mathrm{c}=en_\mathrm{s}/3\sqrt{3}\,m\xi=(c^2/4\pi e)(1/3\sqrt{3}\,\lambda^2\xi) \tag{5.10}$$

となる．jの関数として自由エネルギー$F\propto(1-\xi^2k^2)^2$をみたとき，$\partial F/\partial j$がj_cで発散することからわかるように，j_cは超伝導状態をこわさないで流すことのできる最大の電流値，すなわち臨界電流である．$j>j_\mathrm{c}$を流すと正常状態になり，その間の転移は1次的である．

(5.10)式から$j_\mathrm{c}\propto(1-T/T_\mathrm{c})^{3/2}$である．図5-1は，Snのヒゲ結晶の$I$-$V$特性で，電圧の現われる電流値を示したものである．くわしく見るとT_cのごく近くでずれがあり，熱的ゆらぎの効果と考えられている．またより低温では，1次元的という近似が許されず，3/2乗則からはずれる．実際には，細線のI-V特性は複雑で，上のような単純な転移だけでは説明できない興味深い問題である(5-6節を見よ)．

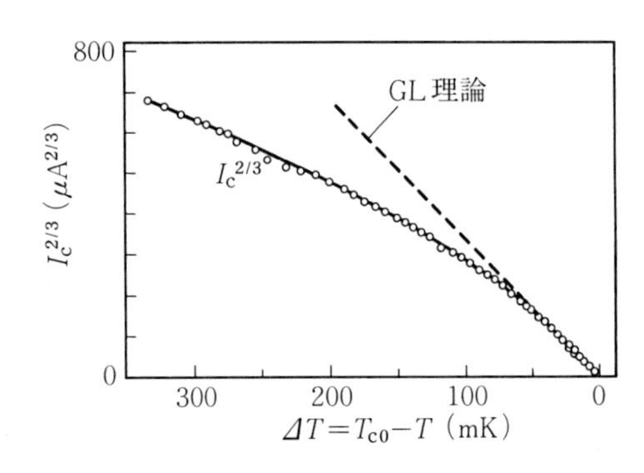

図5-1 Snの細線で測定された臨界電流I_cの温度変化．

薄膜の円筒の磁場中での転移 次に薄膜の円筒が軸に平行な磁場中にあるときの転移を考える．半径Rはλよりはるかに大きく，膜厚はλより小さいとする．したがって磁場はどこでも一定で，$B=H$であるからベクトルポテンシャル$\boldsymbol{A}$は，円柱座標のϕ成分のみで，薄膜の所では$A_\phi=RH/2$とすればよい．

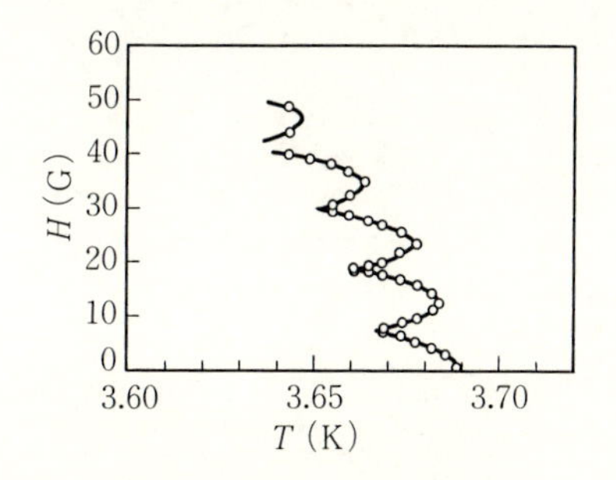

図 5-2 Sn の薄膜の円筒を貫く磁束による T_c の変化. (R. P. Groff and R. D. Parks: Phys. Rev. **176** (1968) 567)

$\boldsymbol{\Psi}=\psi e^{in\phi}$ を代入すると(1.5)式から,

$$\xi^2\left(\frac{n}{R}-\frac{\pi RH}{\phi_0}\right)^2\psi-(1-\psi^2)\psi = 0$$

(厚い膜のときには, 第1項が0でなければならず, 磁束の量子化が導かれた). 当然, 自由エネルギーを最小にする整数 n が実現する. $H=0$ のときの臨界温度 T_{c0} からの変化, $\Delta T_c=T_c-T_{c0}$ は, したがって,

$$\Delta T_c/T_c = -0.548(\xi_0/R)^2(n-\boldsymbol{\Phi}/\phi_0)^2 \qquad (5.11)$$

で与えられ, 円筒を貫く磁束 $\boldsymbol{\Phi}$ の周期関数となる. 前の j_c の問題と異なって, 外部磁場は $\boldsymbol{\Psi}$ の位相のみと関係しているから, この場合, T_c で2次転移が起こる. 図5-2は, Sn の円筒($2R=1.55\,\mu$m)を使い, 抵抗の温度依存性からきめた T_c と H の関係で, 磁束との周期的な関係が明らかに見られる(H とともに Max T_c が低くなることを説明するには, 膜厚を考慮しなければならない).

5-2 境界エネルギー

図5-3のように, $x=0$ の平面を境として, $x\to+\infty$ の側は超伝導, $x\to-\infty$ の側は臨界磁場があって正常状態になっている状態を考える. $\boldsymbol{B}/\!/\hat{\boldsymbol{z}}$ とすると, $\boldsymbol{A}=(0, A(x), 0)$ としてよい. $\boldsymbol{\Psi}$ と B は(5.5), (5.6)式を解くことによって求められるが, ここで問題にするべき自由エネルギーは, 外部磁場を変数にとった $G=F-\int d\boldsymbol{x}\boldsymbol{H}\cdot\boldsymbol{B}/4\pi$ であることに注意しよう. 仮に $x>0$ では $\boldsymbol{\Psi}=1$, $B=0$, $x<0$ では $\boldsymbol{\Psi}=0$, $B=H_c$ であるとすると, G の密度はどこでも $-H_c{}^2/8\pi$

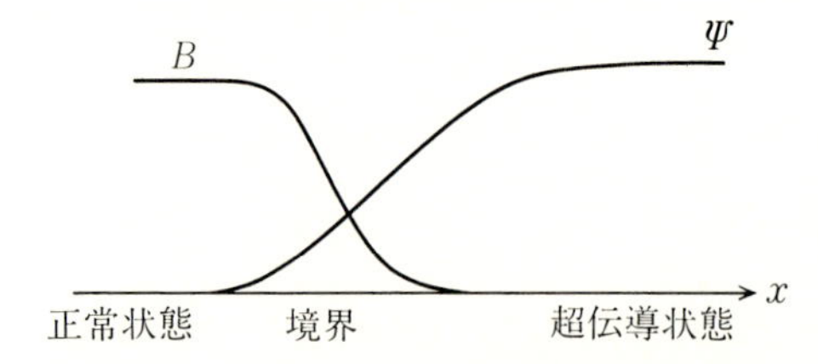

図 5-3 超伝導と正常状態との境界での磁場と秩序パラメタの変化.

に等しい. したがって図 5-3 のように変化する場合の G とこの値との差は,

$$E_b = F_{GL} + \int_{-\infty}^{\infty} dx \left(\frac{B^2}{8\pi} - \frac{BH_c}{4\pi} \right) - \int_{-\infty}^{\infty} dx \left(-\frac{H_c^2}{8\pi} \right)$$

$$= \frac{H_c^2}{4\pi} \int_{-\infty}^{\infty} dx \left\{ \xi^2 \left| \left(\frac{\nabla}{i} - \frac{2\pi}{\phi_0} \boldsymbol{A} \right) \Psi \right|^2 - \left(1 - \frac{1}{2} |\Psi|^2 \right) |\Psi|^2 + \frac{1}{2} \left(\frac{B}{H_c} - 1 \right)^2 \right\} \tag{5.12}$$

となる. さらに Ψ は, (5.5)式の解であるから, $\int_{-\infty}^{\infty} dx \Psi^* \{\text{GL 方程式}\} = 0$ を引くと,

$$E_b / (H_c^2/8\pi) = \int_{-\infty}^{\infty} dx \left\{ \left(1 - \frac{B}{H_c} \right)^2 - |\Psi|^4 \right\} \tag{5.13}$$

という簡単な表式が得られる. 境界エネルギーとよばれるこの量を考える理由は, 図 5-4 に示された 2 つの状態の自由エネルギーの差が, E_b で与えられることを見れば納得できる($3E_b - E_b = 2E_b$).

E_b を求めるには(5.5), (5.6)式を解かなければならないが, $\Psi = \Psi(x)$ が実であるとして簡単に解が求められる. 長さを λ, ベクトルポテンシャルを $\phi_0/2\pi\lambda$ で測る, すなわち

$$x \to x/\lambda, \qquad A \to A/(\phi_0/2\pi\lambda) \tag{5.14}$$

とすると, 方程式は

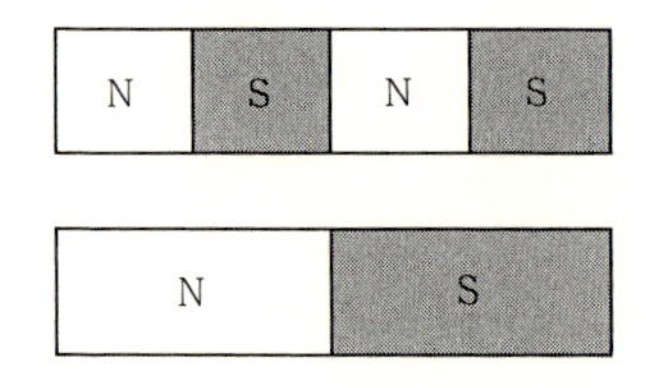

図 5-4 境界エネルギーは, 上下の 2 つの場合の自由エネルギーの差.

$$\kappa^{-2}[d^2/dx^2 - A^2(x)]\Psi + (1-\Psi^2)\Psi = 0$$
$$d^2A/dx^2 = A\Psi^2 \tag{5.15}$$

となる．境界条件は，$x\to\infty$ で $\Psi=1$，$A=0$，$x\to-\infty$ で $\Psi=0$，$dA/dx=\kappa/\sqrt{2}$ である．ここで(5.9)式を用いた．

まず，$\kappa\ll 1$ の極限を考えよう．A は κ ていどの大きさであるから，このとき上の第1式は，$x\gg 1$ では $-(1/\kappa^2)d^2\Psi/dx^2-(1-\Psi^2)\Psi=0$ と近似できて，解は $\Psi=\tanh(\kappa x/\sqrt{2})$ となる．また磁場は λ ていどの距離しか侵入しない．したがって

$$E_b/(H_c{}^2/8\pi) \cong \lambda\int_0^\infty dx(1-\Psi^4) = \frac{4\sqrt{2}}{3}\frac{\lambda}{\kappa} \tag{5.16}$$

次に逆の極限 $\kappa\gg 1$ すなわち London 極限を調べよう．このとき超伝導体の内部に向かって磁場の方は e^{-x} のように侵入し，Ψ の方は $1-e^{-\kappa x}$ のように回復する．したがって(5.13)は，$\sim -3\lambda/2$ と評価される．このように，κ の値によって境界エネルギーの符号が変わるのである．実は(5.15)式から，$\kappa=1/\sqrt{2}$ のとき $E_b=0$ となることが証明される(巻末文献[A-2]を参照)．

超伝導体は，$\kappa<(>)1/\sqrt{2}$ によって2つに分類され，それぞれ，第1種(第2種)の超伝導体とよばれる．$\kappa>1/\sqrt{2}$ のとき，$E_b<0$ となる．図5-4の状況を見るとわかるように，このときS, Nの境界をなるべく多く入れた方が，自由エネルギーが下がることが期待されるから，磁場中の状態は，第1種か第2種かによって著しく異なる．次節でみるとおり，第2種の超伝導体では2つの臨界磁場 $H_{c1}<H_{c2}$ があって，その中間の大きさの磁場を加えると，磁束格子の状態が生じる．

5-3 臨界磁場 H_{c1}, H_{c2}

GL パラメタ κ が $1/\sqrt{2}$ より大きい第2種の超伝導体では，磁化曲線が図1-4(b)のようになり，外部磁場 H が熱力学的な臨界磁場 $H_c(T)$ より小さい下部臨界磁場 $H_{c1}(T)$ をこえると完全反磁性からはずれ，磁束が侵入し始める．さ

らにHを大きくすると，$H_c(T)$より大きい上部臨界磁場$H_{c2}(T)$になって，はじめて正常状態になる．

a） 下部臨界磁場 H_{c1}

半径の大きな長い円柱の超伝導体に円柱の軸に平行な磁場を加えたとき，最初に侵入した磁束は，円柱の中心に位置するであろう．したがって円柱座標で磁場はベクトルポテンシャル $\boldsymbol{A}=(0, A_\phi(r), 0)$ によって，$B_z(r)=\dfrac{1}{r}\dfrac{\partial}{\partial r}(rA_\phi)$ と与えられる(以下，成分を表わす添字は省略する)．超伝導電流は軸対称の渦流であるから，秩序パラメタは $\Psi=\psi(r)e^{in\phi}$ (ψ は実)としてよい．そうすると(5.5),(5.6)式は

$$-\frac{1}{\kappa^2}\left\{\frac{1}{r}\frac{d}{dr}\left(r\frac{d\psi}{dr}\right)-\left(\frac{n}{r}-A\right)^2\psi\right\}-(1-\psi^2)\psi = 0 \qquad (5.17)$$

$$-\frac{d}{dr}\frac{1}{r}\frac{d}{dr}(rA) = \left(\frac{n}{r}-A\right)\psi^2 \qquad (5.18)$$

となる．(A は $2\pi H_c\lambda^2/\phi_0$ で無次元化している.)

$\kappa\gg1$ のときには，上の方程式が近似的に取り扱える．このとき，図5-5のように$A(r)$は1のスケールで，$\psi(r)$は$1/\kappa$のスケール(すなわちλおよびξ)で変化しているから，$r>\kappa^{-1}$の領域では$\psi(r)\cong1$とおいてよい．すると(5.18)は，$\left\{\dfrac{d^2}{dr^2}+\dfrac{1}{r}\dfrac{d}{dr}-\left(1+\dfrac{1}{r^2}\right)\right\}\left(\dfrac{n}{r}-A\right)=0$ となる．$1\gg r(\gg1/\kappa)$のとき，A は発散しないから，解は$1/r$のように変化しなければならない．そのような解は

$$\frac{n}{r}-A = nK_1(r) \qquad (5.19)$$

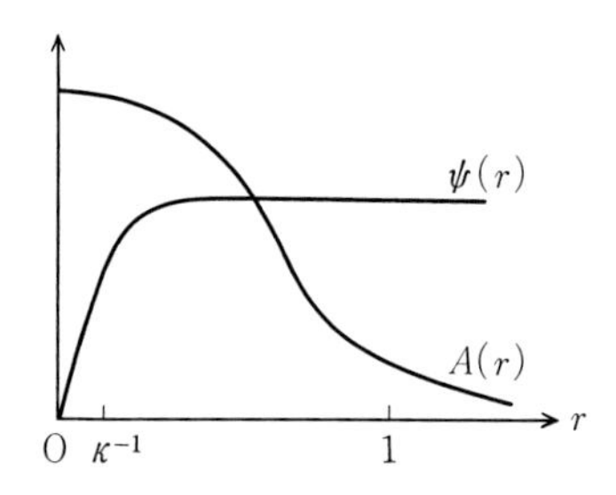

図 5-5 量子磁束にともなう秩序パラメタψとベクトルポテンシャルAの空間変化.

である．ここで $K_1(z)=-(\pi/2)[J_1(iz)+iN_1(iz)]$ は変形された Bessel 関数である．($|z|\to 0$ のとき $K_1(z)\to 1/z$)．また $r\gg 1$ のとき，$K_1(r)$ は $e^{-r}/\sqrt{r}$ のようにふるまうから，磁束は $r\lesssim 1$ に閉じこめられていることがわかる．それゆえ半径 $R\gg 1$ の円を貫く磁束は量子化される．

$$\int_{r\leqq R}\boldsymbol{B}(r)d\boldsymbol{S}=\int_{r=R}\boldsymbol{A}\cdot d\boldsymbol{l}=2\pi n\ \ (=n\phi_0) \tag{5.20}$$

次に H_{c1} を求めるために，磁束が侵入していないとき，すなわち，$\psi=1$, $B=0$ に対する自由エネルギー G_0 と，上の状態での G との差を評価しよう．(5.13)式を求めたときと同じ方法を用いると，単位長さあたりの差は

$$\begin{aligned}\Delta g &\equiv (G-G_0)/(H_c^2(T)/4\pi)\\ &=\frac{1}{2}\int dx(1-|\psi|^4)+\frac{2}{\kappa^2}\int dx\left\{\frac{1}{2}(H-B)^2-\frac{1}{2}H^2\right\}\end{aligned} \tag{5.21}$$

と表わせる．$A(r)$ が(5.19)式で与えられる領域，$r>1/\kappa$ では，(5.17)式の微分項は無視できるから，(5.18)の Maxwell 方程式と組み合わせると $(1-\psi^2)\cong\kappa^{-2}(\nabla\times\boldsymbol{B})^2$ としてよい．これを(5.21)式に用いると($|\psi|^2=1+O(1/\kappa^2)$ を使う)

$$\Delta g=\frac{1}{\kappa^2}\int d\boldsymbol{x}\{(\nabla\times\boldsymbol{B})^2+B^2-2HB\} \tag{5.22}$$

となる．同じ領域で(5.18)式から，近似的に $\nabla\times(\nabla\times\boldsymbol{B})=-\boldsymbol{B}$ が得られるから，{ } の第1項と第2項の和は発散の形，$\nabla(\boldsymbol{B}\times(\nabla\times\boldsymbol{B}))$ に書ける．したがってその積分は，

$$-\frac{1}{\kappa^2}\int_{r=\kappa^{-1}} rd\phi(\boldsymbol{B}\times(\nabla\times\boldsymbol{B}))_r=2\pi\kappa^{-2}(\ln\kappa+0.116)$$

と評価される．ここで $B(r)=nK_0(r)$, $r\ll 1$ のとき $K_0(r)\cong -\ln r+\ln 2-\gamma$ を使った．第3項は(5.20)式から $-4\pi nH/\kappa^2$ に等しい．したがって

$$\Delta g\cong 2\pi\kappa^{-2}(\ln\kappa+0.116)-4\pi n\kappa^{-2}H \tag{5.23}$$

これが負になる最小の H が下部臨界磁場に相当する．(5.9)を使い次元をもどすと

$$H_{c1}(T)/H_c(T) = (1/\sqrt{2}\,\kappa)[\ln\kappa + 0.116] \tag{5.24}$$

すなわち $H_{c1}(T)$ で磁束量子 ϕ_0 をともなう渦糸が侵入する．(5.24)式は $\kappa \gg 1$ のときしか有効でないことを注意しておく．なお，$n=1$ のとき，$r=0$ の近くで $\psi(r) \propto r$ となる．秩序パラメタが 0 に向かう半径 ξ ていどの中心部のことを**渦糸の芯**(core)とよぶ．芯の部分からのエネルギーへの寄与は κ^{-2} のていどである．

距離 $r \gg \kappa^{-1}\lambda$ 離れて 2 本の平行な渦糸があるときの自由エネルギーは，$r \to \infty$ のときと比べると，$(\phi_0^2/16\pi^2\lambda^2)K_0(r/\lambda)$ だけ大きい．つまり渦糸間には斥力が働く．しかし遮蔽効果のため，それは $r > \lambda$ で指数関数的に小さくなるから，H が H_{c1} をこえると急激に磁束が侵入する．

b) 上部臨界磁場 H_{c2}

H_{c2} は，充分強い一様な磁場 H の下で正常状態になっている第 2 種の超伝導体で，H を小さくしていくとき超伝導が現われる，すなわち秩序パラメタ $\Psi \neq 0$ となる H の値である．したがってどこでも $|\Psi|$ は小さく，超伝導電流の影響は無視できる．いいかえると $|\Psi|$ について線形化し，またどこでも $B=H$ としてよい．$\boldsymbol{H} /\!/ \hat{\boldsymbol{z}}$ として，$A_x = A_z = 0$，$A_y = Hx$ というゲージをとろう．(5.5)式だけを問題にすればよい．それを

$$-\frac{1}{\kappa^2}\left[\frac{\partial^2}{\partial x^2} + \left(\frac{\partial}{\partial y} - i\frac{x}{r_0{}^2}\right)^2\right]\psi = (1+\omega)\psi \tag{5.25}$$

と書こう．ただし

$$r_0{}^{-2} \equiv 2\pi H\lambda^2/\phi_0 \tag{5.26}$$

また便宜上，固有値方程式の形にした．固有値 $\omega \leqq 0$ となると，$\psi \neq 0$ の解が現われる．(5.25)は一様磁場があるときの Schrödinger 方程式にほかならず，解は Landau 軌道を与える．

$\psi = e^{ipy}f(x)$ とおくと，(5.25)は

$$-\kappa^{-2}(D_{(+)}D_{(-)} - r_0{}^{-2})f = (1+\omega)f$$
$$D_{(\pm)} \equiv \left(\frac{d}{dx'} \mp \frac{x'}{r_0{}^2}\right), \qquad x' = x - pr_0{}^2 \tag{5.27}$$

すなわち，中心が pr_0^2 にある調和振動子の方程式になる．解は

$$
\begin{aligned}
&f_0 \propto \exp(-x'^2/2r_0^2), \qquad f_n \propto D_{(+)}^n f_0 \\
&\omega_n = (2n+1)(\kappa r_0)^{-2}-1
\end{aligned}
\tag{5.28}
$$

である．この結果から，ω_0 が負になる $\kappa r_0=1$，すなわち

$$
H = H_{c2} = \phi_0/2\pi\xi^2 = \sqrt{2}\,\kappa H_c(T) \tag{5.29}
$$

で超伝導が現われることがわかる．

5-4 渦糸格子状態

従来，第2種超伝導体の H-T 面上の相図は図5-6のとおりであり，$H_{c2}(T)$ の線で正常状態と接する斜線の部分では磁束量子をともなう渦糸が格子状に並んだ状態であると考えられていた．しかし最近になってコヒーレンス長のきわめて短い高温超伝導体の研究が進み，ゆらぎの効果まで考慮すると $H_{c2}(T)$ ははっきりした相転移の線ではなく，また $H_{c2}(T)$ の内側で渦糸格子はむしろ正常状態に連続的につながる液体状態であることが明らかになってきた(第7章および補章 AII-2節参照)．ただ第2種超伝導体の性質を理解するにはまず平均場理論，すなわち GL 理論の結果を知らなくてはならない．$H_{c2}(T)$ の近傍で格子状態をはじめて扱ったのは A. A. Abrikosov である．

外場 H が H_{c2} に近いから，$|\Psi|\ll 1$ であり GL 方程式で非線形項は小さく，また超伝導体内の磁束密度 B の一様な成分 B_0 からのずれも小さいと考えてよい．したがって Ψ は，磁場 B_0 があるときの線形化した GL 方程式の最低エネ

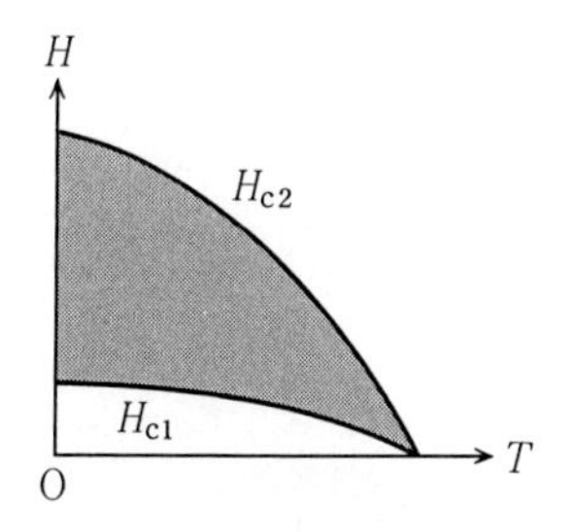

図5-6　第2種超伝導体の相図.

ルギーの解，$\psi \propto e^{ipy} f_0(x') = \exp\left[ipy - \frac{1}{2}(x/r_0 - pr_0)^2\right]$ の重ね合わせで近似できるであろう．ただし，ここでは $r_0{}^{-2} = 2\pi B_0 \lambda^2/\phi_0$ であることを忘れてはならない．ψ の形から，p は Gauss 形の関数の中心を表わしていることに注目し，

$$\phi(x, y) = C \sum_{l=-\infty}^{\infty} \exp\left\{-\frac{1}{2}\left(\frac{x}{r_0} - \frac{2\pi}{a} l\right)^2 + i\frac{2\pi}{a} l\left(\frac{y}{r_0} - \frac{b}{2a} l\right)\right\} \qquad (5.30)$$

という和を考える．この形から ϕ は明らかに次の周期性をもつ．(実は ϕ は Jacobi の θ 関数で書ける．)

$$\begin{aligned} &\phi(x, y + ar_0) = \phi(x, y) \\ &\phi(x + 2\pi r_0/a, y + br_0/a) = \phi(x, y) \cdot \exp\left[i(2\pi/a)(y/r_0 + b/2a)\right] \end{aligned} \qquad (5.31)$$

したがって位相を除けばこれは，図 5-7 に示した単位胞をもつ格子の周期性をもっている．単位胞の面積 $(2\pi/a) r_0 \times ar_0 = 2\pi r_0{}^2$ はちょうど単位の磁束に相当し，また $\phi(\pi r_0/a, br_0/a) = 0$ である．$b/a = a/2 = 3^{-1/4}\sqrt{\pi}$ とえらぶと，1 辺 $2\sqrt{\pi/\sqrt{3}}$ の 3 角格子になる．そのときの渦電流のパターン(実は $|\phi|^2$ の等高線でもある)は図 5-8 に示してある．

上の ϕ にともなう超伝導電流の作る磁場も含めて系の自由エネルギーを計算すると，系の体積を V として

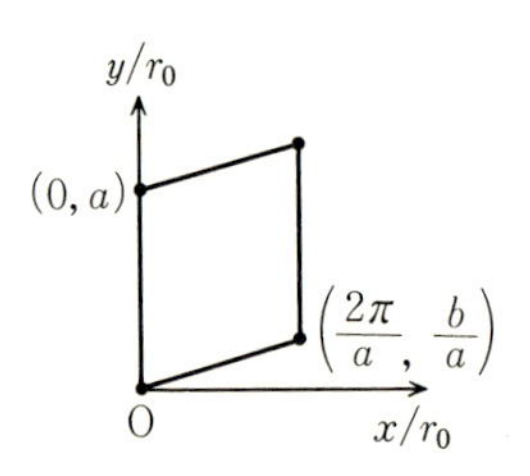

図 5-7 磁束格子の単位胞.

図 5-8 磁束 3 角格子における等高線．C は中心，M は極大，S は鞍点.

$$F/V = \left\{\frac{1}{\kappa^2 r_0{}^2} - 1 + \frac{1}{4\kappa^2}\left[(2\kappa^2-1)\beta_{\rm A}+1\right]\overline{|\phi|^2}\right\} \times \overline{|\phi|^2}$$

が得られる．ここで $\overline{|\phi|^2}$ は $|\phi|^2$ の空間平均，$\beta_{\rm A} \equiv \overline{|\phi|^4}/(\overline{|\phi|^2})^2$ である．これを最小にすることで $\overline{|\phi|^2}$ を定めると（次元を回復して）

$$F/V = -\frac{1}{8\pi}(B_0 - H_{\rm c2})^2 \frac{1}{(2\kappa^2-1)\beta_{\rm A}+1} \tag{5.32}$$

が得られる．これから，もっとも小さい $\beta_{\rm A}$ を与えるような格子が安定であることがわかる．それは3角格子であって，$\beta_{\rm A}=1.16$ となる．また，$-4\pi M = B_0 - H$ であるから，磁化は

$$M = -(H_{\rm c2}-H)/[4\pi(2\kappa^2-1)\beta_{\rm A}]$$

で与えられる（詳細は巻末文献[A-2]を参照）．

渦糸にともなう準粒子励起　図1-6（p.5）は，磁束に垂直な表面をSTM（走査型トンネル顕微鏡）で走査して得られた渦糸格子の像である．試料は層状結晶である $NbSe_2$（$T_{\rm c}=7.2$ K, $\kappa \cong 9$）で1Tの磁場が層に垂直に加えられている．STMは，針と試料表面との間のトンネル電流を観測するのであるから，3-4節で扱った超伝導体と正常金属との間のトンネル電流の問題と同じと考えてよい．ただ，渦糸格子状態は空間的に一様でないから，準粒子励起のスペクトルもそれに応じて変化し，そのために図のような像が得られる．理論的には，Bogoliubov-de Gennes 方程式（3-5節）を解いて $u_n(x), v_n{}^*(x)$ を求めれば，トンネル電流の表式に必要な，空間的に変化する準粒子励起の状態密度

$$\mathcal{D}(\omega) = \sum_n [|u_n(\boldsymbol{x})|^2 - |v_n(\boldsymbol{x})|^2]\delta(\omega-\omega_n) \tag{5.33}$$

がわかる．

いままでどおり $\kappa \gg 1$ で，不純物散乱の無視できる超伝導体を考える．H は $H_{\rm c2}$ より充分小さく，渦糸格子間隔 a は ξ より大きく，個々の渦糸は独立とみなせるとする．そこで z 軸にそって渦糸が1本だけあるとし，円柱座標 (r,ϕ,z) を用いる．BG方程式にはベクトルポテンシャルが現われるが，以下で重要になる $r \lesssim \xi$ の領域では，$A_\phi \sim 2\pi\phi_0 r/a^2$ であって，無視してよい（磁場

$B\sim\phi_0/a^2$ であることに注意）．秩序パラメタは $\psi(r)e^{i\phi}$ の形であるから，エネルギーギャップパラメタも $\Delta=\Delta(r)e^{i\phi}$ ($\Delta(r)$ は実)の形をしている．したがって

$$u_n(\boldsymbol{x}) = u_{lk}(r)e^{ikz+il\phi}$$
$$v_n^*(\boldsymbol{x}) = v_{lk}^*(r)e^{ikz+i(l-1)\phi}$$

(l は整数，動径方向の量子数は省略した)とおくと，BG 方程式は

$$\begin{aligned}(-D+l^2/r^2-k_{\mathrm{F}}^2\sin^2\alpha-2m\varepsilon)u_{lk}(r)+2m\Delta(r)v_{lk}^*(r) &= 0\\(-D+(l-1)^2/r^2-k_{\mathrm{F}}^2\sin^2\alpha+2m\varepsilon)v_{lk}^*(r)-2m\Delta(r)u_{lk}(r) &= 0\end{aligned} \qquad (5.34)$$

となる．ここで，$D=r^{-1}d/dr(rd/dr)$，$2m\varepsilon_{\mathrm{F}}-k^2\equiv k_{\mathrm{F}}^2\sin^2\alpha$ とおいた．正確には，ギャップ方程式((3.95)式)と連立して解かなければならないが，ここでは図 5-5 に示した $\psi(r)$ に比例する $\Delta(r)$ があるとしたときの解 u,v^* を調べることで満足しよう．

まず(5.34)式は，$\varepsilon\to-\varepsilon$，$l\to-l+1$，$u\leftrightarrow v^*$ という置換に対し不変である($T=0\,\mathrm{K}$ では，負の固有値の状態は占拠されている)．したがって ε は正の固有値とし，最低エネルギーを与える状態として $l=1$ だけを調べよう．$\varepsilon_{\mathrm{F}}\gg\Delta$ であるから，$k_{\mathrm{F}}^2\sin^2\alpha\gg2m\Delta$ と想定してよい．このとき(5.34)式から，解のおよその形は，$u(r)=f_u(r)J_1(k_{\mathrm{F}}r\sin\alpha)$，$v^*(r)=f_v(r)J_0(k_{\mathrm{F}}r\sin\alpha)$ であることがわかる．f_u,f_v は ξ のスケールで変化する包絡関数である(u,v^* の添字は省略)．$\varepsilon>\Delta_0$ の散乱状態と，$\varepsilon<\Delta_0$ の束縛状態とがあると期待される．実際，渦糸の中心から ξ くらいの所に波数 $k_{\mathrm{F}}\sin\alpha$ の波が局在した束縛状態があって，その固有値は近似的に，$\varepsilon=(\pi/4)(\Delta_0^2/\varepsilon_{\mathrm{F}})g(\alpha)/\sin\alpha$ で与えられる(巻末文献[C-1])．ここで $g(\alpha)$ は ~1 のゆっくり変化する関数．このように，渦糸の芯の所にはほとんどギャップのない励起があり，それによって当然(5.33)の状態密度が空間的に変化するわけである．

上では 1 本の渦糸の場合を考えたが，渦糸格子の場合には，最近接格子の方向に低エネルギー励起の状態密度が大きく，STM の像にそれが現われている．また $NbSe_2$ の結晶が c 軸まわりに 6 回対称であるのも，渦糸の STM 像に見られるのは興味深い．

5-5 時間変化を含む GL 方程式

秩序パラメタ Ψ が空間的だけでなく時間的にも変化する現象を扱うために，5-1 節で与えた GL 方程式を拡張しよう．すなわち，時間変化はゆっくり生じるとして，(5.5),(5.6)式に時間微分の項を導入する．静的な場合と違って，この拡張は限られた場合にしか可能でないが，あとで見るとおり，時間に依存する方程式(**TDGL 方程式**)の適用例には興味深いものがある．

時空のある点 $1=(\boldsymbol{x}_1, t_1)$ での秩序パラメタ $\Delta(1)$(ここでは BCS モデルを用い，秩序パラメタとして Δ をとる)，は近くの点での Δ と関係しあっている．Δ が変化しないとき，すなわち近くではどこでも $\Delta(1)$ としたとき，この関係式はギャップ方程式，$\Delta(1)=gI(|\Delta(1)|)\Delta(1)$，にほかならない．ここで $I=N(0)\int d\xi\frac{1}{E}\tanh\frac{\beta E}{2}$ の中のギャップは $|\Delta(1)|$ である．近くの点 2 で $\delta\Delta(2)=\Delta(2)-\Delta(1)$ だけ変化があるときには，それによる影響もあるから，関係式は

$$\Delta(1) = I\Delta(1)-g\int d2\{K_{11}(1,2)\delta\Delta(2)+K_{12}(1,2)\delta\Delta^*(2)\} \tag{5.35}$$

と表わされるであろう．ただし変化は小さいとして $\delta\Delta$ について 1 次の項だけを考えた．t_2 についての積分は因果律から，$t_2\leqq t_1$ の領域にわたる．(5.35)の第 2 項は $\delta\Delta, \delta\Delta^*$ という平均場の変化に対する応答であって，(3.48)式，すなわち線形応答の式で，Q, C としてペアの演算子を代入したものである．

ここでの目的のためには $\Delta(1)\propto e^{iq\cdot 1}$，すなわち $\delta\Delta(2)=[e^{iq(2-1)}-1]\Delta(1)$ である場合を考えれば充分である．ただし $q=(\boldsymbol{q}, \omega)$，このとき(5.35)は

$$[1-I(|\Delta(1)|)]\Delta(1) = -g[K_{11}(q)-K_{11}(0)]\Delta(1)-g[K_{12}(q)-K_{12}(0)]\Delta^*(1) \tag{5.36}$$

となる．不純物散乱のない超伝導体では

$$\begin{aligned} K_{11}(q) = \sum_k \Bigg\{&(1-n_+-n_-)\left(\frac{|u_+u_-|^2}{\omega+\varepsilon_++\varepsilon_-}-\frac{|v_+v_-|^2}{\omega-\varepsilon_+-\varepsilon_-}\right) \\ &-(n_+-n_-)\left(\frac{|u_+|^2|v_-|^2}{\omega+\varepsilon_+-\varepsilon_-}-\frac{|u_-|^2|v_+|^2}{\omega-\varepsilon_++\varepsilon_-}\right)\Bigg\} \end{aligned} \tag{5.37}$$

等と計算される．ただし ± は $\xi_k \pm v_F \boldsymbol{q}\cdot\boldsymbol{k}/k$ に対応し，ω は $+i\delta$ をもつとする．ここで K が $\boldsymbol{q}^2$ および ω のベキに展開できれば $\boldsymbol{q}^2 \to -\nabla^2$，$\omega \to i\partial/\partial t$ とおきかえて，(5.36)式が求める偏微分方程式となる．しかしながら，(5.37)式の第1項の分母は，$\omega \ll 2\Delta$ のとき ω のベキに展開できるが，第2項は $qv_F \to 0$，$\omega \to 0$ のとき qv_F/ω の比に依存する極限をもち，上のような展開は許されない．

展開ができるのは，$T \sim T_c$ で $k_B T_c \gg v_F q \gg |\Delta| \gg \omega$ という場合である．このときには $K_{12} \propto \Delta^2$ であり無視でき，K_{11} のなかの Δ を0とおいた表式，

$$K_{11} = \frac{N(0)}{2}\int_{-1}^{1} d\mu \int d\xi \tanh(\beta\xi/2) \times [(2\xi + qv_F\mu + \omega + i\delta)^{-1} + (2\xi + qv_F\mu - \omega - i\delta)^{-1}] \tag{5.38}$$

を調べればよい．$v_F q \gg \omega$ であるから，(5.38)の ω に比例する項では虚数部分が主な項となる．結局

$$K_{11}(\boldsymbol{q}, \omega) - K_{11}(0,0) \cong N(0)\{-(\beta_c/2\pi i)(\pi^2/6)\omega - (\beta_c{}^2/2)[7\zeta(3)/8\pi^2](v_F{}^2/3)q^2\} \tag{5.39}$$

が得られる．第2項はすでに求めたグラジエント項であり，第1項は GL 方程式で $-\tau(\partial\Psi/\partial t)$ という時間微分に相当する．緩和時間 τ はグラジエント項と比較してきめられ

$$\tau = \frac{\pi}{8k_B T_c} \tag{5.40}$$

である．この結果は，秩序パラメタが

$$\tau\frac{\partial\Psi}{\partial t} = -\delta\tilde{F}/\delta\Psi^* \tag{5.41}$$

という式に従って自由エネルギー極小の状態に緩和するという期待と一致している($\tilde{F}H_c{}^2/4\pi$ が(5.4)式の F)．その機構は，時間的に変化する平均場による熱的な準粒子励起の散乱と考えられる．なお，非磁性的な不純物散乱によってコヒーレンス長 ξ は変わるが，τ は変化しないことを注意しておく．

3-6節で注意したように，平衡状態でも秩序パラメタ Ψ は，電子の化学ポテンシャルを μ として，$e^{-2i\mu t}$ という位相因子をもつ．したがってスカラーポ

テンシャル ϕ があると $\mu \to \mu + e\phi$ となることを考慮して

$$\partial/\partial t \to \partial/\partial t + 2i(\mu + e\phi)$$

とするのが正しい．こうすると一般のゲージ変換に対して方程式が不変になる．したがって，(5.41)式をあらためて書くと

$$\tau\left[\frac{\partial}{\partial t} + 2i(\mu + e\phi)\right]\Psi + \xi^2\left(\frac{\nabla}{i} - \frac{2\pi}{\phi_0}\boldsymbol{A}\right)^2\Psi - \Psi + |\Psi|^2\Psi = 0 \qquad (5.42)$$

となる．

ギャップの端での準粒子の群速度の異常と状態密度の発散のため，この単純な拡散型のTDGL方程式の適用範囲はせまく，T_c のごく近傍でしか使えない．4-6節で扱った磁性不純物散乱によるギャップのない状態では τ が τ_p に代わり，適用範囲が広くなる．このことはペアをこわす相互作用があれば散逸項が大きくなることを示唆している．実際には磁性不純物がなくても，電子・フォノン相互作用による非弾性散乱による寄与は大きく，(5.42)の第1項は

$$\tau[1+(2\tau_E|\Delta|)^2]^{-1}\left[\frac{\partial}{\partial t} + 2i(\mu + e\phi) + 2\tau_E{}^2\frac{\partial|\Delta|^2}{\partial t}\right]\Psi \qquad (5.43)$$

となることが示されている．ここで τ_E は非弾性散乱による緩和時間であり，この理論の適用限界内でも $2\tau_E \Delta_e$（Δ_e は平衡での値）は大きな値をとる（Pbに対し最大値は17，Snで47．詳細は巻末文献）．

Ψ に対する微分方程式が得られるもう1つの場合は，熱的励起がほとんどない $T \cong 0$ であって，(5.37)の K などは，ω/Δ_0，qv_F/Δ_0 のベキで展開される．結果は演算子 $[\partial^2/\partial t^2 - (v_F{}^2/3)\nabla^2]$ を含む波動型の方程式であり，$\omega = qv_F/\sqrt{3}$ というスペクトルの南部-Goldstoneモードを解として含む．しかし，対の平均場の変化に対する密度の応答を調べるとわかるように，一般に秩序パラメタ Ψ の時間変化には，$\delta\rho \propto i(\Psi^*\partial\Psi/\partial t - \Psi\partial\Psi^*/\partial t)$ に従って，密度の変化がともなう．したがってこのモードはプラズマ振動となる．

以上のTDGL方程式では，すでに述べた制限のほかにも準粒子励起はいつも $\Psi(x, t)$ に対応する局所平衡にあると仮定をしている．したがって当然この方程式では扱えない場合がある．3-2節で指摘したように，粒子-空孔の対称

性を破るように平衡からはずれると，準粒子励起にともなう電荷密度 Q^* が 0 でなくなる．このとき電気的中性を保つように対の寄与 Q_s が平衡値 en_s からずれ，charge imbalance とよばれる状況が生じる．重要な例は，**Carlson-Goldman** モードとよばれる集団運動である．対の電荷密度 Q_s の波動があると，中性を保つため Q^* は逆位相で運動する．準粒子励起は散乱によって減衰するが，T_c 付近では Q_s が小さいためこの集団運動は位相速度 $[(n_s/n)(4T/\pi\Delta)]^{1/2}v_F/\sqrt{3}$ をもつ良いモードになる．このモードは，超流体と常流体が逆位相で振動するから超流動 ^{4}He における第 2 音波に似ているが，エントロピーモードではなく，波動の復原力は対の化学ポテンシャルの変化から来る（詳細は巻末文献[D-7, D-8]を参照）．

5-6 TDGL 方程式の応用

a) 渦糸格子のすべり

5-4 節で述べたとおり，第 2 種超伝導体は，外場 H が $H_{c1}<H<H_{c2}$ のとき渦糸格子状態になる．この状態で磁束に垂直に電流を流すと，Lorentz 力が働くであろう．実際，渦糸をピン止めするものがない理想的な系では，渦糸格子のすべりが生じ，電場によるエネルギーの散逸が起こる．このことを TDGL 方程式を使って示そう．

ベクトルポテンシャル $\boldsymbol{A}=(0, Hx, 0)$ とともに，x 方向の一様な電場 E を与えるスカラーポテンシャル $\phi=-Ex$ があるとしよう．このとき前節の(5.42)式は

$$\tau\left(\frac{\partial}{\partial t}-2ieEx\right)\Psi-\xi^2\partial^2\Psi/\partial x^2$$
$$-\xi^2(\partial/\partial y-i2\pi Hx/\phi_0)^2\Psi-\Psi+|\Psi|^2\Psi=0 \qquad (5.44)$$

となる（便宜上，無次元化せず，また μ は位相に含めた）．Ψ の時間依存が $\Psi(x, y-vt)$ と仮定すると，第 1 項は $-\tau v(\partial/\partial y+2ieEx/v)\Psi$ となるから，$v=-cE/H$，すなわち Hall 電圧と電場とが釣り合うように v を選ぶと，第 3 項と

まとめられる形になる．したがって 5-4 節の線形近似では，$\psi_p=\exp[ip(y+cEt/H)-\frac{1}{2}r_0{}^2(x/r_0{}^2-p-i\tau cE/2H\xi^2)^2]$ を用いて(5.30)式と同じ重ね合わせを作れば，速度 $v=cE/H$ で y 方向にすべる渦糸格子の解が得られる．

この解で x 方向の電流密度 $j_x{}^{(\mathrm{L})}$ の空間平均を求めよう．ψ_p はすべて x に比例する位相 $\exp(ic\tau Ex/2\xi^2H)$ をもつから，

$$\overline{j_x{}^{(\mathrm{L})}}=\frac{ec\tau}{2m\xi^2}\overline{|\phi|^2}\frac{E}{H} \tag{5.45}$$

が得られる．$\overline{|\phi|^2}$ は秩序パラメタの大きさの空間平均であって，(5.42)式の磁化で表わされる．E が有限であるから，全電流密度は(5.45)に $j_{\mathrm{n}}=\sigma_{\mathrm{n}}E$ を加えたもので与えられる($H\sim H_{\mathrm{c2}}$)．

TDGL 方程式の適用できない領域でも，理想的な系では H に垂直な電流によって渦糸格子のすべり，したがってエネルギーの散逸が生じる．その意味ではもはや「超伝導」状態とはよべない．しかし実際にはいろいろな欠陥によって渦糸の**ピン止め**(pinning)があり，ピン止めによる力が Lorentz 力と釣り合う範囲では超伝導電流が安定に流れる．そのために超伝導磁石が可能なわけである．欠陥の近くで電子密度が小さいなどの理由から，もともと超伝導の凝縮エネルギー密度が周囲より小さくなっていると，渦糸の芯がそこに来た方がエネルギーが低くなる．欠陥の大きさ d が，コヒーレンスの長さより大きいと，そのエネルギーは，およそ $H_{\mathrm{c}}{}^2\xi^2d/8\pi$ のていどである．このようなピン止め中心が分布していると，渦糸間の相互作用によって渦糸格子に剛性があるため格子全体を固定する役割をする．ピン止めがあったときの格子のクリープなどについては巻末文献[C-2, vol II], [E-6]を参照されたい．

b） 位相のとび振動(PSO)

5-1 節で細線における臨界超伝導電流密度 j_{c} を求めた．関連する実験は Sn, In 等のヒゲ結晶やマイクロブリッジを用いて行なわれている．I-V 特性の実験結果の一例が図 5-9 に示してある．電流を大きくしたときの超伝導状態($V=0$)から正常状態への移行は j_{c} で突然生じるのではなく，かなり大きな幅でステップ状に V が増大するのが見られる．最初のステップが基本的な現象と考

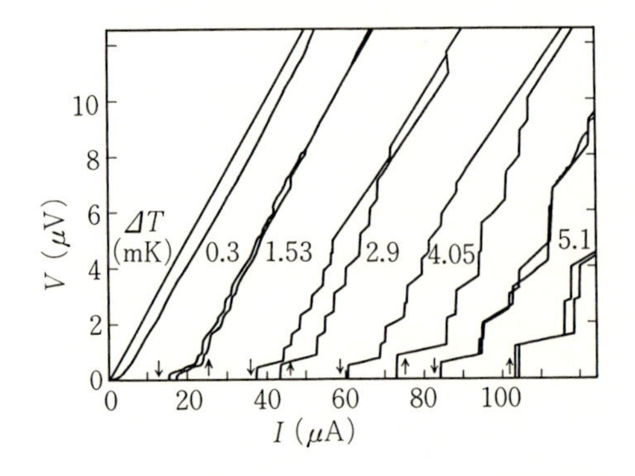

図 5-9 Sn の細線(長さ 8×10^{-2} cm, 断面積 1.93 μm^2)の I-V 特性. 上(下)向きの矢印は電流を増大(減少)したときの測定値. $\Delta T=T_c-T$. (J. D. Meyer: Appl. Phys. 2 (1973) 303)

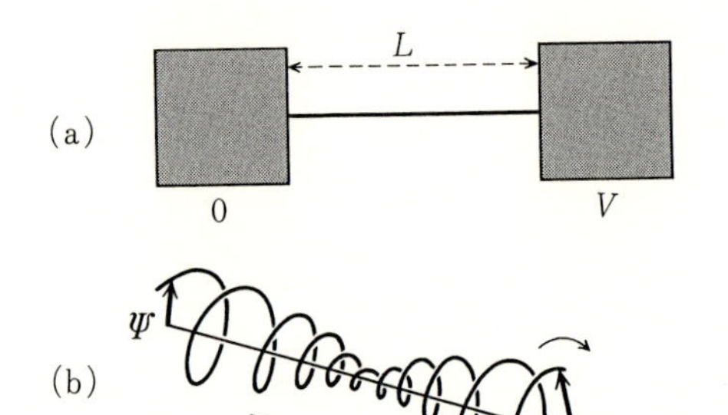

図 5-10 両端の電位差 V があるときの, Ψ の位相 χ の巻込み.

えられるから, まずそこに注目しよう.

図 5-10(a)のように長さ L の細線が大きな超伝導体の端子に接続されているとする. 線にそって電場が一様であれば, 両端の電位差 V が有限のとき $\Psi=|\Psi|e^{i\chi}$ の位相は $\chi(x,t)=-2eVxt/L$, したがって超伝導電流は $v_s(x,t)=-eVt/mL$ に比例して増大するから, これは定常状態ではありえない. v_s が大きくなると $|\Psi|$ が減少するが, どこかで $|\Psi|$ の小さい所が生じるとそこの v_s が大きくなってその点の $|\Psi|$ がさらに減少し, ついには 0 になる(図 5-10(b)). このとき位相が 2π とぶことにより, 電位差によって巻き込まれた位相差が 2π だけ巻き戻される. そうすると v_s は小さくなり, $|\Psi|$ が回復する. 2π のとびであるから, 0 の両側の Ψ がつながることが可能なわけである. あとは同じことがくり返される. 位相のとびが τ_{ps} 時間毎に生じるとすると, 単位時間の巻込み $2eV$ と巻戻しが等しくなければならないから, $2eV=2\pi/\tau_{ps}$,

すなわちJosephsonの関係で平均の電位差が定められる．位相のとびが周期的に生じるこの現象はphase slip oscillation（PSO）とよばれる．j_cの近くの特性をPSOで説明した初期の理論は，位相のとびを仮定していたが，後にTDGL方程式の解としてPSOが自然に現われることが示された．

$|\Psi|=0$となる，すなわち正常状態になる点ができるのであるから，電気的中性を保つために熱的に励起された準粒子，すなわち常流体の電流への寄与j_nも考えなければならない．また静電場は超伝導体のなかに存在できないが，時間変化する電場は許される．$T \lesssim T_c$ではj_nは正常状態と同じOhmの法則，$j_n=\sigma_n E$で与えられると考えてよい．j_sは(5.7)式で与えられるが，準1次元的な系であるから，$\boldsymbol{A}=0$とおいてよく，全電流は

$$j = \frac{en_s}{2m}|\Psi|^2\partial\chi/\partial x - \sigma_n\partial\phi/\partial x \tag{5.46}$$

である．ただし$\chi(x,t)$はΨの位相，$\phi(x,t)$はスカラーポテンシャルである．問題は，(5.46)のj=const.という条件でTDGL方程式

$$\tau\left(\frac{\partial}{\partial t}+2ie\phi\right)\Psi - \xi^2\frac{\partial^2\Psi}{\partial x^2} - \Psi + |\Psi|^2\Psi = 0 \tag{5.47}$$

の解を求めることである（実験との比較には(5.43)を用いなければならないが，定性的には(5.42)式でよい）．

まず2つの一様な解，すなわち(1)正常状態の解，$|\Psi|=0$, $\phi\propto x$および(2)超伝導状態の解，$|\Psi|$=const., $\chi\propto x$, $\phi=0$がある．(1)は$j>j_c$で安定であるが，実はPSOに対応する第3の解があって，ある範囲，$j_l<j<j_c$では第2の解ではなくPSOの解の方が安定になる．この解は適当な初期条件から出発したときリミットサイクルとして生成するもので，実際には数値計算で調べられている．計算では$-d/2<x\leqq d/2$という区間で周期境界条件を置き，$x=0$が周期的に$|\Psi|=0$となる，すなわち**位相のとぶ点**（phase slip center, PSC）となるようにする．図5-11(a)には$|\Psi(0,t)|=0$と=maxになる瞬間の$|\Psi|$とϕとの空間変化が示してある．また図5-11(b)は位相のとぶ点$x=0$における$|\Psi|$とj_nの時間変化である．現実にはPSCは細線のもっとも「弱い」点で生

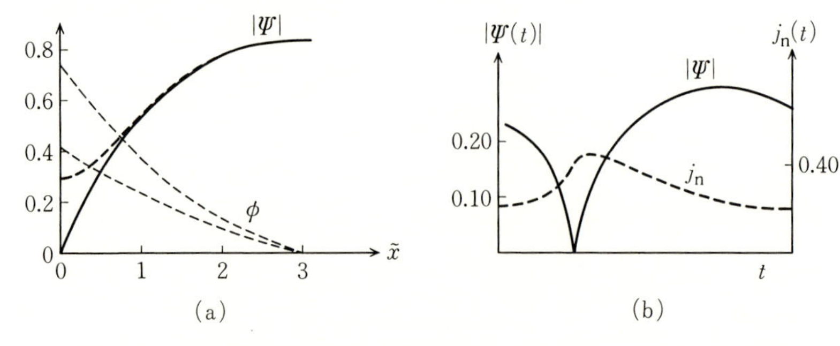

図 5-11 (a) PSO のサイクルで最小と最大のときの $|\Psi|$ と ϕ との空間変化，$\tilde{x}=x/6d$ は $|\Psi|$ が 0 となる点から測ってある．(b) $|\Psi|$ と j_n の時間変化．(R. J. Watts-Tobin *et al.*: J. Low Temp. Phys. **42** (1981) 459)

じる．I-V 特性でのとびは $\phi=0$ の解(2)から，$\phi\neq0$ の PSO の解への移行として理解される．また j を大きくしたとき，次々とステップが現われるのは，線上に複数の PSC が生じるからである(詳細は巻末文献[D-8]を参照)．

なお，T_c に近い温度では熱的なゆらぎで正常状態になる点が生じ，そこで位相のとびが可能になる．この機構によると，抵抗は Boltzmann 因子 $e^{-\beta\Delta F}$ に比例する．ただし線の断面積を S として，$\Delta F\sim\xi S(H_c{}^2/8\pi)$ である(巻末文献[C-4]を参照)．

5-7 超伝導ゆらぎ

いままで秩序パラメタ Ψ の統計平均だけを考える平均場の理論を考察してきた．しかしこれは近似であり，その枠外に出ないと理解できない現象もある．なかでも重要なのは T_c 付近での臨界現象であって，他の系におけると同様，超伝導においても臨界点付近では秩序パラメタのゆらぎが本質的となる．

ここでは $T>T_c$，すなわち正常相での超伝導ゆらぎだけを考察しよう．したがって $\Psi(x)$ は熱的ゆらぎとしてだけ生じ，$\Psi(x)$ で表わされる状態の出現する確率は(5.4)式の $F(\Psi(x))$ を用いた Boltzmann 因子 $\exp(-\beta F)$ で与えられ，熱力学的な量へのゆらぎの寄与は，分配関数

$$Z = \sum_{\{\Psi\}} \exp[-\beta F(\Psi(x))] \tag{5.48}$$

から求められる．簡単のために，F を $\Psi(x)$ だけの汎関数のように書いたが，正確にはゲージ場 $\boldsymbol{A}$ のゆらぎ $\delta\boldsymbol{A}$ も考えなければならない．しかし(5.6)，(5.7)式にみるとおり，$\delta\boldsymbol{A}$ は Ψ の2次の量であり，したがって F では Ψ のゆらぎから生じる磁場のエネルギーは Ψ の4次の量となる．また，GL パラメタの大きい($\kappa\gg1$)系では，それは κ^{-2} に比例する．それゆえ，この節で行なう Ψ の2次までを考える Gauss 近似，あるいは $\kappa\gg1$ の系を問題にするときには，$\delta\boldsymbol{A}$ を無視してよい．

もっとも簡単な場合として，外部磁場がない一様な系でのゆらぎを考察しよう．臨界現象では $\varepsilon\equiv T/T_\mathrm{c}-1$ への依存性がもっとも重要であるから，

$$\begin{aligned}\beta F &= \tilde{\beta}\int d\boldsymbol{x}\left\{\xi_0{}^2\nabla\Psi^*\nabla\Psi+\varepsilon|\Psi|^2+\frac{1}{2}|\Psi|^4\right\}\\ &= \tilde{\beta}\sum_k(\xi_0{}^2k^2+\varepsilon)\psi_k{}^*\psi_k+(4\text{ 次の項})\end{aligned} \tag{5.49}$$

と書く．ただし $\tilde{\beta}=\beta H_\mathrm{c}{}^2(T)/4\pi\varepsilon$ および，$\xi_0{}^2=\varepsilon\xi^2$，また $\psi_k=\psi_{1k}+i\psi_{2k}$ は $\Psi(\boldsymbol{x})$ の Fourier 変換であり，各々の $\boldsymbol{k}$ に対し，ψ_{1k} と ψ_{2k} とは独立なゆらぎの変数となる．あまり ε が小さくなければゆらぎの振幅は小さく，$|\Psi|^4$ の項を無視する Gauss 近似が許されるであろう．そうするとゆらぎの統計平均は

$$\begin{aligned}Z &= \prod_k\iint_{-\infty}^{\infty}d\psi_{1k}d\psi_{2k}\exp\{-\tilde{\beta}(\xi_0{}^2k^2+\varepsilon)\times(\psi_{1k}{}^2+\psi_{2k}{}^2)\}\\ &= \prod_k\pi\tilde{\beta}^{-1}(\xi_0{}^2k^2+\varepsilon)^{-1}\end{aligned} \tag{5.50}$$

から求められる．たとえば比熱に対する寄与で $\varepsilon\to0$ のとき発散する項は

$$\begin{aligned}C_\mathrm{F} &= k_\mathrm{B}\sum_k(\xi_0{}^2k^2+\varepsilon)^{-2}\\ &\propto (k_\mathrm{B}/\xi_0{}^d)\varepsilon^{(d-4)/2}\end{aligned} \tag{5.51}$$

である．ここで d は系の次元であり，3次元系では $T\to T_\mathrm{c}$ のとき C_F は $\varepsilon^{-1/2}$ のように発散する．平均場の近似では T_c で比熱のとびしか現われなかったことを思い出そう．しかし ε^{-1} の前の係数は，正常状態の電子比熱 $N(0)k_\mathrm{B}{}^2T_\mathrm{c}$

と比べるとはるかに小さく，C_Fは無視してよい．しかし，次に見るとおり，電気伝導率に対する効果は充分問題になる．なお，同じ近似で

$$\langle \psi_k \psi_{k'}^* \rangle = \delta_{kk'} \tilde{\beta}^{-1} (\xi_0^2 k^2 + \varepsilon)^{-1} \tag{5.52}$$

となり，これからΨの相関関数

$$\langle \Psi(x) \Psi^*(x') \rangle = [4\pi\tilde{\beta}\xi_0^2 |\boldsymbol{x}-\boldsymbol{x}'|]^{-1} \exp(-|\boldsymbol{x}-\boldsymbol{x}'|/\xi) \tag{5.53}$$

と求められる．すなわち$T \to T_c$のとき秩序パラメタの相関距離はξ，したがって$\varepsilon^{-1/2}$のように発散する．

ゆらぎによる電気伝導率　$T > T_c$でもゆらぎによって超伝導状態がたえず生成しては消滅しているのであるから，電気伝導率σには大きな効果が期待される．この計算には古典近似の久保公式が便利である．それは(3.48)式で$\beta\omega \ll 1$として近似した式のωに比例する虚数部分に対応する．

$$\sigma_{xx}(\boldsymbol{q}, \omega) = \beta \int_0^\infty \langle j_x(\boldsymbol{q}, t) j_x(\boldsymbol{q}, 0) \rangle \cos \omega t dt \tag{5.54}$$

ここで外場が0であるから，

$$j_x(\boldsymbol{q}, t) = \frac{en_s}{4m} \sum_k (2k_x + q_x) \psi_{k+q}^*(t) \psi_k(t) \tag{5.55}$$

また$\langle \cdots \rangle$は上で使ったゆらぎの統計平均である．(5.54)を求めるにはψ_kの時間依存，即ちゆらぎ$\Psi(\boldsymbol{x})$がどのように0に緩和するかを知らなければならない．よく使われるのは，$\Psi(\boldsymbol{x}, t)$が単純なTDGL方程式(5.42)に従うとする仮定であり，ここでもそれを用いる．したがってGauss近似では$\psi_k(t)$は

$$\psi_k(t) = \psi_k(0) \exp[-(\xi_0^2 k^2 + \varepsilon) t/\tau_0] \tag{5.56}$$

で与えられる．ただし不純物散乱のないとき($l \gg \xi_0$)には$\tau_0 = \pi/8k_B T_c$．(5.55)，(5.56)を(5.54)に代入し，$\langle |\psi_k|^4 \rangle = 2\tilde{\beta}^{-2} (\xi_0^2 k^2 + \varepsilon)^{-2}$を用いると，$\sigma(q, \omega)$が計算できる．直流の伝導率$\sigma$ ($q=0, \omega=0$)は

$$\sigma = \beta_c^{-1} (e\xi_0^2)^2 \frac{\tau_0}{2} \frac{1}{d} \sum_k k^2 \frac{1}{(\xi_0^2 k^2 + \varepsilon)^3} \tag{5.57}$$

で与えられる．ここでdは系の次元であり，$n_s/2m = H_c^2 \xi^2/\pi$を使った．積分した結果を書くと次の通りになる．

（i） 3次元
$$\sigma_3 = \frac{e^2}{32\hbar}\cdot\frac{1}{\xi_0 \varepsilon^{1/2}} \tag{5.58a}$$

（ii） 2次元
$$l\cdot\sigma_2 = \frac{e^2}{16\hbar}\cdot\frac{1}{\varepsilon} \tag{5.58b}$$

（iii） 1次元
$$S\cdot\sigma_1 = \frac{e^2}{16\hbar}\cdot\frac{1}{\varepsilon^{3/2}} \tag{5.58c}$$

ただし，l は薄膜の厚さ，S は細線の断面積で，$l, \sqrt{S} \ll \xi_0$ とした．(5.58b, c) はコンダクタンスの基本単位 $e^2/\hbar$ のみで与えられるのは興味深い．

正常状態での伝導率 $\sigma_n \sim ne^2\tau/m \sim k_F{}^2 le^2$ に比べると σ_3 は，はるかに小さく，観測は困難である（高温超伝導体に関しては第7章を参照）．それに反して薄膜では，sheet conductance の測定で(5.58b)が実験とよい一致を示している（図5-12）．

実は上の結果は Ψ のゆらぎの効果の一部でしかなく，j-j の相関(5.54)をグラフで示したとき，図5-13(a)に相当する．この項（Aslamasov-Larkin 項）に

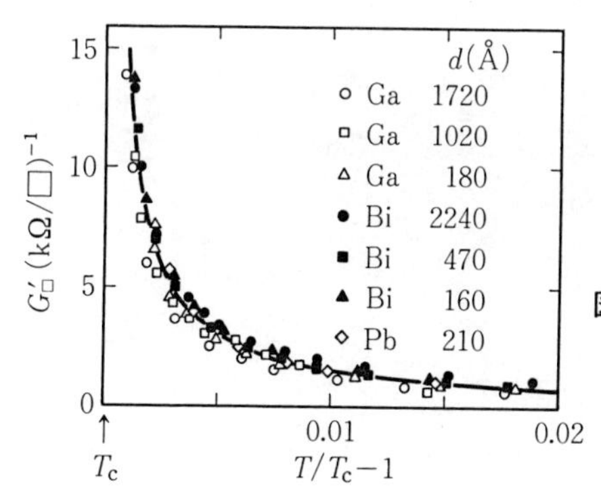

図 5-12　1 cm×1 cm の薄膜（厚さ d）の超伝導ゆらぎによるコンダクタンス．実線は Aslamasov-Larkin 理論．（巻末文献[E-4]より）

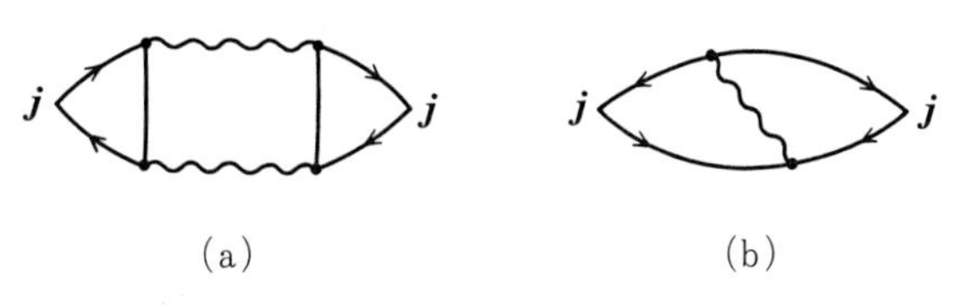

図 5-13　伝導率 σ に対するゆらぎ（波線）の寄与．(a) AL 項，(b) MT 項．

図 5-13(b)の過程があり，$T \gtrsim T_c$ での電気伝導率の定量的な議論にはこれからくる項(真木-Thompson 項)が必要となる．

Ginzburgの判定条件　いままで F の中の $|\Psi|^4$ 項を無視する Gauss 近似を用いてきた．しかし T が T_c に近づき ε が小さくなるとゆらぎが大きくなってこの近似が許されなくなり，熱力学量などが ε の異常なベキで発散する臨界領域に入る．どのくらい ε が小さくなると臨界領域に入るかという目安は Ginzburg の判定条件とよばれる．

典型的なゆらぎは ξ くらいのスケールをもつから，$V \sim \xi^3$ の体積中で平均した秩序パラメタ $\bar{\Psi} = \frac{1}{V}\int_V \Psi(x)dx$ を考えよう．その大きさの統計平均は

$$\langle \bar{\Psi}^* \bar{\Psi} \rangle = \frac{1}{V}\int \langle \Psi^*(x)\Psi(0) \rangle dx$$

$$\sim \frac{1}{\xi^3}\frac{1}{\tilde{\beta}\xi_0{}^2}\xi^2 = \frac{1}{\tilde{\beta}\xi_0{}^3}\varepsilon^{1/2}$$

と計算される．ここで(5.53)式を用いた．これが ε ていどになると $\langle |\bar{\Psi}|^4 \rangle \sim \langle |\bar{\Psi}|^2 \rangle^2$ と $\varepsilon \langle |\bar{\Psi}|^2 \rangle$ とが同程度になり，4 次の項が無視できなくなる．このことから $(\tilde{\beta}\xi_0{}^3)^{-2} \gtrsim \varepsilon$ が臨界領域の条件となる．書きなおすと

$$(\varepsilon_F/k_B T_c)^2 (n\xi_0{}^3)^{-2} \gtrsim \varepsilon \tag{5.59}$$

通常の超伝導体では，左辺は 10^{-12} 以下となり，臨界領域は問題にならないくらい狭い．ξ_0 の短い高温超伝導体でも $\varepsilon \sim 10^{-2}$ くらいである．しかし第 7 章でふれるように高磁場中では異なった状況が現われる．

なお，超流動 ^{4}He では超伝導体と対照的にゆらぎがきわめて重要である．というのはコヒーレンス長 ξ_0 にあたる(1.9)式の ξ が粒子間距離のていどであり，また，1 粒子あたりの凝縮エネルギーが $k_B T_c$ のていどであって，(5.59)の左辺は

$$(n\xi_0{}^3)^{-2} \sim 1$$

となるからである．したがって転移点付近での性質は平均場の理論から大きくはずれる．そのよい例が図 1-1(b)に示した比熱 C の温度変化であり，臨界ゆらぎのために C は転移点で顕著に発散するのが観測される．

液体 ^{3}He の超流動

1972 年に発見された液体 ^{3}He の超流動状態は，金属の超伝導におけると同様に対形成によるが，その対は ^{3}P 状態のものである．そのために内部自由度をもつ超流体という新しい様相が現われ，「対称性のやぶれ」のきわめて興味深い具体例となる．そこに重点をおいて考察しよう．

6-1 ^{3}He の Fermi 液体

^{3}He の原子は核スピン 1/2 をもつ Fermi 粒子である．相図(図 6-1a)に見るとおり，弱い van der Waals 力のために低温で液化するが，33.5 気圧以下の圧力では $T=0$ K まで固体にならない．Bose 粒子系である液体 ^{4}He が約 2 K で超流動になるのに対し，^{3}He の方は $T_F \sim 0.1$ K 以下で Fermi 縮退し，正常 Fermi 気体の性質を示す．たとえば比熱や磁化率は，$T<T_F$ で T に比例するようになる．そして mK の超低温になって始めて超流動状態に相転移する．

図 6-1(b)は，mK 領域で T, P, および外部磁場 H を変数として超流動相の現われ方を示した相図である．特筆すべきは，$H=0$ でも A 相，B 相という熱力学的に異なった 2 つの相があること，さらに $H \neq 0$ になると A_1 相が現われ

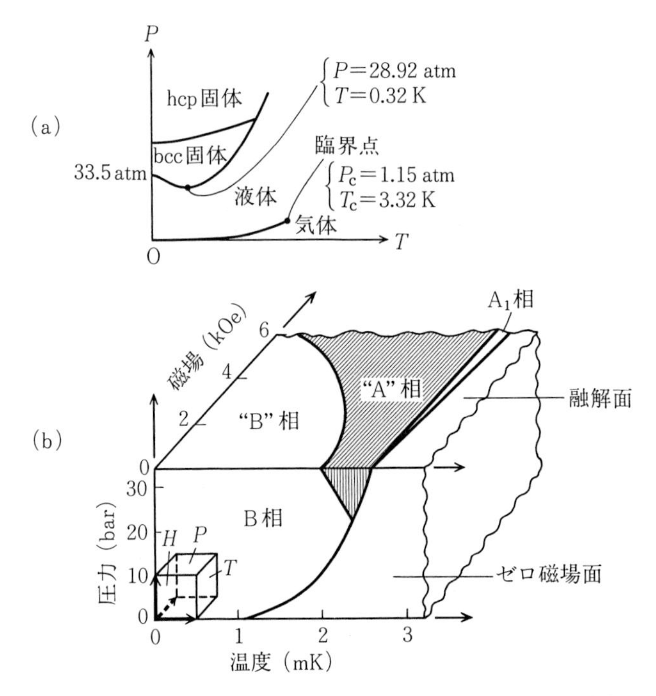

図 6-1 (a)低温での ^{3}He の相図. (b)ミリケルビン領域での液体 ^{3}He の相図. A, A_1, B という 3 つの異なる超流動相が現われる.

ることである. しかも A, B 間の転移は 1 次相転移であり, 対称性の異なる秩序相であることを示唆している. 超流動状態になったことは, 比熱のとび, 細粒をつめた「superleak」中を伝わる第 4 音波の観測, 熱伝導の異常等々のほかに, 核磁気共鳴の共鳴周波数のずれの出現(6-4 節)によって示される. 磁場中ではもう 1 つの相 A_1 が現われることは, たとえば比熱(図 6-2)を見ればわかる.

液体 ^{3}He の超流動状態の理論の出発点は, 超伝導の場合と同様, その正常状態のモデルである. ^{3}He の原子間には van der Waals に加えて, ハードコア的な斥力が働き, 相互作用は決して弱いといえない. それは斥力の働き出す原子間距離 2.88×10^{-8} cm と液体での平均粒子間隔(飽和蒸気圧下の値) $\bar{r} = 3.49 \times 10^{-8}$ cm とを比べてみれば明らかである. 実際この斥力のために, 圧力

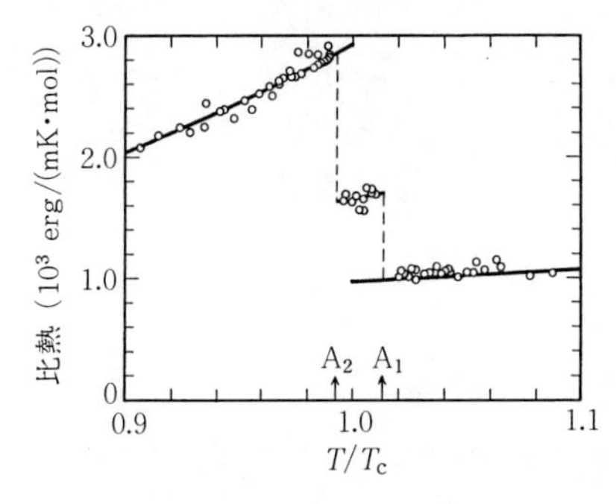

図 6-2 融解圧下で 0.88 T の磁場を加えたときの比熱の温度変化．正常状態から A_1 相への転移(A_1)，A_1 相から A 相への転移(A_2)のさいのとびが見られる．(W. P. Halperin, *et al*.: Phys. Rev. **B 13** (1976) 2124)

を加えて粒子密度を 5% 大きくすると bcc 結晶になる．また，自由粒子として計算すると比熱や磁化率は実測値より大きくずれる．にもかかわらず，相互作用によって着物を着た準粒子励起は，まわりが Fermi 縮退しているため寿命が長い．したがって準粒子励起を基本とする理論，いわゆる Landau の Fermi 液体論によって $T \ll T_{\mathrm{F}}$ での物理的性質は，うまく記述される(本講座第 16 巻参照)．超流動も，その臨界温度 T_{c} が，金属の超伝導のときと同様，$T_{\mathrm{F}} \times 10^{-3}$ ていどであるから，当然この理論の上に立って考察することができる．

Fermi 液体論によると，もとの粒子と 1 : 1 に対応する準粒子は同様に運動量 $\boldsymbol{p}$ とスピン α で指定される．系の正常な基底状態は準粒子に対する半径 $k_{\mathrm{F}} = (3\pi^2 n)^{1/3}$ の Fermi 球で表わされ，励起状態は，準粒子の分布の Fermi 球からのずれ $\delta n_{p\alpha}$ で与えられる．さらに励起された準粒子間には，直接の相互作用だけでなく，周囲の粒子を通すもの，いいかえると準粒子励起が周囲を分極させる効果によるものも含めた有効相互作用が働くとする．有効相互作用は普通，スピンによらない部分と，スピンによる部分にわけて

$$
\begin{aligned}
H_{\mathrm{int}} = \frac{1}{2} \sum \{ & V^{(\mathrm{s})}(\boldsymbol{p}, \boldsymbol{p}', \boldsymbol{q}) a_{p+q,\alpha}{}^{\dagger} a_{p\alpha} a_{p'\beta}{}^{\dagger} a_{p'+q,\beta} \\
& + V^{(\mathrm{a})}(\boldsymbol{p}, \boldsymbol{p}', \boldsymbol{q}) a_{p+q,\alpha}{}^{\dagger} \boldsymbol{\sigma}_{\alpha\beta} a_{p\beta} a_{p'\gamma}{}^{\dagger} \boldsymbol{\sigma}_{\gamma\delta} a_{p'+q,\delta} \}
\end{aligned} \tag{6.1}
$$

と書かれる(正確にいうと $V^{(\mathrm{s})}$, $V^{(\mathrm{a})}$ は図 6-3(a)の矢印で示したチャンネルで irreducible な vertex part であって，Fermi 面での準粒子の散乱振幅で与え

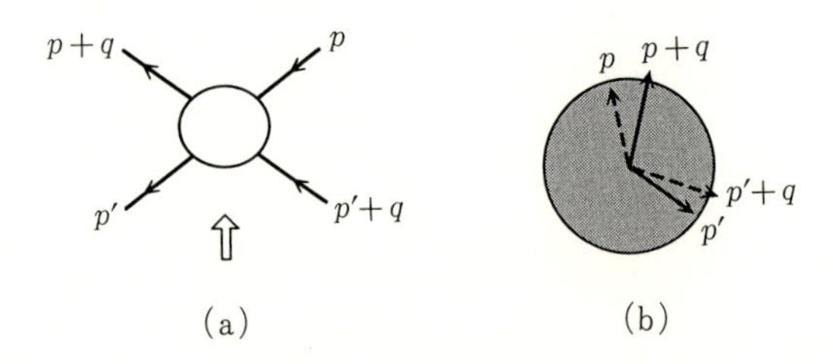

図 6-3 粒子間相互作用.

られる). 線形応答も含めた平衡状態での性質は, この有効相互作用を一般化した平均場の近似で扱うことによって求められる. すなわち

$$\mathcal{H}_{\rm mf} = \sum_{p,\alpha} \xi_{p\alpha} a_{p\alpha}{}^{\dagger} a_{p\alpha} + \frac{1}{2N(0)} \sum_{p,p'} \sum_{l=0}^{\infty} P_l(\hat{\boldsymbol{p}}, \hat{\boldsymbol{p}}') \{F_l{}^{(\rm s)} a_{p\alpha}{}^{\dagger} a_{p\alpha} \delta \langle a_{p'\beta}{}^{\dagger} a_{p'\beta} \rangle$$
$$+ F_l{}^{(\rm a)} \, {\rm tr}(a_p{}^{\dagger} \boldsymbol{\sigma} a_p) \delta \langle {\rm tr}\, a_{p'}{}^{\dagger} \boldsymbol{\sigma} a_{p'} \rangle \} + (\text{外場との相互作用}) \qquad (6.2)$$

というハミルトニアンを用いる. ここで $\xi_{p\alpha} = p^2/2m^* - \mu$, また $\delta\langle\cdots\rangle$ は平衡状態での平均値からの外場などによるずれを表わし, 運動量とスピンの関数である. 普通, 準粒子の密度, スピン密度, 運動量密度などを考える. なお, 外場などによらない通常の Hartree-Fock 項は μ にくりこまれているとする. $2N(0)$ で無次元化した量 $F_l{}^{(\rm s),(\rm a)}$ は **Landau パラメタ**とよばれる.

いま, 化学ポテンシャルが $\delta\mu$ だけ変化したとすると, 粒子密度の変化 $\delta n = \sum_{p,\alpha} \delta\langle n_{p\alpha}\rangle$ が生じ, 準粒子のエネルギーは

$$\bar{\xi}_{p\alpha} = \xi_{p\alpha} - \delta\mu + F_0{}^{(\rm s)} \delta n / 2N(0) \qquad (6.3)$$

となるから,

$$\delta\langle n_{p\alpha}\rangle = \frac{\partial f_p{}^0}{\partial \xi_{p\alpha}} \left(-\delta\mu + \frac{1}{2N(0)} F_0{}^{(\rm s)} \delta n \right)$$

ここで $f_p{}^0$ は Fermi 分布であり, いまの場合 $\partial f_p{}^0 / \partial \xi_{p\alpha}$ は Fermi 面でのデルタ関数としてよい. したがって

$$\delta n = \sum_{p,\alpha} \frac{\partial f_p{}^0}{\partial \xi_{p\alpha}} \left(-\delta\mu + \frac{1}{2N(0)} F_0{}^{(\rm s)} \delta n \right) = 2N(0)\delta\mu - F_0{}^{(\rm s)} \delta n \qquad (6.4)$$

ここからただちに, 圧縮率に対し

表 6-1 液体 ^{3}He のモル体積，Landau パラメタおよび臨界温度

P (bar)	V (cm^3)	$n\times10^{21}$ (cm^{-3})	$k_F\times10^7$ (cm^{-1})	m^*/m	$F_1^{(s)}$	$F_0^{(s)}$	$F_0^{(a)}$	T_c (mK)	T_{AB} (mK)
0	36.84	16.3	7.84	2.80	5.39	9.30	−0.6951	0.929	—
15	28.89	20.8	8.49	4.28	9.85	41.73	−0.753	2.067	—
34.4	25.50	23.6	8.87	5.85	14.56	88.47	−0.753	2.491	1.933

$$\kappa = \frac{\kappa_0}{1+F_0^{(s)}} \tag{6.5}$$

が得られる．$\kappa_0=2N(0)n^{-2}$ は自由 Fermi 気体の圧縮率である．表 6-1 に見るとおりハードコアの圧力のために $F_0^{(s)}$ は大きな値をとり，密度のゆらぎを小さくしている．同様に，一様な磁場 $B(/\!/\hat{z})$ が加えられると(6.4)に対応して

$$\delta\langle s_z\rangle = \sum_{p,\alpha}\frac{\partial f_{p\alpha}{}^0}{\partial\xi_{p\alpha}}\left[-\frac{1}{2}\gamma B+\frac{1}{2N(0)}F_0^{(a)}\delta\langle s_z\rangle\right] \tag{6.6}$$

ただし $\delta\langle s_z\rangle=\sum_{p,\alpha}\alpha\delta\langle n_{p\alpha}\rangle$，$\gamma/2$ は ^{3}He の磁気モーメントの大きさである．したがって磁化率は

$$\chi = \frac{\chi_n{}^0}{1+F_0^{(a)}} \tag{6.7}$$

となり，$\chi_n{}^0=\gamma^2N(0)/2$ に対する補正が $F_0^{(a)}$ で与えられる．$F_0^{(a)}$ は負でかなり大きく(表 6-1)，液体 ^{3}He がやはりハードコアの斥力のためにスピン分極しやすい系であることを示している．

最後に，一定速度 $-\boldsymbol{v}$ で動く基準系に移った場合を考えよう．Gallilei 変換で準粒子のエネルギーは $\xi_{p\alpha}+\boldsymbol{p}\cdot\boldsymbol{v}$ となる．この基準系での Fermi 球からもとの Fermi 球を作るには，上の $\delta\mu$ を $\boldsymbol{p}\cdot\boldsymbol{v}$ とすればよい．

$$\delta n_{p\alpha} = \frac{\partial f_p{}^0}{\partial\xi_{p\alpha}}\left\{-\boldsymbol{p}\cdot\boldsymbol{v}+\frac{1}{N(0)}\sum_{p'}\hat{\boldsymbol{p}}\cdot\hat{\boldsymbol{p}}'F_1^{(s)}\delta n_{p'}\right\}$$

これから，$\boldsymbol{J}=\sum_{p,\alpha}\boldsymbol{p}\delta n_{p\alpha}$ に対し $\boldsymbol{J}=m^*n\boldsymbol{v}(1+\frac{1}{3}F_1^{(s)})^{-1}$ が得られる．一方，この基準系からみるとすべての粒子が $\boldsymbol{v}$ で動いているから，$\boldsymbol{J}=nm\boldsymbol{v}$ のはずである．したがって有効質量は

$$\frac{m^*}{m} = \left(1+\frac{1}{3}F_1^{(s)}\right) \tag{6.8}$$

によって $F_1^{(s)}$ と関係していることがわかる．$F_1^{(s)}$ は比熱の表式に現われる．これらの Landau パラメタの大きさは表 6-1 に示すとおりであって，相互作用の効果は決して無視できないことがわかる．

対形成の相互作用 Landau パラメタで与えられるのは，(6.2)式からわかるように，(6.1)式で $q\cong 0$ としたときの有効相互作用の大きさである．2 つの準粒子励起の散乱という見方をすると，交換する運動量の q が小さい前方散乱の散乱振幅にあたる(図 6-3b)．ところが超流動状態の対形成を引きおこすのは，$q \lesssim 2k_F$ というむしろ q の大きな相互作用の部分である．したがって $F_l^{(s),(a)}$ の大きさから対形成の相互作用をある程度定量的に評価することは容易ではない(これに関連する多くの試みについては，巻末文献[B-7]を参照)．このことを念頭に置いた上で，ごく定性的な議論をしておこう．

2-1 節で，スピン・軌道結合がないときには相互作用が，スピン 1 重項の対に働く $V^{(e)}$ と 3 重項の対に働く $V^{(o)}$ とにわけられることを示した．これと(6.1)式で行なった対称，反対称の部分 $V^{(s)}$, $V^{(a)}$ への分解との関係をつけるには次のようにする．1 重項の対および 3 重項の対への射影演算子が，それぞれ $P_1=(1-\boldsymbol{\sigma}\cdot\boldsymbol{\sigma}')/4$，$P_3=(3+\boldsymbol{\sigma}\cdot\boldsymbol{\sigma}')/4$ であるから，$P_1+P_3=1$，$\boldsymbol{\sigma}\cdot\boldsymbol{\sigma}'=P_3-3P_1$．これを(6.1)で使えばよい．結果は

$$\begin{aligned} V^{(e)} &= V^{(s)}-3V^{(a)} \\ V^{(o)} &= V^{(s)}+V^{(a)} \end{aligned} \tag{6.9}$$

である．対形成には $l=0$ の成分が，もっとも大きく寄与するであろう(Landau パラメタを部分波にわけるときの角度と，対形成の相互作用を s 波，p 波のように分けるときの角度はもちろん異なる)．そこで $F_0^{(a)}$ が負で大きな値をもつことが注目される．もし $V^{(a)}$ が負であれば(6.9)からそれはスピン 1 重項の対には斥力，3 重項の対には引力として働く．これは ^{3}He の超流動が 3 重項 p 波の対形成で生じることにつながっていると考えてよいであろう．逆に $F_0^{(s)}$ は正の大きな値をとるから 1 重項 s 波の対形成は期待できない．実は，BCS

理論が出されたあとすぐいくつかの理論的予測がなされ，液体 ^{3}He の場合，対形成は d 波か p 波であるというのが有力であった．以下でみるとおり，現在ではスピン 3 重項 p 波の対であることが確立されている．なお 6-4 節でもう一度強結合効果に関連して相互作用の問題にふれる．

6-2 ^{3}He 対の超流動状態

第 3 章で ^{1}S 対による超伝導状態の弱結合理論について述べたが，それと同じ扱いを ^{3}P 対の場合に対して行なおう．すでに 2-3 節で，スピン 3 重項の対形成における秩序パラメタは，スピン空間の回転に対しベクトルとしてふるまう量 $A_\mu(\boldsymbol{k})$ を用いて $\Psi^{(3)}=A_\mu(\boldsymbol{k})i\sigma_\mu\sigma_2$ と表わされることを見た．ここで，相互作用を(2.12)式のように分解したとき，$l=1$ の p 波の成分がもっとも大きい引力であると仮定する．したがって

$$\begin{aligned} V(\boldsymbol{k},\boldsymbol{k}') &= -4\pi g_1 \sum_{m=-1}^{1} Y_1{}^m(\hat{\boldsymbol{k}})Y_1{}^{-m}(\hat{\boldsymbol{k}}') \\ &= -3g_1(\hat{k}_x\hat{k}_{x'}+\hat{k}_y\hat{k}_{y'}+\hat{k}_z\hat{k}_{z'}) \end{aligned} \tag{6.10}$$

($\hat{\boldsymbol{k}}=\boldsymbol{k}/|\boldsymbol{k}|$)とする．ただし $Y_1{}^{\pm1}=\sqrt{3/8\pi}(\hat{k}_x\pm i\hat{k}_y)$，$Y_1{}^0=\sqrt{3/4\pi}\,\hat{k}_z$ を使い，また $g_1=|V_1|$ で書いた．弱結合理論では，秩序パラメタ $A_\mu(\boldsymbol{k})$ も $\boldsymbol{k}$ の方向だけの関数とみなしてよく(6.1)式の相互作用の場合には，p 波の軌道 $Y_1{}^m(\hat{\boldsymbol{k}})$ あるいは $\hat{k}_j$ ($j=x,y,z$)で展開できる．

$$A_\mu(\hat{\boldsymbol{k}}) = \sum_{m=-1}^{1} A_{\mu m}Y_1{}^m(\hat{\boldsymbol{k}}) = \sum_j A_{\mu j}\hat{k}_j \tag{6.11}$$

以下では主として $\hat{k}_j$ による表示を用いる．明らかに 1 つのスピン指標 μ をもつ 3 つの量 $A_{\mu j}$ ($j=x,y,z$)は運動量空間の回転に対してベクトルの変換をする．このように ^{3}P 対の超流動状態の秩序パラメタは，スピンの成分 μ と p 軌道の成分 j で指定される $3\times3=9$ 個の量 $A_{\mu j}$ で与えられる．しかも対の波動関数であるから，$A_{\mu j}$ は複素数である．^{1}S 対の場合，1 つの複素数 A で秩序パラメタが与えられたのに比べて，^{3}P 対の超流動でははるかに多様な状態が可能であ

ることは，これだけでも期待できるであろう．

$\{A_{\mu j}\}$ で表わされるある1つの秩序状態に，上に述べた操作，すなわちスピン空間の回転，$\hat{\boldsymbol{k}}$ 空間の回転，そして共通の位相因子 $e^{i\chi}$ $(0 \leqq \chi < 2\pi)$ をかけるゲージ変換という操作をすると，異なった秩序状態に移る．いま考えているハミルトニアンはスピン・軌道相互作用を含んでいないから，正常状態はこの操作をしても不変である．したがって系がある1つの秩序状態をとることは，この操作の表わす対称性をやぶることを意味する．2つの3次元空間の回転と位相の変化であるから，^{3}P の超流動転移での「対称性のやぶれ」で問題になる対称性は，群論の記号で

$$G = SO_3 \times SO_3 \times U(1) \times T \tag{6.12}$$

と表わされる．時間反転の対称性も含めておいた．T をスピン3重項の秩序パラメタに作用させると

$$TA_\mu(\boldsymbol{k}) = A_\mu{}^*(-\boldsymbol{k})$$

となる．(6.12)に現われた対称操作は互いに独立でないことに注意しよう．

第2章ですでに述べたように，液体 ^{3}He の ^{3}P 対の場合，(6.11)の形で与えられるすべての状態は同じ T_c をもつ．この意味で T_c では1つのクラスしかない．厳密にいうと，6-4節で述べる磁気双極子相互作用 H_D (6.34)があり，これは一種のスピン・軌道相互作用であって，運動量空間とスピン空間との独立の回転操作に対し不変ではない．したがって H_D まで考えると T_c の異なる状態にわかれる．しかし H_D による T_c の分離はきわめて小さい($\sim 0.1\,\mu$K)ためまだ観測されておらず，この節と次節では無視する．なお，中性子物質ではテンソル力が強いため全角運動量 $J=2$ の対，すなわち ^{3}P$_2$ の対の超流動状態がもっとも高い T_c をもつと考えられている．

$T < T_\mathrm{c}$ になると多くの異なるクラスに状態がわかれる．一般に秩序状態になっても G で表わされる対称性が完全にやぶられるわけではなく，まだ G のある部分群 H の対称性が保持される，いいかえると剰余群 G/H の対称性がやぶられた状態が現われる場合が多い．このような秩序状態の1つから G/H の操作によって得られる状態の集まりは1つのクラスを作る．当然，1つのク

ラスに属する秩序状態はすべて同じ自由エネルギーをもつが，異なるクラスの状態のエネルギーは一般に縮退していない．^{1}S 対の場合には1つのクラス(個々の状態は位相で区別された)しかなかったが，^{3}P 対のときには以下でみるように対称性の異なる多くのクラスがあり，それらの自由エネルギーが温度，圧力等によって変化するから，超流動状態のなかで相転移が生じる可能性があり，実際，観測されているのである．次に，液体 ^{3}He の超流動で実際に現われるものも含めて，典型的な秩序状態のクラスをあげよう．なお，関連した問題が第7章の終りに出てくる．

(1)**BW 状態**　まずもっとも簡単な形

$$A_{\mu j} = A\,\delta_{\mu j} \tag{6.13}$$

とおいてみよう．2×2 の行列の形に書くと

$$\hat{\boldsymbol{\Psi}} = A\begin{pmatrix} -\hat{k}_x + i\hat{k}_y & \hat{k}_z \\ \hat{k}_z & \hat{k}_x + i\hat{k}_y \end{pmatrix} \tag{6.14}$$

という状態である．A は位相 χ を含む，すなわち $A = |A|e^{i\chi}$．これは，$J = |\boldsymbol{L} + \boldsymbol{S}| = 0$，すなわち $^3P_0$ の対が凝縮した状態である．これをスピン空間(あるいは軌道空間)内である方向 $\hat{\boldsymbol{n}}$ のまわりに角度 θ だけ回転させると，新しい状態

$$\begin{aligned} A_{\mu j}(\hat{\boldsymbol{n}}, \theta) &= AR_{\mu j}(\hat{\boldsymbol{n}}, \theta) \\ R_{jl}(\hat{\boldsymbol{n}}, \theta) &= \cos\theta\delta_{jl} + (1-\cos\theta)\hat{n}_j\hat{n}_l + \sin\theta\varepsilon_{jlk}\hat{n}_k \end{aligned} \tag{6.15}$$

になる．こうして得られた，位相 χ および $\hat{\boldsymbol{n}}$ ベクトルと θ で指定される状態のクラスは**BW 状態**とよばれる(Balian-Werthamer 1963)．BW 状態の特徴は，スピンと軌道の空間で両方とも同じ回転(G の部分群 H の1つ)を行なっても不変なことである．BW 状態は(6.12)のうち $SO_3 \times U(1)$ の対称性をやぶった状態であり，まだ SO_3 の対称性を保っている．この意味で ^{3}P の可能な状態のなかで BW 状態はもっとも対称性がよい．しかし対のスピンと軌道との相対的な関係という対称性はやぶれているのである．このことは，後述する核磁気共鳴にもっともよく現われている．

(2.39)式の $\boldsymbol{\Delta}(\boldsymbol{k})$ ベクトルも $\boldsymbol{A}(\boldsymbol{k})$ に比例しているから，上の(6.15)式を

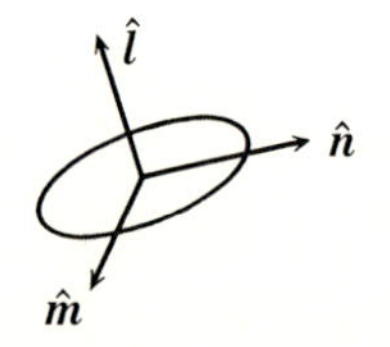

図 6-4 たがいに直交する単位ベクトルの 3 つ組．

使って $\boldsymbol{\Delta}^* \times \boldsymbol{\Delta} = 0$ がすぐ示され，BW 状態はユニタリであることがわかる．しかもエネルギーギャップは，$\hat{\Delta}^\dagger\hat{\Delta} = \boldsymbol{\Delta}^* \cdot \boldsymbol{\Delta} = |\boldsymbol{\Delta}|^2 \hat{k}_j \hat{k}_j = 1$ となり，等方的である．

(2)**ABM 状態**　運動量空間に 3 つの直交する単位ベクトル $\hat{\boldsymbol{l}}, \hat{\boldsymbol{m}}, \hat{\boldsymbol{n}}$ ($\hat{\boldsymbol{m}} \cdot \hat{\boldsymbol{n}} = 0$, $\hat{\boldsymbol{l}} = \hat{\boldsymbol{m}} \times \hat{\boldsymbol{n}}$) をとったとき，$\hat{\boldsymbol{m}} + i\hat{\boldsymbol{n}}$ で表わされる軌道状態は，$\hat{\boldsymbol{l}}$ ベクトルの方向の軌道角運動量が 1 の状態である(図 6-4)．スピンが ↑↑ と ↓↓ の対が両方ともこの軌道状態をとっているとしよう．$\hat{\boldsymbol{m}} = \hat{\boldsymbol{x}}$, $\hat{\boldsymbol{n}} = \hat{\boldsymbol{y}}$ のときを $A_{\mu j}$ で表わすと

$$(A_{\mu j}) = A \begin{pmatrix} 0 & 0 & 0 \\ 1 & i & 0 \\ 0 & 0 & 0 \end{pmatrix} \tag{6.16}$$

となる．この形では，スピン空間で A_μ は y の方向を向いているが，一般には任意の方向でよい．その方向を $\hat{\boldsymbol{d}}$ ベクトルとよぶ．したがって

$$A_{\mu j} = A\hat{d}_\mu (\hat{m}_j + i\hat{n}_j) \tag{6.17}$$

という $\hat{\boldsymbol{d}}$ ベクトルと ($\hat{\boldsymbol{l}}, \hat{\boldsymbol{m}}, \hat{\boldsymbol{n}}$) という 3 つ組で指定される状態のクラスが得られる．これらは **ABM 状態**(Anderson-Brinkman-Morel 1972)とよばれる．$\hat{\boldsymbol{l}}$ のまわりに 3 つ組を角度 χ だけ回転させると $(\hat{\boldsymbol{m}} + i\hat{\boldsymbol{n}}) \to e^{i\chi}(\hat{\boldsymbol{m}} + i\hat{\boldsymbol{n}})$ となるから，位相 $e^{-i\chi}$ をかけるゲージ変換と組み合わせると(6.17)は不変である．位相は 3 つ組の方向に吸収されたといってもよい．またスピン空間で $\hat{\boldsymbol{d}}$ のまわりに回転させても不変である．さらに $\hat{\boldsymbol{d}} \to -\hat{\boldsymbol{d}}$ とし，同時に位相を $\pi/2$ ずらせても，(6.17)は不変である．したがって ABM 状態でまだ保持されている対称性は，$\hat{\boldsymbol{d}}$ と $\hat{\boldsymbol{l}}$ のまわりの回転と $\hat{\boldsymbol{d}}$ の方向を逆向きにする変換の積，すなわち $U(1) \times U(1) \times Z_2$ ということになる．

ABM 状態もユニタリであり，エネルギーギャップは(6.17)から，($\hat{\boldsymbol{m}} \cdot \hat{\boldsymbol{k}} -$

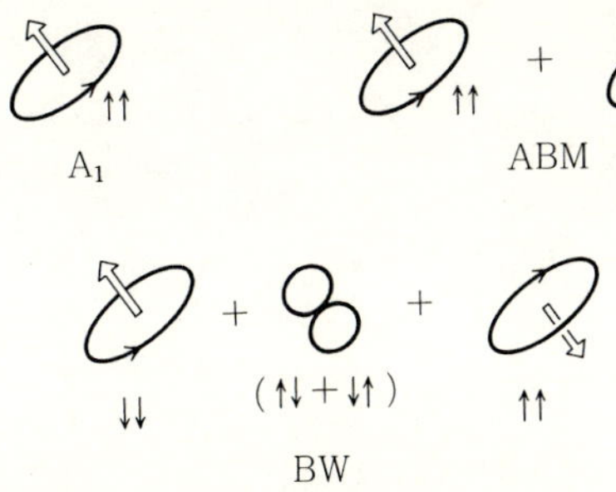

$\uparrow\uparrow$ A$_1$

$\uparrow\uparrow$ + $\downarrow\downarrow$ ABM

$\downarrow\downarrow$ + $(\uparrow\downarrow+\downarrow\uparrow)$ + $\uparrow\uparrow$ BW

図 6-5 A$_1$, ABM, BW 状態での軌道とスピン.

$i\hat{\boldsymbol{n}}\cdot\hat{\boldsymbol{k}})(\hat{\boldsymbol{m}}\cdot\hat{\boldsymbol{k}}+i\hat{\boldsymbol{n}}\cdot\hat{\boldsymbol{k}})=1-(\hat{\boldsymbol{l}}\cdot\hat{\boldsymbol{k}})^2$ に比例する．したがって次ページ図 6-6(a)のように $\hat{\boldsymbol{l}}$ の方向の極点で 0 になることに注意しよう．このことは，ABM 状態の持つ対称性から直接示される．$\hat{\boldsymbol{l}}$ のまわりに π だけ回転する操作 $R(\hat{\boldsymbol{l}},\pi)$ を作用すると

$$R(\hat{\boldsymbol{l}},\pi)\Psi(\boldsymbol{k}) = \Psi(R(\hat{\boldsymbol{l}},\pi)\hat{\boldsymbol{k}})$$

上に述べたことから，この操作は $U(1)$ の要素 $e^{i\pi}$ をかけることに等しい．$\hat{\boldsymbol{k}}$ が $\hat{\boldsymbol{k}}_0/\!/\hat{\boldsymbol{l}}$ のとき，$R(\hat{\boldsymbol{l}},\pi)\hat{\boldsymbol{k}}_0=\hat{\boldsymbol{k}}_0$ であるから，$\Psi(\hat{\boldsymbol{k}}_0)=-\Psi(\hat{\boldsymbol{k}}_0)$，したがって $\Psi(\hat{\boldsymbol{k}}_0)=0$ でなければならない．エネルギーギャップの 0 点(node)はこの例から推察されるように群論的な考察で決めることができる．この種の推論は重い電子系でのギャップを議論するさいに利用される(第 7 章)．

(3)**A$_1$ 状態**　(6.16)式のかわりに

$$(A_{\mu j}) = A\begin{pmatrix} -i & 1 & 0 \\ 1 & i & 0 \\ 0 & 0 & 0 \end{pmatrix} \tag{6.18}$$

ととると，↑↑のスピンの対だけがある状態が得られる．これにスピンと $\hat{\boldsymbol{k}}$ 空間で別々の回転をほどこすと，$\hat{\boldsymbol{d}}\perp\hat{\boldsymbol{e}}$ として，

$$(A_{\mu j}) = A(\hat{d}_\mu+i\hat{e}_\mu)(\hat{m}_j+i\hat{n}_j) \tag{6.19}$$

という秩序パラメタの状態が得られる．こんどはスピン空間での回転に関しては $\hat{\boldsymbol{d}}\times\hat{\boldsymbol{e}}$ というベクトルのまわりの回転だけに対し不変である．

A$_1$ 状態はもちろん非ユニタリである．ある方向のスピンをもつものだけが

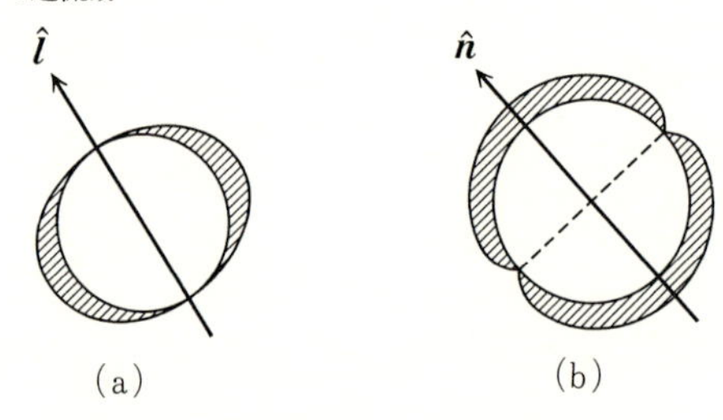

図 6-6 ABM 状態(a)，平面状態(b)でのエネルギーギャップ．

対を作り，逆方向のスピンの粒子はエネルギーギャップのない正常状態に留まるというこの状態は，磁場中で実際に出現する A_1 相を記述する．

(4)**極状態，平面状態** スピン空間内と $\hat{\boldsymbol{k}}$ 空間内のある単位ベクトルをそれぞれ $\hat{\boldsymbol{d}}$ と $\hat{\boldsymbol{n}}$ としたとき，

$$A_{\mu j} = A\hat{d}_{\mu}\hat{n}_j \tag{6.20}$$

で表わされるものを，軌道が $\hat{\boldsymbol{n}}$ の方向に拡がっているので**極状態**(polar state)とよぶ．エネルギーギャップは $(\hat{\boldsymbol{n}}\cdot\hat{\boldsymbol{k}})^2$ に比例するから，図 6-6(b)に示すようにこんどは，$\hat{\boldsymbol{n}}$ の方向と直交する Fermi 球の赤道上で 0 になる．

(6.15)式の $R_{ij}(\hat{\boldsymbol{n}},\theta)$ を用いて，

$$A_{\mu j} = A(R_{\mu j}-R_{\mu k}\hat{l}_k\hat{l}_j) \tag{6.21}$$

と表わされる状態は，$\hat{\boldsymbol{l}}$ に垂直方向に軌道が拡がっているので**平面状態**(planar state)とよばれる．

このほかにも対称性の異なる超流動状態が可能である．その群論的な分類については巻末文献[B-7]に詳しく述べられている．次節で液体 ³He の超流動と関連して，主としての(1)～(3)状態の物理的性質を考察する．なお，前にふれたように中性子星における中性子液体の超流動は，核力が強いテンソル力をもつため，$^3P_2$ の対によると考えられる．すなわちスピンと軌道とが $J=2$ の状態に固定されている超流体である．この場合，各々の対が $2\hbar$ したがって単位体積あたり $2\hbar\cdot n_s/2$ の固有の角運動量(intrinsic angular momentum)を持つように思われるが，実は Fermi 球の上では粒子，下では空孔が対を作ると見るべきであって，粒子-空孔の対称性からのずれだけによる部分が残る．したが

ってその大きさはΔ/ε_F程度の因子だけ小さくなる．同じことはABM状態での対の軌道角運動量についても言える．しかし全系の角運動量には容器の壁の近くでの流れからの寄与を考えなければならず，単純な結論は得られないことを注意しておく(6-6節を見よ)．

6-3 ³P 超流動状態の物理的性質

第2章でみたとおり，どの対形成による超流動状態においても，弱結合理論の範囲内では自由エネルギー，ギャップ方程式などの表式は同じ構造をしている．したがって，第3章で述べた¹S対の超伝導の理論を適当に拡張すれば，³P対による液体³Heの場合の結果が得られる．

a) エネルギーギャップ

すでに前節でふれたが，もうすこし詳しくエネルギーギャップについて考察しよう．(2.58)式は(6.10)式の相互作用を仮定すると

$$\Delta_{\mu i} = 3g_1 \sum_{k'} \mathrm{tr}\left\{\frac{1}{2} i\sigma_2\sigma_\mu \hat{\Delta}(\hat{\boldsymbol{k}}')\hat{k}_i{}' \frac{\tanh(\beta\hat{\varepsilon}_{k'}/2)}{2\hat{\varepsilon}_{k'}}\right\} \tag{6.22}$$

となる．ユニタリ状態では

$$\Delta_{\mu i} = 3g_1 \sum_n \Delta_{\mu n} \sum_{k'} \hat{k}_i{}'\hat{k}_n{}' \frac{\tanh(\beta\varepsilon_{k'}/2)}{2\varepsilon_{k'}} \tag{6.23}$$

と簡単になる．ここで準粒子の励起エネルギーε_kに含まれるギャップ(ユニタリのときは$|\Delta_k|^2=\frac{1}{2}\mathrm{tr}(\Delta_k{}^\dagger\Delta_k)$)は一般に$\hat{\boldsymbol{k}}$の関数であることを忘れてはならない．第2章の終わりですでに述べたように，T_cはどんな³Pの状態でも，BCS理論と同じく

$$k_B T_c = 1.13\omega_c e^{-1/N(0)g_1} \tag{6.24}$$

で与えられる．

(1)**BW状態**　(6.15)式のように$\Delta_{\mu j}=\Delta R_{\mu j}(\hat{\boldsymbol{n}},\theta)$であり，すでに述べたとおりギャップは等方的$|\Delta_k|^2=|\Delta|^2$であるから，(6.23)はまったく¹S対のときと同じになり，Δの温度依存性も，BCSの結果と一致する．なお$l\neq 0$の対凝

縮状態で等方的なギャップになるのは，^{3}P の BW 状態だけである．

(2) **ABM 状態** 一般性を失わずに，前節(6.17)式で，$\hat{\boldsymbol{m}}=\hat{\boldsymbol{x}}$，$\hat{\boldsymbol{n}}=\hat{\boldsymbol{y}}$ ととれるから，ギャップ方程式(6.23)はこの場合

$$1 = N(0)g_1\frac{3}{4}\int_{-\omega_c}^{\omega_c}d\xi\int_{-1}^{1}d\mu(1-\mu^2)\frac{\tanh(\beta\varepsilon/2)}{2\varepsilon} \tag{6.25}$$

となる．ただし，$\varepsilon=\sqrt{\xi^2+\Delta_A{}^2(1-\mu^2)}$，$\mu=\hat{\boldsymbol{k}}\cdot\hat{\boldsymbol{z}}$．$T=0$ では積分は $\ln(2\omega_c/\Delta)+5/6-\ln 2$ と計算され，BW 状態の $T=0$ でのギャップ Δ_0 で表わすと

$$\Delta_A = \Delta_0 e^{0.14} \tag{6.26}$$

が得られる．凝縮エネルギーは，Fermi 面上での $|\Delta_A|^2(1-\mu^2)$ の角度平均，$(2/3)e^{0.28}\Delta_0{}^2=0.88\Delta_0{}^2$ に比例する．したがって，弱結合の理論では BW 状態の方がよりエネルギーが低い．実際，低温では等方的なギャップをもつ BW 状態と同定される B 相が現われている．6-5 節で示すように弱結合理論では T_c 付近でも BW 状態が安定であって，ABM 状態である A 相が実現されることは説明できない．なお，弱結合のモデルでは ABM 状態での ↑↑ と ↓↓ の対はまったく独立になっていて，両者が同じ軌道状態を取らなければならない理由はない．A 相でそうなる理由はやはり強結合効果に求められる．

なお，平面状態のギャップは，ABM のものと同じであり，また極状態では $|\Delta_k|^2=|\Delta_{pl}|^2(\hat{\boldsymbol{k}}\cdot\hat{\boldsymbol{l}})^2$ となる．$T=0$ では定数 $|\Delta_{pl}|=e^{1/3}\Delta_0$，したがって極状態では $\overline{|\Delta_k|^2}=(e^{2/3}/3)\Delta_0{}^2$ となって凝縮エネルギーはもっとも小さい．

b）比熱

エネルギーギャップの形は比熱 C の温度変化に反映される．準粒子のエネルギー ε_k がわかれば，エントロピーの式(2.57)式から C が求められる．T_c 付近の議論は 6-5 節にまわして，ここでは $T\ll T_c$ での温度依存性を定性的に考察しよう．まず，BW 状態ではギャップは等方的であり，C も BCS 理論の結果 3-2 節と同じであり，低温では指数関数的に小さくなる．それに反し ABM あるいは平面状態では，ギャップは Fermi 面上で $\Delta_A\sqrt{1-\mu^2}$ ($\mu=\hat{\boldsymbol{k}}\cdot\hat{\boldsymbol{l}}$) のように変化し，両極 $\mu=\pm1$ の近くで 0 になる．したがってエネルギー ε ($\ll\Delta_A$) で励起されるのは，角度が $\sqrt{1-\mu^2}<\varepsilon/\Delta_A$ の領域の準粒子であり，その状態の数は

$N(0)\varepsilon\cdot(\varepsilon/\Delta_{\mathrm{A}})^2$ のていどである．これから

$$C \propto N(0)k_{\mathrm{B}}{}^4 T^3/\Delta_{\mathrm{A}}{}^2 \tag{6.27}$$

と評価される．計算を実行すると，係数は $7\pi^2/5$ に等しい．同様に極状態だと，赤道上で $\Delta=0$ となるから，状態の数は $N(0)\varepsilon(\varepsilon/\Delta_{\mathrm{pl}})$ となり，比熱は T^2 に比例する．このように状態のクラスによっては T のベキに比例する比熱が現われることは，第7章でふれる重い電子系の超伝導を理解するさいに重要な手がかりとなる．

c）超流体成分

超流動に参加する粒子密度に対する(3.39)式は，準粒子が素励起とみなせる限り一般的であって，^{3}P のどの超流動状態にも使える．ただし，エネルギーギャップ $|\Delta_k|$ が等方的でないから，一般には対の重心運動の $\boldsymbol{q}$ の方向との関係によって超流体成分の大きさが異なってくる．いいかえると n_{s} はテンソルになる．

$$n_{\mathrm{s}ij} = n\delta_{ij} - \frac{1}{m}\sum_k \frac{\partial f(\varepsilon_k)}{\partial \varepsilon_k}\hat{k}_j\hat{k}_j \tag{6.28}$$

BW 状態では等方的なギャップであるから，n_{s} は BCS 理論のときとまったく同じになるが，ABM 状態ではベクトル $\hat{\boldsymbol{l}} = \hat{\boldsymbol{m}}\times\hat{\boldsymbol{n}}$ と $\boldsymbol{q}$ の関係に依存する．T_{c} 付近での計算は，(3.41)式と同じように行なうことができて，

$$\frac{n_{\mathrm{s}/\!/}}{n} = \frac{7\zeta(3)}{10\pi^2 T_{\mathrm{c}}{}^2}\Delta_{\mathrm{A}}{}^2(T)$$
$$n_{\mathrm{s}\perp} = 2n_{\mathrm{s}/\!/} \tag{6.29}$$

が得られる．いいかえると流れが $\hat{\boldsymbol{l}}$ の方向であるときの方が，垂直方向のときよりも常流体成分が大きい．Fermi 面上で $\pm\hat{\boldsymbol{l}}$ の方向でギャップが消えるから，そこで熱的に励起される準粒子の密度が大きいことを考えるとこれは理解できる．後で見るように $\hat{\boldsymbol{l}}$ は壁面に垂直となり，また磁場にも垂直になるから，その方向が制御できる．図6-7はA相での実験結果で，A相がABM状態である1つの証拠である．

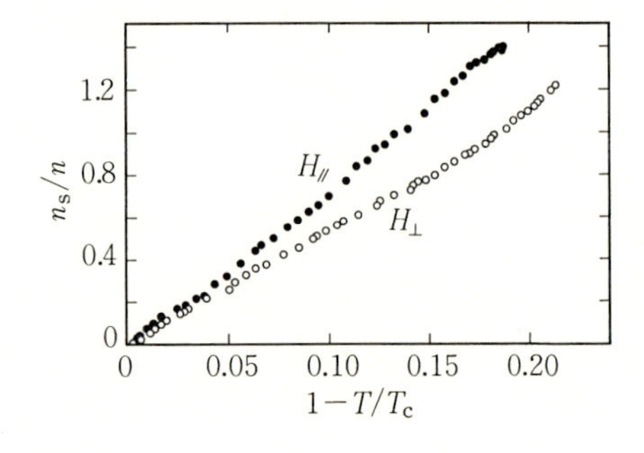

図 6-7 外部磁場の方向が流れの方向と平行および垂直の場合の超流体成分の温度変化. (J. E. Berthold, *et al.*: Phys. Rev. Lett. 37 (1976) 1138)

d) 磁化

^{3}He の核スピンにともなう磁化率はスピン 3 重項の対の特徴をよく表わしている. 磁場方向を量子化軸にとったときの 3 重項のスピン状態 $\uparrow\uparrow$, $\downarrow\downarrow$, および $\uparrow\downarrow+\downarrow\uparrow$ のうち, 第 3 の状態は逆向きのスピンをもつ粒子が対を作るから, 3-2 節で考察した ^{1}S の場合と同じ結果が期待される. それに対し $\uparrow\uparrow$, $\downarrow\downarrow$ の対ではたんに $\xi_k \to \xi_k \pm \gamma B/2$ とすればよさそうである. 実際 $\hat{\xi}_k = \xi_k \hat{1} + \sigma_3 \gamma B/2$ として, (2.50)および(2.51)式をしらべてみると, このことはたしかめられる ($\Delta \propto i\sigma_3\sigma_2$ とすると, 1 重項のときと同様に, $\gamma B/2$ は(2.50)式に現われない). ABM 状態で $\hat{\boldsymbol{d}} \perp \boldsymbol{B}$ とすると, $\uparrow\uparrow$, $\downarrow\downarrow$ の対しかないから, 正常状態でと同じようにスピン上向きと下向きの粒子の数を $N(0)\gamma B/2$ だけ違えてそれぞれ対形成をすることができる. したがってこの場合 $\chi = \chi_n = \gamma^2 N(0)/2$ となる. それに対し, $\hat{\boldsymbol{d}}$ ベクトルを磁場 $\boldsymbol{B}$ の方向にとると, ^{1}S のときと同じ結果が得られる. もし $\hat{\boldsymbol{d}}$ を固定する原因がなければ, 磁場中では当然 $\hat{\boldsymbol{d}} \perp \boldsymbol{B}$ となり, $\chi = \chi_n$ が観測されるはずである. 実際, A 相に転移しても χ は変化しないことが観測されている.

BW 状態では上の考察から, $\overline{\hat{k}_x{}^2 + \hat{k}_y{}^2}$ の部分は χ_n と同じ, $\overline{\hat{k}_z{}^2}$ は ^{1}S 対の χ_s すなわち, (3.43)式で与えられるであろう. したがって

$$\chi_{\mathrm{BW}} = \frac{1}{3}(2\chi_n + \chi_s) \tag{6.30}$$

χ_s は $T=0$ で 0 になるから, 低温では χ_{BW} は $2\chi_n/3$ という値に向かうと期待される. 図 6-8 のように, B 相になると温度とともに χ は減少するが, 有限の値

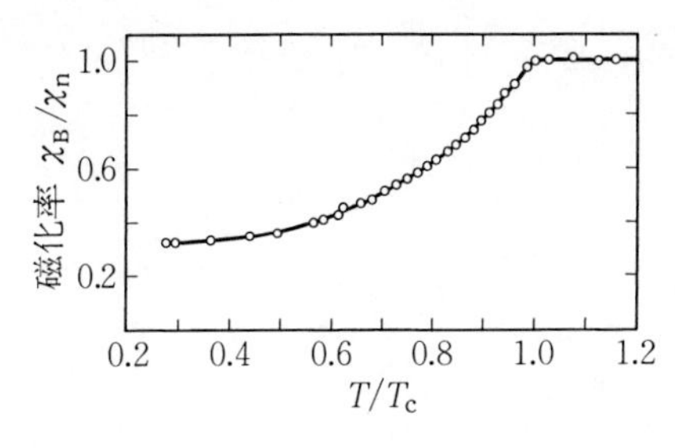

図 6-8 20 bar での B 相の磁化率の温度変化. (A. I. Ahonen, *et al.*: Phys. Rev. Lett. **37** (1976) 511)

に向かうのが実測されている. ただしその値は 2/3 からはずれており, 定量的には n_s と同じく, Fermi 液体効果を考えなければならない.

なお, 磁場中では相図 6-1(b)にみるとおり, 正常状態から A_1 相を経て A 相になる. 正常状態では, 磁場方向のスピンの粒子密度が逆向きのものより $N(0)\gamma B$ だけ大きい. したがって, それぞれの Fermi 面での状態密度は $N_{\uparrow(\downarrow)}(0)=N(0)_{(-)}^{\ +}m^2\gamma B/2\pi^2 k_F$ と異なるから, ↑↑対が最初に生じる A_1 相の T_c が高いわけである. 実際には相互作用の変化もあるが, 大きさのていどは (6.24)から,

$$\frac{T_{c\uparrow}-T_{c\downarrow}}{T_c} \sim \frac{1}{N(0)g_1}\cdot\frac{\gamma B}{\varepsilon_F} \tag{6.31}$$

で与えられる.

e) Fermi 液体効果

Fermi 面の上下で粒子-空孔の対称性があるとすると, 対形成自体は粒子あるいはスピン密度などを変化させない. したがって, ギャップ方程式などに直接 Fermi 液体効果は現われない. しかし, 超流動状態になると分極の仕方は大きく変化をうけるから, 常流体成分や磁化率の表式は Fermi 液体効果を考えると修正しなくてはならない. もっともわかりやすいのは磁化率の場合である. (6.6)式で $\partial f_{p\alpha}{}^0/\partial\xi_{p\alpha}$ にあたる量, すなわち $\chi_n{}^0$ を超流動状態になったときには $\chi_s{}^0$ とすればよいことがわかる. ただし χ^0 は Fermi 液体効果を考えない量である. そうすると

$$\frac{\chi_s}{\chi_n} = \frac{1+F_0{}^{(a)}}{1+(\chi_s{}^0/\chi_n{}^0)F_0{}^{(a)}}\cdot\frac{\chi_s{}^0}{\chi_n{}^0} \tag{6.32}$$

が得られる．したがって ABM 状態ではやはり $\chi_s=\chi_n$ が得られるが，BW 状態では $T\to 0$ で $\chi_s/\chi_n=\frac{2}{3}(1+F_0^{(a)})/(1+2F_0^{(a)}/3)$ となることがわかる．図 6-8 にはこの効果がよく現われている．

常流体成分に対する修正も同様にして求められ，結果は

$$n_n = \frac{n_n^0}{1+(mn_n^0/m^*n)(F_1^{(s)}/3)} \tag{6.33}$$

となる．

6-4　スピンの運動・核磁気共鳴

液体 ^{3}He の超流動で，もう 1 つめざましい現象は核スピンの運動である．すでに述べたように，^{3}He 原子間の主な相互作用は，スピン空間の回転と実空間（運動量空間）の回転の各々に対して不変である．しかし超流動状態の秩序は，その相対的な対称性をやぶっている．このスピン・軌道の対称性のやぶれは，核スピンの間に磁気双極子相互作用 H_D（d-d 相互作用とよぶ）というきわめて弱いがスピンと軌道を結合する相互作用があるため，核スピンの運動にもっとも直接に現われる．核磁気モーメント $\frac{1}{2}\gamma\boldsymbol{\sigma}$ 間の H_D は

$$H_D = -\frac{\pi}{3}\left(\frac{1}{2}\gamma\right)^2 \sum_{k,k',q}\left(\frac{3q_iq_j}{\boldsymbol{q}^2}-\delta_{ij}\right)\mathrm{tr}(\hat{a}_k{}^\dagger\sigma_i\hat{a}_{k+q})\mathrm{tr}(\hat{a}_{k'}{}^\dagger\sigma_j\hat{a}_{k'-q}) \tag{6.34}$$

と書ける（tr はスピンに関するもの）．特定の超流動状態での統計平均 $E_D\equiv\langle H_D\rangle$ を平均場近似で求める，すなわち秩序パラメタ $\Psi(\hat{\boldsymbol{k}})$ で表わすと

$$E_D = -\frac{\pi}{3}\left(\frac{1}{2}\gamma\right)^2 \sum_{k,k'}\left\{\frac{3(\hat{\boldsymbol{k}}-\hat{\boldsymbol{k}}')_i(\hat{\boldsymbol{k}}-\hat{\boldsymbol{k}}')_j}{|\hat{\boldsymbol{k}}-\hat{\boldsymbol{k}}'|^2}-\delta_{ij}\right\}\mathrm{tr}(\sigma_i\Psi^\dagger(\boldsymbol{k})\sigma_j{}^{\mathrm{T}}\Psi(\boldsymbol{k}'))$$

が得られる．いつものように $|\boldsymbol{k}|\sim k_F$ とおいた．ここで $\Psi=A_\mu i\sigma_\mu\sigma_2$ の表示を用いると $\mathrm{tr}(\cdots)=-2(A_iA_j{}^*+A_iA_j{}^*-\delta_{ij}A_\lambda A_\lambda{}^*)$ が得られる．さらに(6.11)式を代入し，$\hat{\boldsymbol{k}},\hat{\boldsymbol{k}}'$ および ξ,ξ' について積分する．角度積分をするとスカラー量が残ることを考えて，$\hat{\boldsymbol{k}},\hat{\boldsymbol{k}}'$ の 4 つの成分について 3 通りの縮約をとれば積分は簡単に実行できる．結局

$$E_{\mathrm{D}}=\frac{\pi}{20}\gamma^2\frac{1}{{g_1}^2}\left(\Delta_{ii}\Delta_{jj}{}^*+\Delta_{ij}\Delta_{ji}{}^*-\frac{2}{3}\Delta_{ij}\Delta_{ij}{}^*\right) \tag{6.35}$$

となる．ただし $\Delta_{ij}=N(0)g_1\int d\xi A_{ij}(\xi)$ を用いた．$1/N(0)g_1$ が 1 の程度の大きさであることを使って大きさの程度を評価すると $E_{\mathrm{D}}\sim n(\Delta_0/\varepsilon_{\mathrm{F}})^2(n\gamma^2)$ となる．

E_{D} はもちろん状態によって異なる．(6.17)式を(6.35)に代入すると

$$\text{ABM 状態：}\quad E_{\mathrm{D}}=\frac{\pi}{10}\frac{{\Delta_{\mathrm{A}}}^2\gamma^2}{{g_1}^2}\left[\frac{1}{3}-(\hat{\boldsymbol{l}}\cdot\hat{\boldsymbol{d}})^2\right] \tag{6.36}$$

(6.15)式を使うと

$$\text{BW 状態：}\quad E_{\mathrm{D}}=\frac{2\pi}{15}\frac{{\Delta_{\mathrm{B}}}^2}{{g_1}^2}\gamma^2\left[2\left(\cos\theta+\frac{1}{4}\right)^2+\frac{5}{8}\right] \tag{6.37}$$

(6.15)にはベクトルは $\hat{\boldsymbol{n}}$ しかないから，この表式は $\hat{\boldsymbol{n}}$ に依存しない．

対凝縮の自由エネルギーは，$\hat{\boldsymbol{d}}\cdot\hat{\boldsymbol{l}}$ あるいは θ によらなかったのに対し，E_{D} は，大きさははるかに小さいがこれらの「対称性のやぶれ」を表わす変数に依存する．この依存性は，核磁気共鳴(NMR)によって直接調べられる．

液体や立方対称の結晶では強磁性的な秩序があっても E_{D} は対称性から 0 になることが知られている．^{3}P の超流動状態では，粒子対の相対的な位置ベクトルと 3 重項のスピンの方向とが一定の関係をもつ，すなわちスピン・軌道の対称性がやぶられているから，液体であっても E_{D} が有限になる．

スピンの運動，NMR

超流動状態でのスピンの運動は集団運動の 1 種である．波数有限の微小振動はスピン波にほかならない．ここでは核磁気共鳴を問題にするから，波数 0 の一様な運動，すなわち系の全スピン角運動量 $\boldsymbol{S}$ の運動を考察する．$\boldsymbol{S}$ は，古典的な量とみなせること，系のスピン空間の無限小回転の演算子であることを思い起こそう．したがって $\boldsymbol{S}$ と正準共役な量はスピン空間の回転を表わすベクトル $\boldsymbol{\theta}(=\hat{\boldsymbol{n}}\theta)$ であり，外場 $\boldsymbol{H}$ 中での運動方程式は

$$\begin{aligned}\frac{d\boldsymbol{S}}{dt}&=\gamma\boldsymbol{S}\times\boldsymbol{H}-\frac{\partial E_{\mathrm{D}}}{\partial\boldsymbol{\theta}}\\ \frac{d\boldsymbol{\theta}}{dt}&=-\gamma(\boldsymbol{H}-\chi^{-1}\gamma\boldsymbol{S})\end{aligned} \tag{6.38}$$

となる．第2の方程式は，角速度 $\boldsymbol{\omega}=d\boldsymbol{\theta}/dt$ で回転する回転系での有効磁場が $\boldsymbol{H}+\gamma^{-1}\boldsymbol{\omega}$ に等しいという Larmor の定理にほかならない．スピンの運動はゆっくりしているとして，ここで磁化率や E_{D} は平衡状態の表式を用いてもよい．また軌道状態は変化しないものとする．(6.38)の2式から $\boldsymbol{S}$ を消去すると

$$\frac{d^2\boldsymbol{\theta}}{dt^2}-\gamma\frac{d\boldsymbol{\theta}}{dt}\times\boldsymbol{H}+\gamma^2\chi^{-1}\frac{\partial E_{\mathrm{D}}}{\partial\boldsymbol{\theta}}=-\gamma\frac{d\boldsymbol{H}}{dt} \tag{6.39}$$

という運動方程式が得られる．

(1) **ABM 状態**　具体的には，A 相にあたる ABM 状態の場合がわかりやすい．磁化率のところで注意したように，一様な静磁場 $\boldsymbol{H}_0$ があると $\hat{\boldsymbol{d}}$ ベクトルは $\boldsymbol{H}_0$ に垂直になる．さらに(6.36)式の E_{D} は，$\hat{\boldsymbol{l}}$ と $\hat{\boldsymbol{d}}$ とが平行のとき最小になるから，もっとも安定な状態は，$\hat{\boldsymbol{d}}\perp\boldsymbol{H}_0$，$\hat{\boldsymbol{d}}/\!/\hat{\boldsymbol{l}}$ という配置である．この状態のまわりの微小振動を考察する．そのさい対の軌道状態は動かない，つまり $\hat{\boldsymbol{l}}$ は固定されているとしてよい．

図6-9のように $\boldsymbol{H}_0/\!/\hat{\boldsymbol{z}}$，$\hat{\boldsymbol{l}}/\!/\hat{\boldsymbol{y}}$ ととる．微小な回転では $\boldsymbol{\theta}$ は各軸まわりの回転の和で与えられるから $(\hat{\boldsymbol{l}}\cdot\hat{\boldsymbol{d}})=1-\frac{1}{2}(\theta_x{}^2+\theta_z{}^2)$ となることに注意すると，(6.39)は，(θ_x, θ_y) の変化する横振動と，θ_z の縦振動とに分離する．共鳴振動数は，それぞれ

$$\begin{aligned}\omega^2 &= \omega_0{}^2+\Omega_{\mathrm{A}}{}^2\\ \omega^2 &= \Omega_{\mathrm{A}}{}^2\end{aligned} \tag{6.40}$$

となる．ここで $\omega_0=\gamma H_0$，また

$$\Omega_{\mathrm{A}}{}^2\equiv\frac{\pi}{5}\frac{\gamma^4\Delta_{\mathrm{A}}{}^2}{\chi_{\mathrm{A}}g_1{}^2} \tag{6.41}$$

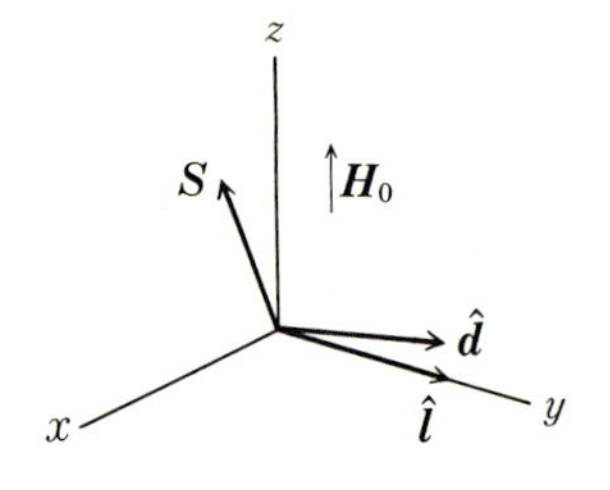

図6-9　ABM 状態でのスピンの運動.

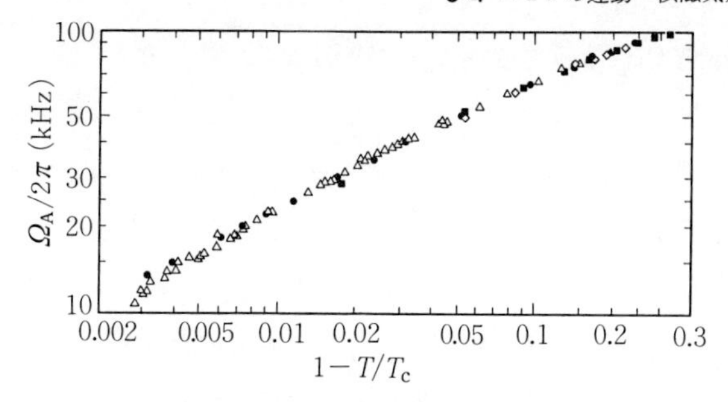

図 6-10 融解下の A 相における NMR 共鳴振動数のずれを与える Ω_A の温度変化．横振動の測定による値◇と縦振動によるもの●，■．(D. M. Lee and R. C. Richardson, 巻末文献[B-1]より)

は，横振動すなわち通常の NMR の共鳴振動数のずれを与える(図 6-10)．縦振動は $\boldsymbol{S}$ の大きさの振動であり，超流動状態に特有のモードであって，有限振幅のときは ringing とよばれ，↑↑対と↓↓対の超流体間を弱い d-d 相互作用が結合した一種の a. c. Josephson 効果とみることもできる．

(2)**BW 状態**　B 相にあたる BW 状態で，スピン・軌道の対称性のやぶれを表わす変数は，(6.15)式の $\hat{\boldsymbol{n}}$ と θ であるが，χ が等方的であるために $\hat{\boldsymbol{n}}$ の方向は磁場のエネルギーでは定まらない．さらに(6.37)式の E_D を考えても，$\hat{\boldsymbol{n}}$ は定まらない．実は，E_D の H^2 に比例する項は，$\hat{\boldsymbol{n}}/\!/\boldsymbol{H}$ のときに最小になる．これは(6.37)式よりもさらに小さいエネルギーであるが，ともかく一様な平衡状態で $\hat{\boldsymbol{n}}$ は磁場に平行か反平行になる．そうすると(6.37)式の θ は，$\hat{\boldsymbol{z}}$ 軸 $(/\!/\boldsymbol{H}_0)$ まわりの回転角 θ_z になる．したがって横振動には E_D によるトルクは働かず，共鳴振動数は $\omega_0=\gamma H_0$ からずれない．(6.37)式は $\theta_0=\cos^{-1}(1/4)=104°$ および $2\pi-\theta_0$ で極小になる．そのまわりの θ_z の微小振動，すなわち縦振動の振動数は

$$\Omega_B{}^2 = \frac{\pi}{2}\frac{\gamma^4\Delta_B{}^2}{\chi_B g_1{}^2} \qquad (6.42)$$

である．A 相での $\Omega_A{}^2$ との比は

$$(\Omega_B/\Omega_A)^2 = (5/2)(\Delta_B/\Delta_A)^2(\chi_A/\chi_B) \qquad (6.43)$$

この比は，A-B 転移の近くで実験的に確かめられている．

Ω_A，Ω_B は $T \ll T_c$ で数 kHz くらいである．E_D はきわめて小さいが，上の運動方程式で慣性質量にあたる χ が小さいため，共鳴振動数のずれとしては容易に観測できる値になる(固体 ^{3}He の u2d2 相とよばれる核スピンの秩序相でも同じ理由でずれが観測されている)．有限温度で，熱的励起があっても $\omega = \sqrt{\omega_0{}^2 + \Omega_A{}^2}$ の共鳴しか観測されない．対を作っていない粒子も同じように E_D からのトルクを受けるからである．

6-5 Ginzburg-Landau 理論

第 5 章で Ginzburg-Landau 理論が通常の超伝導における多くの現象を具体的に調べるのに有効であることを見た．より複雑な ^{3}P 対の超流動ではこのアプローチは不可欠となる．第 5 章で述べたとおり，よく使われている GL 理論は，T_c 付近を想定して自由エネルギー $F_s - F_n$ をエネルギーギャップあるいは秩序パラメタで展開し，その 4 次の項までを残し，また空間変化がコヒーレンスの長さ ξ_0 より大きなスケールで生じるとして，秩序パラメタの空間微分に関しては 2 次の項までを用いる．自由エネルギーは対称性のやぶれにかかわる変換，すなわちスピン空間，軌道空間そしてゲージ変換に対し不変(スカラー)でなければならないから，その形はただちに書き下すことができる．まず秩序パラメタについての 2 次の不変量は，スピンと軌道のそれぞれの空間でスカラーでなければならず，また全体の位相の変化に対し不変だとすると，$A_{\mu i}{}^* A_{\mu i}$ しかない．同じ推論によって，自由エネルギーの密度に対し次の形が得られる．

$$
\begin{aligned}
f_s - f_n = \frac{1}{3} N(0) \Delta_e{}^2(T) \Big\{ & -\alpha A_{\mu i}{}^* A_{\mu i} + \frac{1}{5} [\beta_1 |A_{\mu i} A_{\mu i}|^2 + \beta_2 (A_{\mu i}{}^* A_{\mu i})^2 \\
& + \beta_3 A_{\mu i}{}^* A_{\mu j} A_{\nu i}{}^* A_{\nu j} + \beta_4 A_{\mu i}{}^* A_{\mu j} A_{\nu j}{}^* A_{\nu i} + \beta_5 A_{\mu i}{}^* A_{\mu j}{}^* A_{\nu i} A_{\nu j}] \\
& + K_1 \partial_i A_{\mu i}{}^* \partial_j A_{\mu j} + K_2 \partial_i A_{\mu j}{}^* \partial_i A_{\mu j} + K_3 \partial_i A_{\mu j}{}^* \partial_j A_{\mu i} \Big\}
\end{aligned} \tag{6.44}
$$

($\Delta_e{}^2(T) = [8\pi^2/7\zeta(3)](1 - T/T_c) T_c{}^2$)．$\partial_i A_{\mu j}$ の 2 次形式の項はグラジエントエネルギーとよばれる．係数 α，$\beta_1 \sim \beta_5$，$K_1 \sim K_3$ は，秩序パラメタによらな

い正常状態の性質できまる定数である．さらに，対形成の相互作用が秩序パラメタに依存しない定数 g_1 であるとする弱結合の理論では，3-2 節で超伝導の場合に行なったと同様にしてこれらの係数の値が求められる．α と β を求めるにはギャップ方程式(6.22)式を(3.10)式を用いて $\hat{\Delta}_k{}^\dagger\hat{\Delta}_k$ のベキに展開する．たとえば $\Delta_{\mu i}$ の式で 3 次の項は

$$3g_1N(0)(-\beta_c{}^3)\Delta_{\nu l}\Delta_{\lambda m}{}^*\Delta_{\eta n}\operatorname{tr}\left(\frac{1}{2}s_\mu{}^\dagger s_\nu s_\lambda{}^\dagger s_\eta\right)\int\frac{d\Omega'}{4\pi}\hat{k}_i'\hat{k}_l'\hat{k}_m'\hat{k}_n'$$

$$\times\sum_n\int d\xi'\frac{1}{[(2n+1)^2\pi^2+\beta_c{}^2\xi'^2]^2}$$

である．ここで $s_\mu=i\sigma_\mu\sigma_2$．これは容易に計算され，$\beta$ が求まる．同様に，対の重心の運動量 $\boldsymbol{q}$ があるときのギャップ方程式を $v_F\hat{\boldsymbol{k}}\cdot\boldsymbol{q}$ について展開すれば，係数 K が得られる．弱結合理論の結果をまとめると，(6.44)式の係数は

$$\begin{aligned}&\alpha=1\\&\beta_1=-1/2,\qquad\beta_2=\beta_3=\beta_4=1,\qquad\beta_5=-1\\&K_1=K_2=K_3=\xi^2/5\end{aligned}\tag{6.45}$$

ここで $\xi^2=v_F{}^2/6\Delta_e{}^2(T)$ は(5.3)式で定義したコヒーレンスの長さである．

BW と ABM 状態の秩序パラメタ，(6.15)および(6.16)を用いると，正常状態との自由エネルギーの差として

$$\begin{aligned}\Delta f_{BW}/N(0)\Delta_e{}^2&=-\frac{5}{4}[3(\beta_1+\beta_2)+\beta_3+\beta_4+\beta_5]^{-1}\\\Delta f_{ABM}/N(0)\Delta_e{}^2&=-\frac{1}{2}(\beta_2+\beta_4+\beta_5)^{-1}\end{aligned}\tag{6.46}$$

が得られる．弱結合の値を用いると，それぞれ $-3/5$ および $-1/2$ となりすでに述べたとおり BW 状態の方が自由エネルギーが低く，安定である．

超流動の運動量密度　超流体の流れにともなう運動量(質量の流れ)密度を求めるには，仮想的に ^{3}He の対が電荷 $2m$ をもつとし，ベクトルポテンシャル $\boldsymbol{A}$ があるときの自由エネルギーを $\boldsymbol{A}$ で微分して電流密度を出せばよい．すなわち(6.44)式で $\nabla\to\nabla-i2m\boldsymbol{A}$ と置き換えて，$\boldsymbol{A}$ の i 成分で微分すると，

$$j_{si} = 2m\frac{1}{3}N(0)\Delta_e^2(T)\,\mathrm{Im}\{K_1A_{\mu i}{}^*\partial_jA_{\mu j}+K_2A_{\mu j}{}^*\partial_iA_{\mu j}+K_3A_{\mu j}{}^*\partial_jA_{\mu i}\} \tag{6.47}$$

が得られる．

磁場による項　次に外部磁場 $\boldsymbol{H}$ があったときに付け加わる項を求めよう．$\boldsymbol{H}$ および Δ について2次の不変量は，α_{B} を比例定数として

$$f_H = \alpha_{\mathrm{B}}H_\mu A_{\mu i}{}^*H_\nu A_{\nu i} \tag{6.48}$$

である．この項はスピン常磁性のエネルギー

$$-\frac{1}{2}\chi_{ij}H_iH_j \tag{6.49}$$

の $\Delta^\dagger\Delta$ に比例する項のはずである．一般には超流動状態での磁化率はテンソルである．上の α_{B} をきめるには，(6.32)式で $\chi_{\mathrm{s}}{}^0$ を $T\lesssim T_{\mathrm{c}}$ として $\Delta^\dagger\Delta$ で展開すると，その係数の比は $\chi_{\mathrm{s}}'/\chi_{\mathrm{s}}{}^{0\prime}=(1+F_0{}^{(\mathrm{a})})^{-2}$ となることに注意し，BW 状態で(6.48)と(6.49)を比較すればよい．結果は自由エネルギー密度(6.44)に加わる量として

$$f_H = \frac{1}{3}N(0)\Delta_e^2(T)\frac{1}{6}\left(\frac{\gamma}{1+F_0{}^{(\mathrm{a})}}\right)^2H_\mu A_{\mu i}{}^*H_\nu A_{\nu i} \tag{6.50}$$

が得られる．なお，磁気双極子相互作用は，すでに前節で与えた表式(6.35)を使えばよい．

強結合の効果，スピンのゆらぎ　弱結合の理論では対形成の相互作用自身は秩序パラメタによらないとする．いままでの取扱いでは g_1 という定数で表わしてきた．しかし実際には分極の効果も含めた多体系での有効相互作用であるから，それ自体も対形成によって変化する．ギャップ方程式，図6-11(a)で粒子間の相互作用を表わす波線は，図6-11(b)に示すとおり，分極すなわち密度およびスピン密度のゆらぎも含めた相互作用である．6-1節では外場による静的な分極を考えたが，ここでは一方の準粒子が外場の役割をするわけで，空間的にも時間的にも変化するゆらぎである．しかし超流動状態になると，このゆらぎも当然変化する．したがって，波線の Δ 依存も考えてギャップ方程式を扱わなければならない．

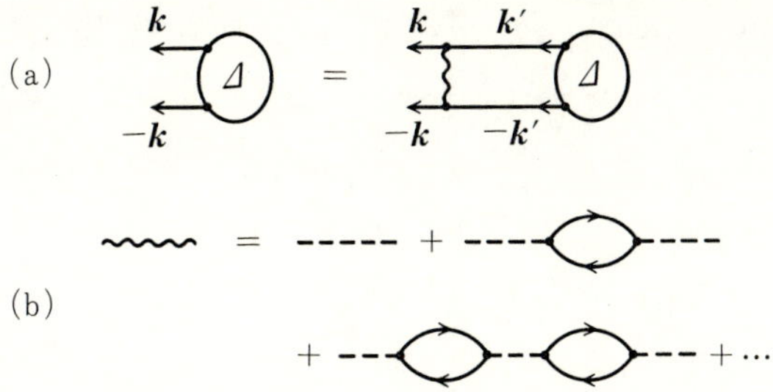

図 6-11 (a)ギャップ方程式, (b)有効相互作用(波線)に対する近似.

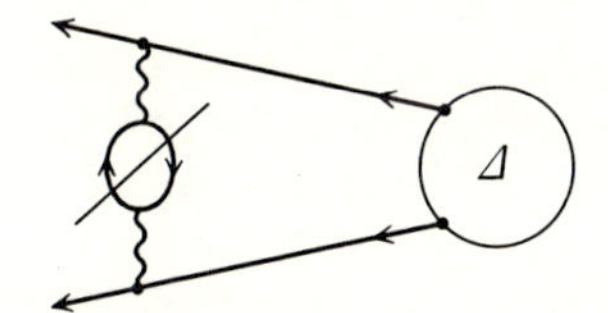

図 6-12 係数 β への強結合理論による補正.

ここでは 4 次の項の係数 β に対する補正に関心があるからギャップ方程式で Δ の 3 次の項(自由エネルギーでは 4 次)を調べよう. 図 6-11(a)で($\boldsymbol{k}'$, $-\boldsymbol{k}'$)対の Green 関数から得られる因子 $\varepsilon_{k'}^{-1}\tanh(\beta\varepsilon_{k'}/2)$ を $\Delta^\dagger\Delta$ について展開して得られる項は, すでに上で求めた係数 β をもつ項に対応する. 補正は, 図 6-11(b)の粒子・空孔対の 1 つから $\Delta^\dagger\Delta$ を引き出して(それを斜線で表わす)得られる項であり, 図 6-12 で表わされる. 図 6-12 での波線は正常状態での有効相互作用である. 6-1 節で述べたことから液体 ^{3}He ではスピンのゆらぎ(パラマグノンとよぶこともある)の効果が大きいから, それだけを考え, 密度のゆらぎは無視しよう. そうすると準粒子との結合定数も含めて波線は $F_0^{(a)}\chi_n$ に相当する. ただしゆらぎであるから運動量 $\boldsymbol{q}=\boldsymbol{k}-\boldsymbol{k}'$ および振動数に依存する $F_0^{(a)}\chi_n(\boldsymbol{q},\omega)$ を用いなければならない. ω 依存性は無視し, 適当な q 依存性を仮定すると, 図 6-12 から生じる係数 β_i への補正 $\delta\beta_i$ が評価できる.

$$
\begin{gathered}
\delta\beta_1 = \delta\beta_3 = 0, \qquad \delta\beta_2 = -\delta\beta_4 = -\delta\beta_5 = \delta \\
\delta = c(T_c/T_F)[N(0)g_1]^{-2}
\end{gathered}
\tag{6.51}
$$

ここで係数 c は圧力と共に増大する 1 の程度の量であり, 比較的高圧の下で ABM 状態が安定になる方向の補正になっている. このモデルは, 第 4 章でフォノンの交換で得られる引力と似ているが，スピンのゆらぎに対してはMigdalの定理は使えず，正確には vertex part の補正も考えなければならない．

上に述べたようにスピンのゆらぎからくる相互作用は，$[F_0^{(a)}\chi(q)]^2$ という，$q\to 0$ で大きな値をもつ量に比例する．物理的には Fermi 液体効果が磁化率を高めることから，強磁性的なゆらぎが支配的であるといってもよい．このような q 依存性は，p 波の対に好都合である．

6-6 織目と超流動

液体 ^{4}He の超流動や通常の超伝導での「対称性のやぶれ」はゲージ変換に関してであり，秩序パラメタ Ψ の位相 χ が，やぶられた対称性をになう変数であった．さらにこの位相 χ が空間的に変化すると，$\boldsymbol{u}_s(x)=\nabla\chi(x)/2m$ という超流体の流れが生じることを見た．それに対し液体 ^{3}He の超流動状態ではゲージ変換に加えて，軌道およびスピン空間の回転の対称性もやぶられる．そのために ^{3}He ではちょうど液晶のような「**織目**」(texture)をもった超流体が出現し，それの示す超流動性もはるかに複雑になる．比較的簡単な ABM 状態に重点を置いて，この辺の事情を考察しよう．

London極限 6-2 節でみたように，BW 状態とか ABM 状態といった特定の 1 つのクラスに属する状態はすべて「残された対称性」の変換によってたがいに結ばれている．したがって，^{1}S の超伝導で Ψ の位相が異なっても自由エネルギーは同じであったように，1 つのクラスに属する状態は縮退している．このことから空間的な変化としてもっとも生じやすいのは，そのクラスの対称性の変換に相当する変化である．したがって，B(A)相ではどこでも BW (ABM)状態のクラスに属する状態になっていると考える．以下ではこのような枠内の変化を主として考察する．これは通常の超流体での London 極限に相当し，空間変化のスケールがコヒーレンスの長さ ξ より大きい場合に許される．また南部-Goldstone モードにつながる変化だけを考える近似といってもよい．

ABM 状態での超流動 London 極限では，秩序パラメタは空間のどこでも前出の(6.17)式 $A_{\mu j}=A\hat{d}_\mu(\hat{m}_j+i\hat{n}_j)$の形をとる．いいかえると $\hat{\boldsymbol{d}}$ ベクトルと $\hat{\boldsymbol{l}}(=\hat{\boldsymbol{m}}\times\hat{\boldsymbol{n}}), \hat{\boldsymbol{m}}, \hat{\boldsymbol{n}}$ という3つ組の場を考える．方向をもつ量の場であるから，あたかも超流体が「織目」を示すといってよく，もちろん織目によって物理量は非等方的になるなど，新しい性質が現われる．

まず超流体の流れの表式(6.47)式はABM状態の場合，次の形に書ける．

$$j_{si} = n_s\left\{\left(\delta_{ij}-\frac{1}{2}\hat{l}_i\hat{l}_j\right)\hat{m}_k\nabla_j\hat{n}_k+\left(\frac{1}{4}\delta_{ij}-\frac{1}{2}\hat{l}_i\hat{l}_j\right)(\nabla\times\hat{\boldsymbol{l}})_j\right\} \tag{6.52}$$

ただし(6.29)式の $n_{s/\!/}$ をたんに n_s と書いた．$\hat{\boldsymbol{l}}=\hat{\boldsymbol{m}}\times\hat{\boldsymbol{n}}$ が空間的に変化しないときには j_s は $\hat{\boldsymbol{m}}_k\nabla\hat{\boldsymbol{n}}_k$ に依存する項で与えられる．6-2節で注意したようにこれは秩序パラメタの位相 χ の空間微分，$\nabla\chi$ であり，非等方的であることを除けば通常の超流動の流れの表式と同じになる．しかし $\hat{\boldsymbol{l}}$ ベクトルが変化すると第2項が現われることに注目しなければならない．$\hat{\boldsymbol{l}}$ はp波の対の角運動量の方向である．したがって $\nabla\times\hat{\boldsymbol{l}}$ は磁性体での磁化 $\boldsymbol{M}$ の空間変化による有効電流 $\nabla\times\boldsymbol{M}$ と類似しているが，この場合は本当の質量の流れに寄与する．$\hat{\boldsymbol{l}}$ はいわば織目の方向であるから，織目の変化も超流動の流れを作るわけである．

具体的な例として，z 方向には一様である直線的な渦構造を取り上げよう．z 軸がその中心であるとすると，秩序パラメタの場の一意性から，z 軸をまわるときそれは変化するが，1周したときはもとに戻らなければならない．この条件をみたす $\hat{\boldsymbol{d}}(\hat{\boldsymbol{m}}+i\hat{\boldsymbol{n}})$ の場にはどれだけの型があるかという問題である．まず $\hat{\boldsymbol{d}}$ ベクトルは一様，たとえばどこでも $\hat{\boldsymbol{y}}$ であるとする．もし $\hat{\boldsymbol{l}}=\hat{\boldsymbol{m}}\times\hat{\boldsymbol{n}}$ も一様，たとえば $\hat{\boldsymbol{z}}$ に固定されているとすると，通常の超流動と変わらないから，循環の量子数 N(整数)の渦糸が可能な構造である．それは，z 軸のまわりに速度

$$v_{s\varphi} = N\frac{1}{2m}\frac{1}{r} \tag{6.53}$$

の流れを作る(図6-13)．3つ組は z 軸を1周するとき $\hat{\boldsymbol{l}}$ のまわりを N 回転する．v_s が z 軸に近づくと発散するから，この構造は半径 ξ ていどの芯，すなわち超流体の密度が小さくなった領域をともなう(5-3節)．渦度 $\nabla\times\boldsymbol{v}_s$ はこの芯

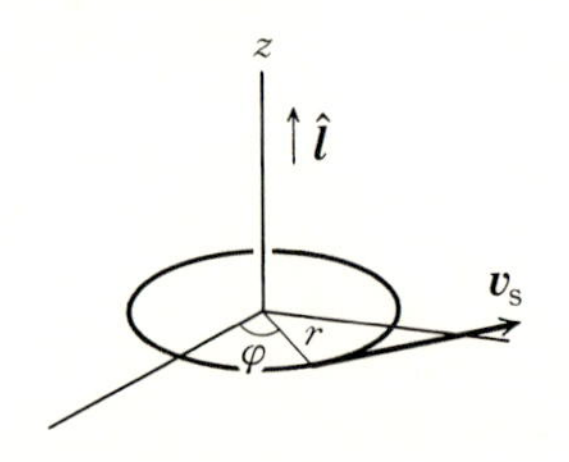

図 6-13　渦糸の流れ.

の所でだけ 0 と異なる．この型のものを，**芯のある渦糸構造**とよぶ．

次に $\hat{\boldsymbol{l}}$ が空間変化できるとしよう．z 軸上で $\hat{\boldsymbol{l}} /\!/ -\hat{\boldsymbol{z}}$ とし，外へ向かうとき連続的に $\hat{\boldsymbol{l}}$ を半径方向に起き上がらせ，r が充分大きいところでは $\hat{\boldsymbol{l}} /\!/ \hat{\boldsymbol{z}}$ としてみよう．このとき $\hat{\boldsymbol{l}}$ に $\hat{\boldsymbol{m}}, \hat{\boldsymbol{n}}$ をつけてやると，充分外での 3 つ組の場は，ちょうど z 軸を 1 周すると $\hat{\boldsymbol{l}}(=\hat{\boldsymbol{z}})$ のまわりを 2 回転することがわかる(図 6-14)．したがって外側でみると $N=2$ の渦糸と同じであるが，$r \to 0$ とすると渦流は小さくなり芯は現われない．もちろん $\hat{\boldsymbol{l}}$ が変化するところでは循環も量子化されていないし，温度も有限である．一般に N が偶数であれば，芯のある渦糸は，このような構造――**連続的な渦糸構造**とよぶ――に変形できる．

いままでは $\hat{\boldsymbol{d}}$ は固定して考えたが，$\hat{\boldsymbol{d}}$ の変化も許すとどうなるか．秩序パラメタは $A\hat{\boldsymbol{d}}(\hat{\boldsymbol{m}}+i\hat{\boldsymbol{n}})$ であるから，$\hat{\boldsymbol{m}}, \hat{\boldsymbol{n}} \to -\hat{\boldsymbol{m}}, -\hat{\boldsymbol{n}}$ となっても同時に $\hat{\boldsymbol{d}} \to -\hat{\boldsymbol{d}}$ となれば実は同じ状態なのである．したがって最初に考えた芯のある渦糸構造で $N=\pm\dfrac{1}{2}$ のもの，したがって 1 周するとき $\hat{\boldsymbol{l}}\,(=\hat{\boldsymbol{z}})$ のまわりに，$\hat{\boldsymbol{m}}, \hat{\boldsymbol{n}}$ を π だけ回転させ，同時に $\hat{\boldsymbol{d}}$ も π 回転させた構造が可能なのである．見方を変えると，これはスピン ↑↑ の超流体が $N=1$ の渦糸状態にあり，スピン

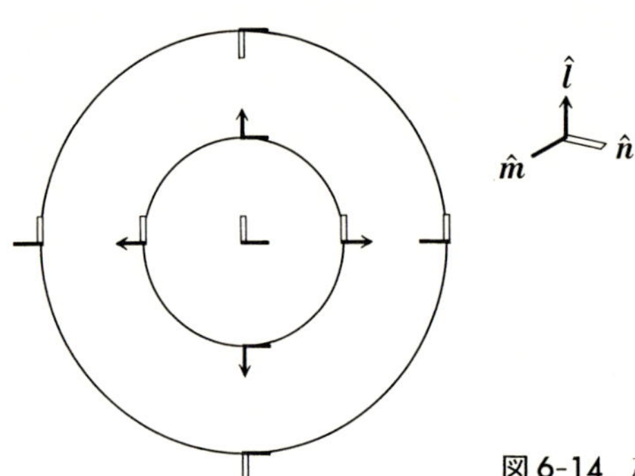

図 6-14　芯のない渦糸構造.

$\downarrow\downarrow$ が $N=0$ の状態(あるいはその逆)にあるといってもよい．なお，$\hat{\boldsymbol{d}}$ ベクトルの空間変化には一般にスピンの流れがともなうことを付け加えておこう．

織目構造　実際にどんな織目構造ができるかは，与えられた条件下で，自由エネルギー，とくにLondon 極限ではグラジエントエネルギーを最小にすることによって定められる．ただし境界条件が必要となる．まず容器の壁での秩序パラメタに対する条件を求めておこう．壁を理想化して鏡面とみなし，その法線は z 方向とする．このとき，粒子の運動量の z 成分，k_z が壁との衝突で $-k_z$ になるから，^{3}P 対の 3 つの軌道状態のうち，$\hat{k}_z$ のものはこわされ，$\hat{k}_x, \hat{k}_y$ の方は影響を受けないと期待される．したがって ABM 状態では，$\hat{\boldsymbol{l}}$ ベクトルが壁に垂直であれば壁の影響を受けないことになる．垂直でなければ，単位面積あたり $H_c{}^2(T)/8\pi\cdot\xi(T)$ 程度の凝縮エネルギーを損する．したがって，London 極限での壁での境界条件は $\hat{\boldsymbol{l}}/\!/\hat{\boldsymbol{n}}$ ($\hat{\boldsymbol{n}}$ は壁の法線ベクトル)ということになる．なお，同じ考察から BW 状態では London 極限の扱いは許されず，壁の近くで平面状態になると考えられている．

$\hat{\boldsymbol{l}}/\!/\hat{\boldsymbol{n}}$ という境界条件から，2 つの平行平板の間の A 相では $\hat{\boldsymbol{l}}$ が板に垂直に「ピン止め」される．また円筒容器では，ちょうど図 6-14 の内側の円のなかの織目をはめこめばよい．そうすると円筒容器のなかで A 相の超流体は自動的に渦流，すなわち角運動量をもつことになる．ただその大きさは中心に 1 本の $|N|=1$ の渦糸があるときと同じ程度である．

織目構造をきめるのに最小にすべき自由エネルギーには多くの場合，磁気双極子エネルギー $E_{\rm D}$((6.35)式)を含めなければならない．また外部磁場があれば，それにともなうエネルギー(6.50)式を考えなければならない．空間変化が充分ゆるやかに生じるときには，どこでもこれらのエネルギーを最小にするような織目が実現する．つまり，凝縮エネルギーに関してだけでなく，これらのより小さなエネルギーについても London 極限で考えてよい．それからはずれ出すスケールは，グラジエントエネルギーが問題にしているエネルギーと同じ大きさになるという条件で定まる．双極子エネルギーの場合は，GL 領域で(6.45)の K を用いると

$$(\xi^2/\xi_D^2) \sim \Omega_A^2/\Delta_A^2(T)$$

したがって

$$\xi_D \sim (\Delta_A(T)/\Omega_A)\xi_0 \qquad (6.54)$$

と評価される．ξ_0 は 0 K のコヒーレンスの長さで，これによると，$\xi_D \sim 10^{-3}$ cm となる．同様にして，磁場のエネルギー f_H によってきまる長さ ξ_H は

$$\xi_H \sim (H_A/H)\xi_0 \qquad (6.55)$$

で与えられ，$H_A \sim 2\times 10^4$ G と評価されている．なお $H \sim 28$ G のとき，$\xi_H \cong \xi_D$ となる．(6.35)式からわかるように E_D は $\hat{\boldsymbol{d}} /\!/ \hat{\boldsymbol{l}}$ を保とうとする．また(6.50)式から，磁場 $\boldsymbol{H}$ は $\hat{\boldsymbol{d}} \perp \boldsymbol{H}$ とする．もし両者の効果だけが働くならば $\hat{\boldsymbol{l}} \perp \boldsymbol{H}$ となる．

回転系　超流動 ^{3}He に関する実験でもっとも興味深いものの 1 つは，液体 ^{3}He を容器ごと回転し実現する状態を調べた実験である．いままでのところ，回転速度 Ω は 3 rad/s 以下が可能である．一定速度の回転系に移ることは，電荷をもつ系で一様な静磁場を加えたときと同等であるから，この場合も回転軸に平行な渦糸の格子ができると期待される．もし超流動 ^{4}He におけるように，量子数 $N=1$ の渦糸ができるとすると，単位面積あたりの数は $N_V = \dfrac{2m_3}{\pi\hbar}\Omega$，である．$\Omega = 1$ rad/s では渦糸間の間隔 r_V は，0.02 cm となり $r_V > \xi_D$ であることに注意しよう．もし回転軸に平行な磁場（＞28 G）があると，図 6-15 に示すように半径 ξ_D ていどの領域の外では，上に述べた理由で $\hat{\boldsymbol{l}} \perp \boldsymbol{H} /\!/ \boldsymbol{\Omega}$ となる．内部では $\hat{\boldsymbol{l}}$ が変化し，渦度も有限であると考えられる．自由エネルギーを最小

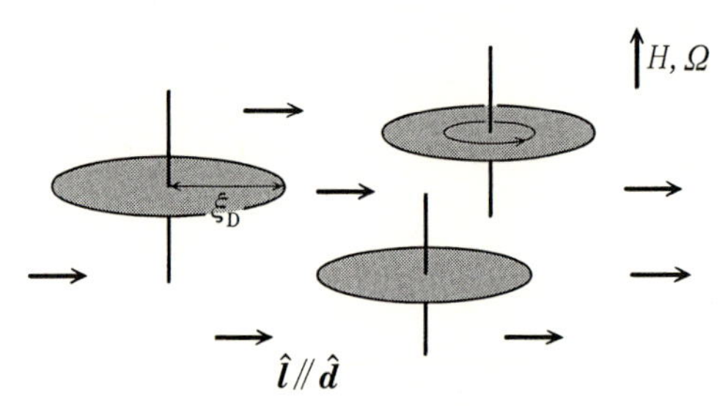

図 6-15　陰影をつけた領域の外では $\hat{\boldsymbol{l}} /\!/ \hat{\boldsymbol{d}} \perp H, \boldsymbol{\Omega}$ となる．

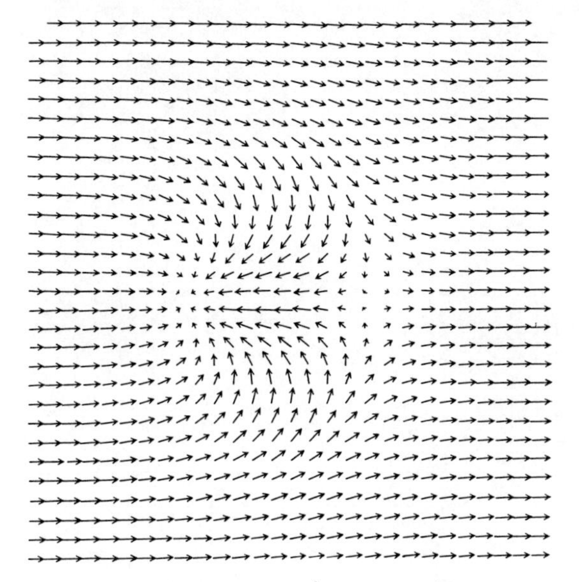

図 6-16　渦にともなう $\hat{\boldsymbol{l}}$ ベクトルの織目.

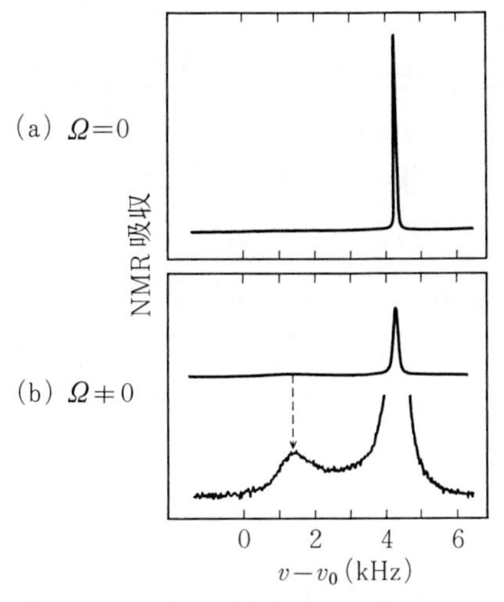

図 6-17　A 相の液体 ^{3}He を回転させたとき NMR の吸収曲線に現われるサテライト.（P. J. Hakonen, *et al*.: J. Low Tem. Phys. **53**(1983)425）

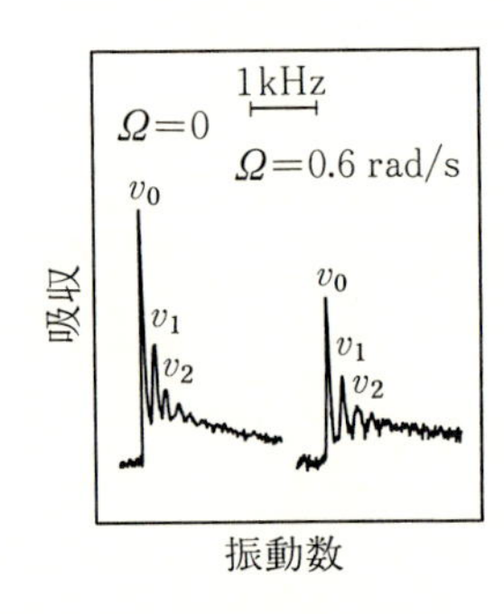

図 6-18 B 相の液体 ^{3}He を回転させたときの NMR 吸収曲線の変化．(P. J. Hakonen, *et al*.: ibid.)

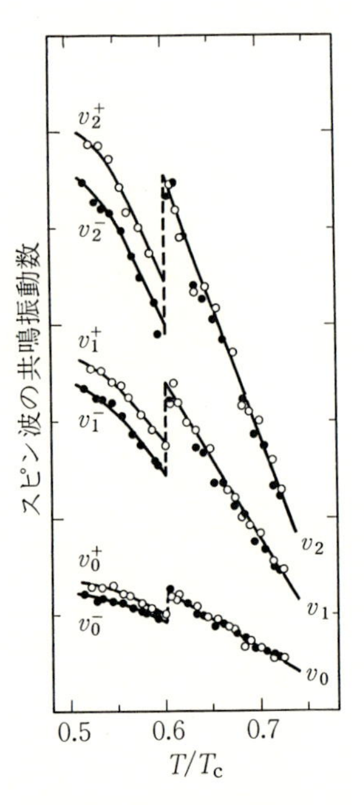

図 6-19 スピン波による NMR 振動数の温度変化．(P. J. Hakonen, *et al*.: ibid.)

にする渦構造としていくつかの可能性があり，図 6-16 にその例が示してある．実験的に構造を調べる 1 つの手段は核磁気共鳴である．回転すると図 6-17 のように，共鳴吸収に回転速度，したがって渦構造の本数に比例した面積のサテライトが現われる．内部では $\hat{\boldsymbol{l}}$ が $\hat{\boldsymbol{d}}$ の方向からはずれるために $E_{\rm D}$ によるポテンシャルが生じ，局在したスピン波のモードが現われる．サテライトはこれに相当すると考えられており，連続的な渦構造を支持している．

B 相での渦 いままで ABM 状態での超流動について述べてきたが，実は B 相における渦構造もきわめて興味深い．B 相の液体を回転させたときの NMR の結果が図 6-18 に示してある．BW 状態の NMR には，$\hat{\boldsymbol{n}}$ ベクトルの織目のために生じるスピン波のピークがいくつも観測される．回転させると発生した渦糸の影響で図のようにピーク間の間隔が広がる．これらの共鳴振動数

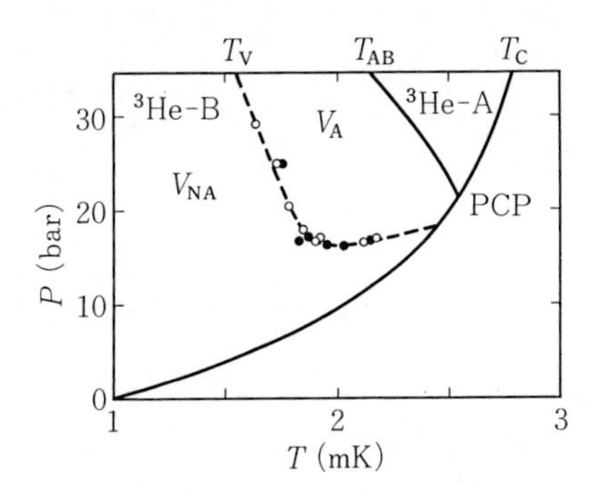

図 6-20　B 相の渦構造の相図．V_A は軸対称，V_{NA} は軸対称でない渦．(V. P. Mineev, *et al*.: Nature **324** (1986) 333 より)

は，温度，圧力によって変化するが，図 6-19 に見られるように，あるところでジャンプする．この事実から，B 相の渦構造には，図 6-20 に示す V_A と V_{NA} の 2 つの相があることがわかった．しかも図 6-19 から低温側の相では $\boldsymbol{\Omega} /\!/ \boldsymbol{H}$ と $\boldsymbol{\Omega} /\!/ -\boldsymbol{H}$ とで共鳴振動数が異なること，したがって渦構造に自発磁化がともなっていることが明らかにされた．

BW 状態は等方的なギャップを持ち，London 極限では通常の超流体と似ている．したがって渦構造も，中心軸から離れたところ $r \gg \xi$ で見ると，量子化された芯のある渦糸と変わらない．しかし芯のところ，$r \lesssim \xi$，では London 極限では扱えない，BW 状態からはずれた構造が現われる．それを理論的に調べるには，$r \gg \xi$ で BW 状態の渦糸になるという条件で，4 次の項まで含めた GL の自由エネルギーを最小にしなければならない．計算によると，芯の部分は ABM 状態に似た超流体で占められている．ただし，軸対称なもの V_A と軸対称でない V_{NA} があって，低温(あるいは低圧)側の相は後者であるとされている．軸対称でない渦の中心部は，A 相での $\dfrac{1}{2}$ 量子の渦の対と見ることができる．

7
いろいろな超伝導物質

Onnesの発見以来，新しい超伝導物質の探索は超伝導研究の歴史を彩ってきた．いうまでもなくそのもっとも強い動機は，より高い臨界温度T_cの実現であった．また，超流動^3Heの発見にも刺激され，非s波の超伝導状態を示す物質も追究されてきた．前者の成果は1986年に発見された銅酸化物のいわゆる高温超伝導体(high temperature superconductors，以下HTSCと略す)に代表され，後者の例として重い電子系(重いFermi粒子系ともよばれる)の超伝導が脚光をあびている．本章では，主としてこの2つの系の特徴を紹介する．

7-1　超伝導になるもの

始めに超伝導を示す代表的な物質を概観しておこう．表7-1にそれぞれ特徴のあるものがあげてある．第4章の考察によると，電子・フォノン相互作用による超伝導では$T_c \sim \omega_D \exp\left(-\dfrac{1+\lambda}{\lambda-\mu^*}\right)$(より正確には(4.48)式)であるから，引力のパラメタλが有効Coulomb相互作用のパラメタμ^*(通常の金属では約0.1)より大きければ超伝導状態になるはずである．λが大きいと常温での電気抵抗が大きいから，金属であってもあまり良い導体でないものが超伝導になる．

表7-1 いろいろな超伝導物質

	物質	T_c	
元素	Au	<0.001 K	$\lambda \sim 0.1$. 電子・フォノン結合が弱い
	Al	1.2	$\lambda \sim 0.4$. 典型的な BCS 型
	Pb	7.2	$\lambda \sim 1.55$. 強結合型
	Nb	9.2	$\lambda \sim 1$. d バンド金属, 元素で最高の T_c
	Ga	8.6	アモルファス結晶では $T_c = 1.1$ K
圧力下	Si	7	$P > 1.2 \times 10^{10}$ Pa で金属になる
	I	1.2	$P > 2.1 \times 10^{10}$ Pa 〃
	(金属 H	135～200?	ω_D が大, $P > 1.5$ Mbar で金属)
金属間化合物・合金	Nb_3Sn	18	A15 型, $\lambda \sim 1.65$-1.95
	Nb_3Ge	23	薄膜・A15 型で最高の T_c
	$Gd_{0.2}PbMo_6S_8$	14.3	Chevrel 型, HTSC を除けば最高の H_{c2}
	$ErRh_4B_4$	8.5	0.9 K で強磁性になり, 超伝導がこわされる
	$ErMo_6S_8$	2.2	0.2 K 以下で反強磁性と共存
重い電子系	$CeCu_2Si_2$	0.5～0.6	
	UPt_3	0.5	異なる 3 つの超伝導相, ^3P 対(?)
	UBe_{13}		
酸化物	$SrTiO_{3-x}$	0.05～0.5	キャリアの少ない超伝導 $n < 10^{20}$ cm^{-3}
	$LiTi_2O_4$	13	ペロブスカイト
	$Ba(Pb_{1-x}Bi_x)O_3$	13	$x \sim 0.25$. $x > 0.35$ で絶縁体
	$Ba_{1-x}K_xBiO_3$	>30	$x \sim 0.4$, 電子・フォノン型(?), 3 次元的
銅酸化物	$La_{2-x}Ba_xCuO_4$	>30	最初の銅酸化物, 2 次元的
	$YBa_2Cu_3O_{7-\delta}$	93	
	$Bi_2Sr_2CaCu_2O_8$	125	
有機物	$(TMTSF)_2ClO_4$	1.2～1.4	1 次元的
	$[BEDT \cdot TTF]_2 \cdot Cu(NCS)_2$	11.4	有機物で最高の T_c, 2 次元的
	K_3C_{60}	～18	ドープしたフラーレン, $\lambda \sim 0.5$(?)
	Rb_3C_{60}	～28	

〔注〕 1980 年頃のデータによる表(P. B. Allen and B. Mitrovič, 巻末文献[E-3])を参考にした. (I についてはごく最近の研究による. K. Shimizu *et al.*: J. Phys. Soc. Jpn. **61**(1992) No. 11.)

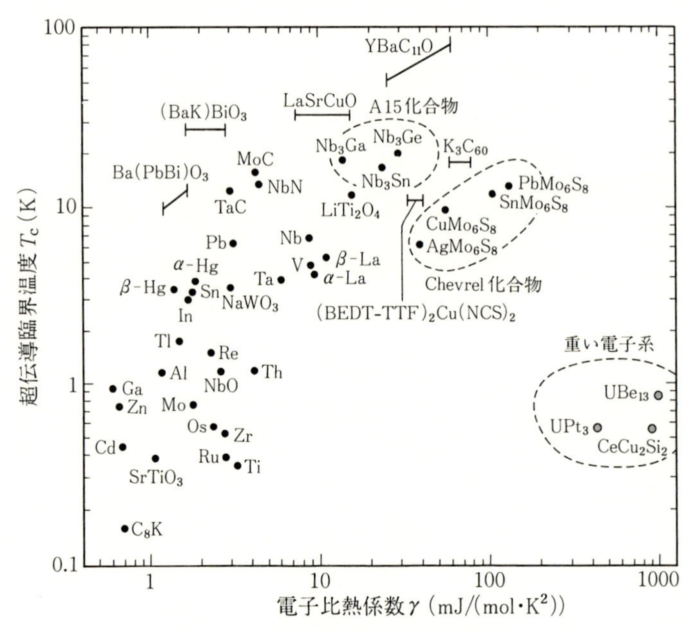

図 7-1 電子比熱係数γとT_cの関係.

実際Co, Ni, Feなど磁性を示すもの以外の元素の金属では，アルカリ金属と貴金属のほかは，高圧下で金属になるSi, S, I等も含めてすべて低温で超伝導になる.

λが大きいためには，Fermi面での状態密度$N(0)$が大きく，また，電子・フォノンの結合定数が大きければよい．結合が強いのは比較的Debye振動数の小さいフォノンをもつ金属である．図7-1を見ると，たしかに$N(0)$とT_cの間に関係があることがわかる．強結合理論に基づいて，通常の電子・フォノンによる超伝導のT_cをどこまで上げられるかという理論的な研究が数多くなされてきた．はっきりした結論ではないが，λがあまり大きくなると格子が変形してしまう可能性もあって，およそ30～40 Kが限界ではないかと考えられていた.

高いT_cを目指すもう1つのアプローチは，電子間引力をフォノン以外の機構に求めるものである．フォノンでなくても適当なスペクトルをもつボソンを

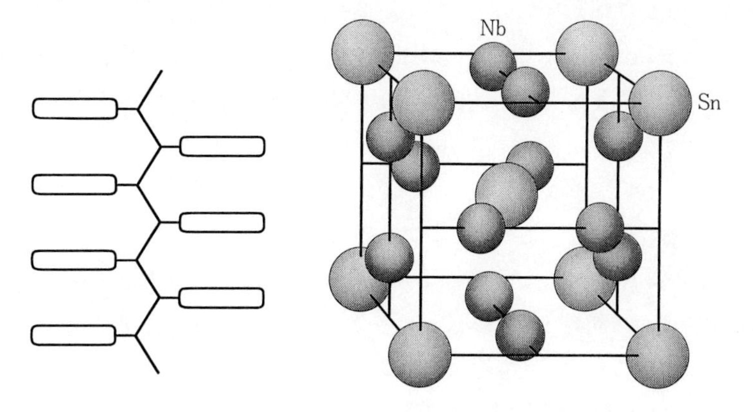

図7-2 エキシトン機構のモデル.

図7-3 Nb_3Sn(A15型)の結晶構造.

交換すれば電子間に引力が生じる．このような例は第6章で述べた液体 ^{3}He の場合であって，対形成の引力の一部はパラマグノンとよばれるスピン密度のゆらぎによるものであった．もともとこの線にそった最初の提案は，エキシトン機構であり，図7-2のように鎖上を運動する電子が側鎖を分極し，その分極がもう1つの電子に働き，引力が生じるという機構がその一例である(W. Little 1964)．T_c の式で Debye 振動数 ω_D よりはるかに大きなエキシトンのエネルギーが指数関数の前にくるから，T_c が高くなるというねらいである．この種の提案には，理論的困難もあり，はっきりとした成功例をみないが，有機超伝導体の研究を刺激し，現在では超伝導を示す多くの有機伝導体が合成されている．

新しい超伝導物質を求める研究は，実際にはむしろ経験的な道にそって進められ，その第1の大きな成果は H_{c2} の大きい Chevrel 型金属間化合物の発見に続く，Nb_3Sn 等の A15 型超伝導体の発見であろう．A15 型の特徴は，図7-3のように d 電子をもつ遷移金属が，x, y, z 方向に鎖状に並んでいることである．現在では A15 型の超伝導も，トンネルスペクトル等から，やはり電子・フォノン相互作用によるとされている．A15 型では超伝導と競合する構造相転移のあることも見逃せない事実である．

次に注目されるのは，基本的にはペロブスカイト型とみなせる酸化物のなかで始めて超伝導を示す$BaPb_{1-x}Bi_xO_3$の発見(1975)である(表7-1を参照). $BaPbO_3$は半金属，$BaBiO_3$はPeierls型の絶縁体であって，その中間に超伝導を示す金属相がある．後に同種のものとしてT_c～30 Kに及ぶ$Ba_{1-x}K_xBiO_3$が見出された．最近の研究によると，これも電子・フォノン型で説明できるようである．

T_cを23 K(Nb_3Ge)からいっきょに120 Kまで高めた銅酸化物高温超伝導体の研究は，1986年$La_{1-x}Ba_xCuO_4$の発見(J. G. Bednorz-K. A. Müller)によって口火を切られた．銅酸化物は次に述べるように単にT_cが高いだけでなく，ユニークな性質をもっている．

この節を終わる前に，有機超伝導体にひと言ふれておく．代表的なのはTMTSF系(T_c=0.4～1.4 K)と$(BEDT\text{-}TTF)_2X$ (T_c =10～12.8 K)であろう．図7-4は$X=Cu(NCS)_2$の結晶構造である．共通するのは電荷移動型の導体であり，キャリア数が小さい($n\sim10^{21}\ cm^{-3}$)こと，また低次元的であることで，後者の場合，bc面のコヒーレンス長$\xi_{/\!/}\sim30$ Å，a方向は$\xi_{\perp}\sim3$ Åである．こ

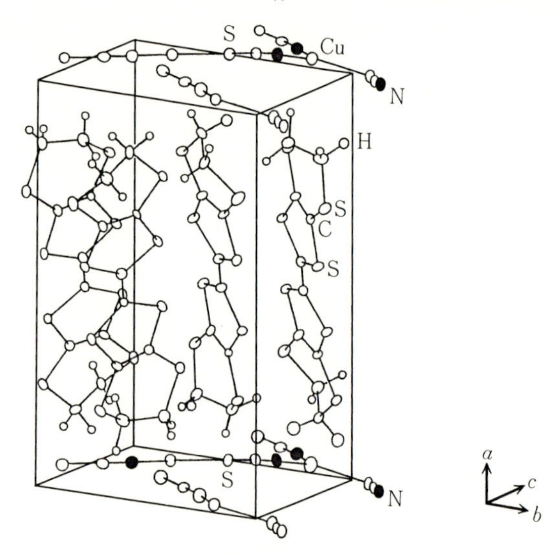

図7-4　$(BEDT\text{-}TTF)_2[Cu(NCS)_2]$の結晶構造.

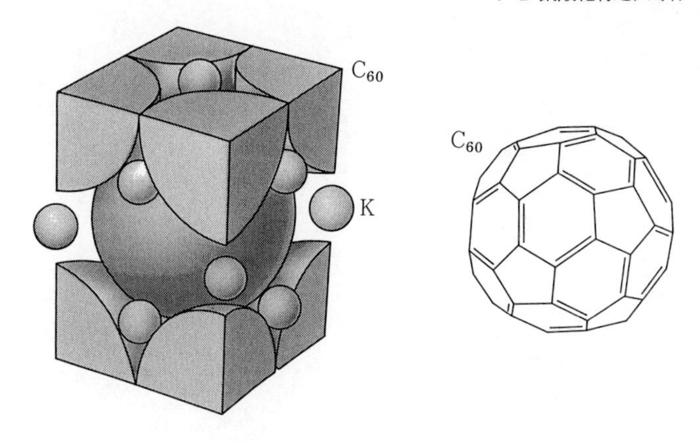

図 7-5 K_3C_{60} の結晶構造.

れらの系では低次元性のために Fermi 面のネスティングが重要であり，たとえば圧力によっては電荷密度波あるいはスピン密度波のある状態が生じる．超伝導が s 波の対によるものかどうかは，まだ確定していない．関連して興味深いのはフラーレン(fullerene)の 1 つ C_{60} の結晶にアルカリ金属の K あるいは Rb をドープした系である(図 7-5)．この系では，主に π 電子が伝導電子であり，それとエネルギーが 1000～2000 K の C_{60} 分子内の振動との結合が比較的高い T_c の原因であるという説が有力である．

7-2 銅酸化物超伝導体

構造 すでに十数個の銅酸化物超伝導体(以下たんに HTSC とよぶ)が知られているが，すべてに共通するのは，CuO_2 のシートと，Cu 以外の金属元素(アルカリ土類，希土類，Bi, Tl 等)および酸素で作られたブロック層とが交互に積み上げられた層状構造をもつことである．図 7-6 は，4 つの代表的な HTSC の構造を示したもので，CuO_2 のシートを，影をかけたブロック層がはさんでいるのがわかる．CuO_2 シートといっても，Cu のまわりに O が 8 面体あるいはピラミッド型に配置しているのと，同図(b)のようにシート内にしかないのとがあり，ドーピングの性質など異なるが，ここではその差には立ち入

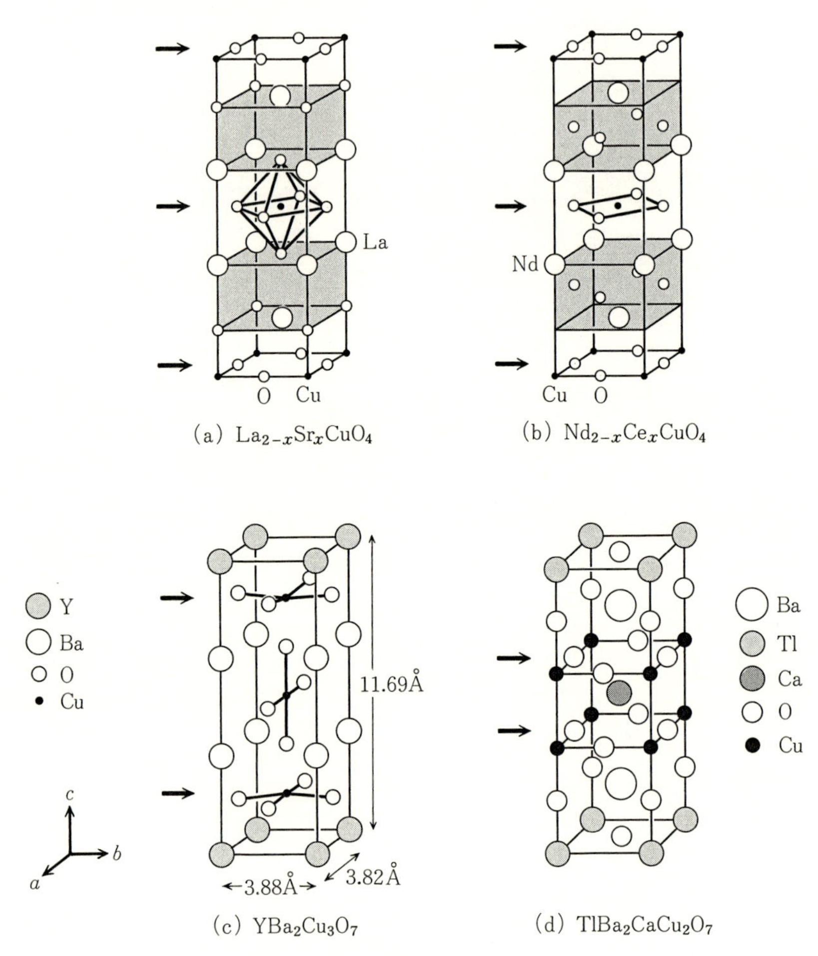

図 7-6 代表的な HTSC の結晶構造．矢印は CuO_2 シートを示す.（構造については，十倉好紀：“物質，構造について”［D-16］を参照.）

らないことにする．

電子構造 HTSC の基本的な電子状態を理解するには，最初に発見された $La_{2-x}Ba_xCuO_4$ や $La_{2-x}Sr_xCuO_4$（図 7-6a）の母体である La_2CuO_4 を取り上げるのがよい．この結晶では，La_2O_2 の層から電子が 2 個 CuO_2 のシートに移り，平均として $(La_2O_2)^{2+}(CuO_2)^{2-}$ となる．したがって両者の間はイオン結合的

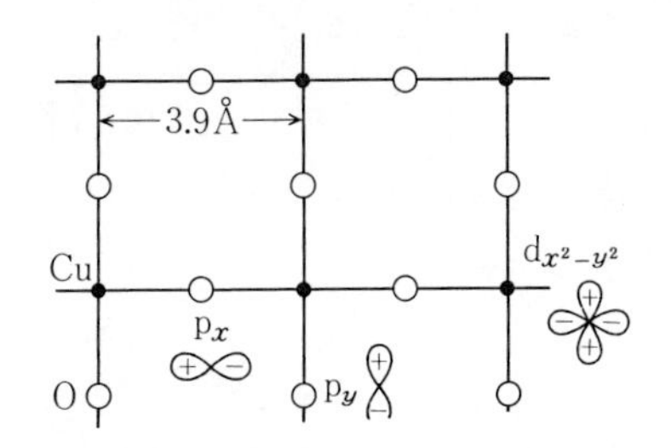

図7-7 CuO_2 シートの3バンドモデルに使われる軌道.

な性格が強い．このとき公式的な価数からいうと CuO_2 シート内で Cu の 3d 殻に 1 個空孔があり，O の 2p 殻はつまっている．

以下で主役を演じる CuO_2 シートの電子構造をもうすこし詳しくみてみよう．結晶内で Cu の 4s 軌道は広いバンドを作るため，無視してよい．問題になるのは 3d 軌道であるが，他の 3d 遷移金属に比べて Cu のそれはエネルギー的に O の 2p 軌道にもっとも近いというのが重要な点である．そのため両者は混成軌道を作りやすい．結晶場等の効果のため CuO_2 シートを xy 面としたとき，3d 軌道のうち面内に大きな振幅を持つ $d_{x^2-y^2}$ と O の p_x, p_y とから作られる 3 つの混成軌道(図 7-7)がもっとも高いエネルギーをもち，5 個の電子を収容している．バンド的にいうと，3 つのうちもっともエネルギーの高いバンドが半分つまっていることになる．したがってこの系は金属的であるはずだが，La_2CuO_4 は絶縁体であり，しかも ~300 K 以下で反強磁性を示す．その理由は，電子間に働く強い Coulomb 相互作用に求められる．とくに Cu の 3d 軌道は結晶中でも拡がりが小さく，同じサイトの $d_{x^2-y^2}$ 軌道を 2 つの電子(スピン ↑, ↓)が占拠したときの Coulomb エネルギー U はバンド幅より大きいと考えられる．そのためちょうど 1 個ずつ電子がある状態は **Mott 絶縁体**となる．このとき交換相互作用のため低温でスピンが反強磁性的に整列することは，Hubbard モデルの議論からよく知られている(本講座第 16 巻)．

次に La を x だけ Ba あるいは Sr でおきかえる，すなわちドープすると，CuO_2 に与えられる電子が x だけ減る，すなわち Mott 絶縁体に濃度 x の空孔ができる(光吸収のデータから空孔は主に O のところに生じるとみてよい)．これは Coulomb の斥力 U にブロックされずに動きまわれるから x を大きくす

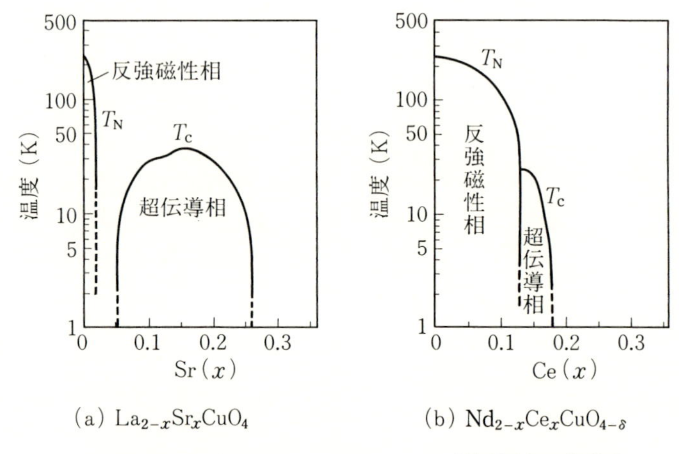

図 7-8 La 系と Nd 系の相図．T_N は反強磁性相に転移する温度(Néel 温度)．(巻末文献[D-16]のなかの遠藤康夫："中性子散乱" より)

ると系は金属的になる．図 7-6(b)の $Nd_{2-x}Ce_xCuO_4$ では逆にドーピングによって電子が余分に供給されるが，同様の変化が生じる．低温での相図(図 7-8)に見るとおり，反強磁性と隣りあって超伝導の相が現われることに注目しよう．

HTSC 系の多体問題の議論でよく使われるのは，次のハミルトニアンで表わされる拡張された 3 バンドの Hubbard モデルである．

$$H = \sum(\varepsilon_d d^\dagger d + \varepsilon_p p^\dagger p) - t_{pd}\sum(d^\dagger p + p^\dagger d) - t_{pp}\sum p^\dagger p + U_d \sum n_{d\uparrow}n_{d\downarrow} + U_p \sum n_{p\uparrow}n_{p\downarrow} \tag{7.1}$$

ただし d, p は，Cu および O 原子の d および p 軌道の電子に対する生成消滅演算子，サイトの添字は省略した．$\varepsilon_p - \varepsilon_d \sim 2.5$ eV，$t_{pd} \sim 1$ eV，$t_{pp} \sim 0.5$ eV，$U_d \sim 10$ eV，$U_p \sim 4$ eV がもっとも重要なパラメタのおよその値と思ってよい．

問題はドープしてキャリアの濃度を大きくし，超伝導が現われる金属状態にしたとき，(1) Fermi 液体論が適用できるか，あるいは強い相関のためなんらかの新しい素励起を考えなくてはならないか，そして(2)超伝導の機構は何か，である．どちらの問いにも確定した答えは現在のところないようであるから，次に現象面に現れた主に超伝導状態の特徴的な性質をまとめておくことにする．

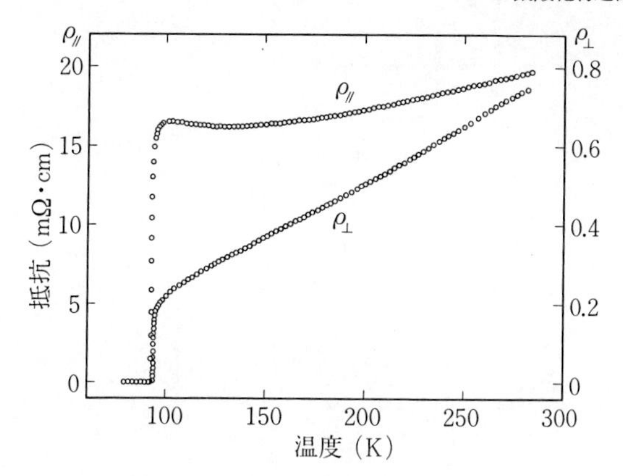

図 7-9 YBCO のゼロ磁場での抵抗. $\rho_{/\!/}$ は c 軸方向，$\rho_{\perp}$ は ab 面内.（K. Kadowaki, *et al.*: Physica **C161** (1987) 313）

超伝導状態

（1）**電気抵抗** 図 7-9 に $YBa_2Cu_3O_7$（以下 YBCO とよぶ）のゼロ磁場での抵抗の温度変化が示されている．まず上に述べた層状構造から期待されるとおり，ab 面（CuC_2 面）内と，それに直角な c 軸方向とで大きな違いがみられる．いいかえると電気伝導に関して系は 2 次元的である．Bi 系ではもっと 2 次元性が強い．次に正常状態で面内の抵抗 ρ が広い温度範囲で T に比例した $\rho=aT$ という形であることが注目される．もしフォノンによる散乱で抵抗がきまるのであれば，これからのずれが見られると考えるのが自然だが，定量的な計算はない．なお HTSC の正常状態の Hall 係数 R_{H} は顕著な温度変化を示し，通常の Fermi 液体の $R_{\mathrm{H}}=1/ne$（n はキャリア数）では説明できない．

（2）**Cooper 対** HTSC でも超伝導状態は対形成によることは，$hc/2e$ の磁束量子の測定，Shapiro ステップ（3-4 節）の観測などから確実である．s 波の対か非 s 波かは，まだ確定していない．

（3）**コヒーレンスの長さ** $H_{c2}(T)$ の測定等からきめた ξ（$T=0$ K の長さで，ここでは添字 0 は省略）はきわめて短く，また異方性が強い．CuO_2 面内で $\xi_a \sim \xi_b \sim 15$ Å とすると，$\xi_a{}^2$ の面積中に，CuO_2 の単位胞は 4×4 しかない．いいかえると，単位胞にキャリアが 1 個あるとして，キャリア間の平均距離と ξ_a

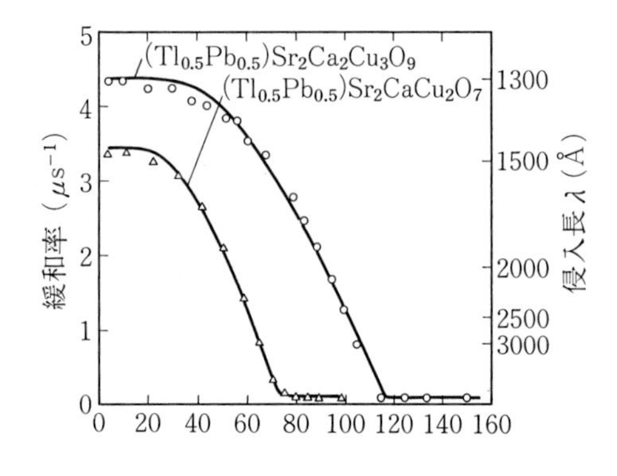

図7-10 ミューオンスピン緩和から求めた2つのHTSCにおける侵入長．実線はBCS理論による．(Y. J. Uemura: Physica **B169** (1991) 99)

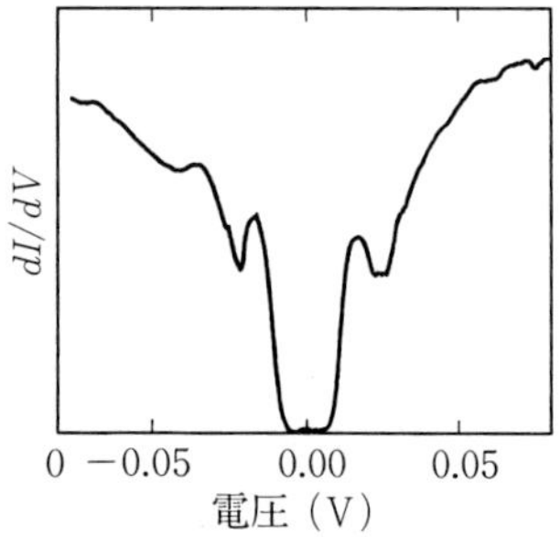

図7-11 STMで観測されたYBCOの薄膜(4.2 K)のギャップ構造．(T. Hasegawa, *et al*.: Proc. US-Japan Seminar on the Electronic Structure and Fermiology of HTSC, 1992)

の比は4であり，これは通常の超伝導体での比 10^3～10^2 と大きく異なる．また ξ_c は比較的異方性の小さいYBCOでも 2 Å 程度であって，シート間の結合はむしろJosephson接合的であり，対の波動関数は CuO_2 シートに閉じこめられているとしてよい．したがって微視的な機構の考察では系は2次元的とみなしてよさそうである．なお，ξ が短いために，$l \gg \xi$ であり，平均自由行程 l の効果は考えなくてよい(clean limit)．

(4) **London の侵入長 λ_L**　ξ とは反対に λ_L はきわめて長い．もっとも信頼できるのはミューオンスピンの歳差運動が磁場の不均一性で de-phasing することを利用した μSR による測定であると思われる．図7-10はYBCOで $\boldsymbol{H} /\!/ \hat{\boldsymbol{c}}$ 磁束格子状態で測られた λ_L の温度変化であり，$\lambda_L^{-2} \propto n_s(T)$ として，だいたいBCS理論による超伝導成分の温度変化を示している．またGLパラメタ $\kappa = \lambda/\xi$ は～100であって，きわめて「第2種的」な超伝導体である．

(5) **エネルギーギャップ $\boldsymbol{\Delta}$**　もし対がs波でないと第6章でみたようにエネルギーギャップがFermi面上の点あるいは線で消える可能性がある．そうす

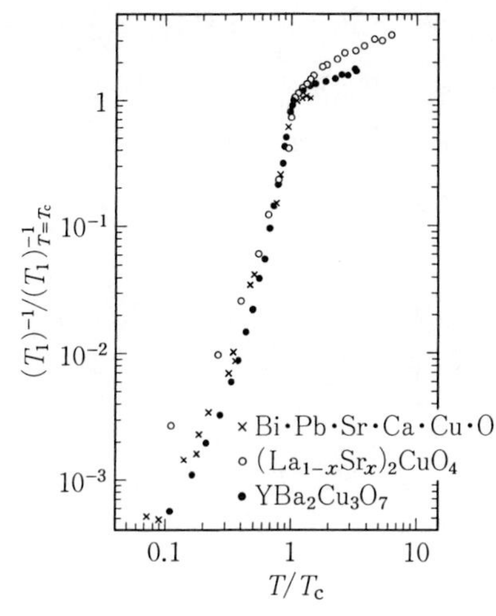

図 7-12 ^{63}Cu の核 4 重極共鳴で測定した核スピン緩和率(T_c での値との比).(Y. Kitaoka, *et al.*: Physica **C185-189** (1991) 98)

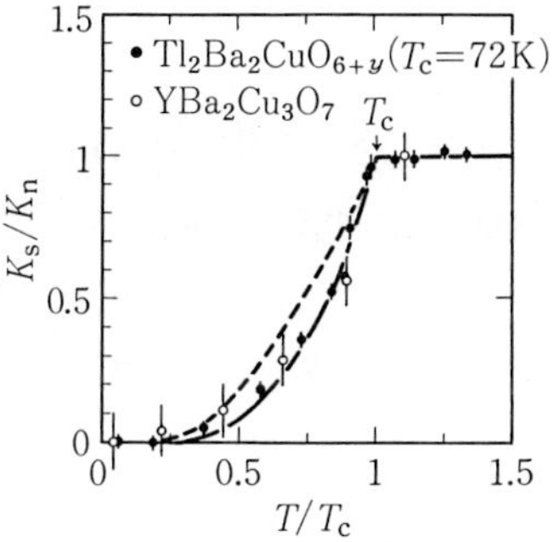

図 7-13 Knight シフトの比(K_s/K_n)の温度変化.ただし $T=0$ での残留シフトはすべて差し引いてある.破線(実線)は $2\Delta=3.5(4.5)k_BT_c$ としたときの BCS 理論の結果.(Y. Kitaoka, *et al.*: ibid.)

ると,熱力学的な量や緩和時間が,低温で $\exp(-\beta\Delta_0)$ ではなく T のベキに比例して 0 になる.また s 波であっても強結合であれば,Δ の温度変化は BCS 理論の結果からずれる.Δ を直接測定するには,分光法,トンネル効果等の方法があるが,ξ が短いことも手伝って確定的なデータはない.最近の STM を使ったトンネルコンダクタンスの測定結果(図 7-11)によると,ギャップ内に励起はなく,s 波の対を示唆している.なお,Δ_0/k_BT_c はどの HTSC でも BCS の値 3.14 よりかなり大きいようである.

(6)**核スピン緩和 T_1**　s 波の BCS 型の超伝導体では,第 3 章でみたようにコヒーレンス因子と状態密度のエネルギー依存性のため,核スピンの緩和時間 T_1^{-1} は T_c 直下でピークを示し,低温で指数関数的に小さくなる(図 3-7).HTSC では ^{63}Cu の T_1 が測定され,図 7-12 に示すとおり,T_c 直下のピークがみられない．また低温でも指数関数的にならない．この事実はd波の対を仮定すると説明しやすいが，depairingなどの効果を考えてもs波が否定されるかどうかは明らかでない．ついでに図7-13にKnightシフトの測定が示してある．ただし図は，$T \to 0$でのシフトがすべて軌道部分によるとして差し引いたものであり，3-3節で得たBCSの結果とのおよその一致にはあまり意味はない．

(7)**中性子回折**　La_2CuO_4が反強磁性を示すことから，ドープして金属になっても反強磁性的なスピンのゆらぎは強く残っているのではないかと考えられる．実際，中性子の非弾性散乱の実験からそのようなゆらぎが観測されている．またフォノンのスペクトル密度の温度変化等，興味深いデータが得られつつある．

超伝導のメカニズム

(7.1)式の3バンドHubbardモデル，あるいは，それをさらに簡単化したいわゆるt-Jモデルを用いて，多くの理論的研究が行なわれてきた．現実のHTSCとのかかわりは別として，これらのモデルで1/2 filledからずれたときの基底状態がどんな長距離秩序をもつかは興味ある問題である．resonating valence bond理論，anyon理論など魅力的な試みはあるが，整合性のある物理的な結果を出すまでになっていないと思われる(最近の研究の総説は巻末文献[D-12],[D-13],[D-14]にある)．より従来の線にそった試みとしては，フォノンのかわりに反強磁性的なゆらぎというボソンを用いる理論がある．このゆらぎはパラマグノンと異なり，波数の大きなところで引力的になるから，d波の対形成につながる(図2-2)．また正常状態でも電子が主に反強磁性的なゆらぎで散乱されるとすると，Tに比例する抵抗が得られるという結果も報告されている．一方，HTSCでも，A15型と同様，格子の不安定性がつきまとっており，フォノンを無視するわけにもいかないであろう．問題は何が対形成の主役を演じているのか，それによってどんな型の対が生じるのかである．

磁場中のHTSC

上記(3)でみたように，HTSCのきわだった特徴はコヒーレンス長が短いこ

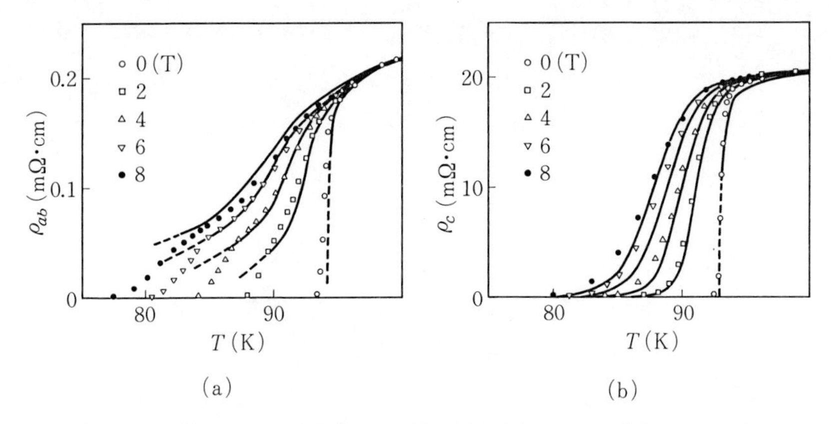

図 7-14 c 軸に平行な磁場中での抵抗の温度変化．(a)は電流 I が ab 面内，(b)は $I /\!/ c$．実線は非 Gauss ゆらぎの理論による．(実験値は J. N. Li, *et al*.: Physica C161 (1989) 313．理論は，恒藤，池田，大見："超伝導ゆらぎ" 巻末文献[D-16].)

とと，準 2 次元的であることで，そのために他の超伝導体では問題にならなかった新しい現象が見られるが，とくに強磁場中の HTSC で顕著である．

(1)**ゆらぎ**　ξ が短いことはゆらぎの効果が大きいことを意味する．実際，図 7-9 をみると T_c より上から抵抗が減少し始める．これは 5-7 節で扱った超伝導ゆらぎの効果であって($T \gtrsim T_c$ では(5.58a)式)，HTSC では薄膜でなくても観測されるのである．

もっと注目に値するのは磁場中での性質であって，図 7-14 は YBCO の単結晶の磁場中での電気抵抗の温度変化である．通常の第 2 種の超伝導体だと，B を大きくしていくと $\rho(T)$ の曲線は T_{c0} を $T_{cH} = T_{c0}(1-\phi_0/B\xi_0{}^2)$ ((5.29)の逆の関係)に従って低温側に平行移動したような結果であるのに対し，これははっきり異なった変化を示している．したがって $H_{c2}(T)$ も決めようがない．いいかえると正常状態から第 5 章で述べた Abrikosov の磁束格子状態への移転は，この場合，はっきりした相転移ではないのである．

ゆらぎが本質的に重要であるかどうかを見るには 5-7 節の終わりでふれた Ginzburg の判定条件を用いればよい．磁場がないときには，(5.59)式によると臨界領域は YBCO でも $|\varepsilon| \equiv |1-T/T_c| \lesssim 0.1$ K であり，さほど広くない．

ところが，磁場が強く，$r_0=(\phi_0/2\pi B)^{1/2}$（対のサイクロトロン半径）が磁場に垂直方向のコヒーレンス長$\xi=\xi_0\varepsilon^{-1/2}$よりも小さくなると，磁場に垂直な方向のスケールは$r_0$で定まり，(5.59)は

$$|\varepsilon| \lesssim \left(\frac{k_B}{\Delta C}\frac{B}{\phi_0\xi_{0//}}\right)^{2/3} \tag{7.2}$$

で置き換えられる．ただし$\xi_{0//}$はBに平行な方向のξである．$\xi_{0//}=\xi_{0c}=2.4$ Å，$B=5$ Tesla とすると，臨界領域の広さは 2 K となり無視できなくなる．しかも，Bが充分大きく，線形化した GL 方程式の最低エネルギーの解((5.28)の$n=0$の解)だけがゆらぎとして重要だとすると，ゆらぎのエネルギーは$\boldsymbol{B}(/\!/\hat{\boldsymbol{z}})$に平行な方向の変化だけに依存し，その意味で系は1次元的になることを強調しなければならない．本当に1次元系であれば長距離秩序は存在しないことが示されているから，この場合も 5-4 節で示したように渦糸が長距離秩序を持つ格子状態にH_{c2}で相転移するかどうか疑わしい．実際，電気抵抗のほか，磁化，Peltier 効果等のデータも正常状態からの連続的な cross-over を示している．また，非線形ゆらぎの理論による計算も図 7-14 に示してあるとおり，比較的T_{cH}に近い高温側では実験値とかなりよく合っている．

(2)**渦糸格子の融解**　それでは，より低温ではどうなるか？　通常の場合でもまったくピン止めのない理想的な系では渦糸格子のすべりによって電気抵抗は有限にとどまるが，現実にはピン止めがあるから格子が固定されてH_{c2}の直下から超伝導電流が流れる．ところが HTSC の場合にはもう 1 つ興味深い様相が現われる．まず，λが非常に大きいから磁場はほとんど一様とみてよい領域が広い．したがって通常の第2種超伝導体では磁束格子といってもよかったが，この場合は超流動^{4}He におけるように渦といった方が適切である．さらに，$\boldsymbol{B}/\!/\hat{\boldsymbol{c}}$の場合，$\xi_{0c}$が数 Å と小さいから，隣接する$CuO_2$の面に生じた渦糸間の結合は$(\xi_{0c}/\xi_a)^2$の因子だけ小さくなり，渦糸は曲がりやすくなる．Bi 系では面間の渦が独立になる可能性もある．その結果，図 7-15 の相図のように，渦糸の格子は，$H_{c2}(T)$よりはるかに低温側で溶けて渦糸液体になると考えられている．（GL パラメタκが大きいため$H_{c1}(T)$はほとんど$H=0$の線に重な

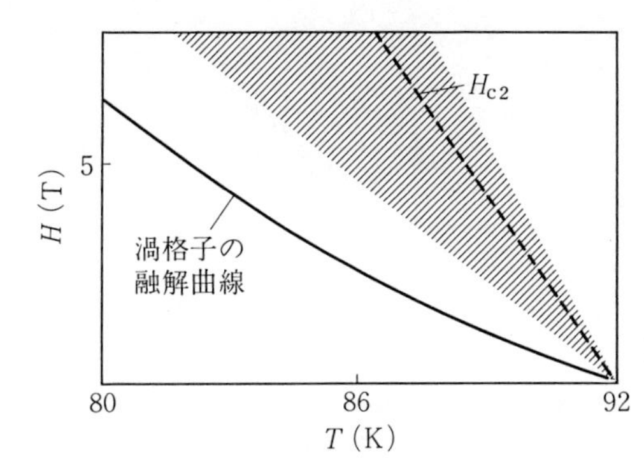

図7-15　磁場中の YBCO の相図．斜線は cross-over の領域．

る）．渦糸液体は上に述べたゆらぎの強い状態と区別がなく，連続的に正常状態につながる．理想的な系でも必ず明確な融解曲線があるかどうかは，明らかでない．ピン止めがあればそれに助けられて渦糸格子は安定化するであろう．ただピン止め中心がランダムに分布していると，まず渦糸グラスの状態が現われる可能性もある．上に述べたのは磁場中の HTSC に関する問題の一部に過ぎず，他にも臨界電流など多くの興味深い問題があることを付け加えておく．

7-3　重い電子系の超伝導

f 電子を持つ Ce, U の化合物のなかには「重い Fermi 粒子系」とよばれるきわめて興味深い性質を示すものがある．表 7-2 にその一部が示してある．一例として図 7-16 に UPt_3 の結晶構造が示してある．これらの物質の比較的高温での物理的性質は，原子のときと同じ大きさの Ce あるいは U に局在した磁気モーメントと，通常の金属におけるのと同じ伝導電子とからなる系のものとみなすことができる．ところが，ものによって異なるが 200～50 K 以下の低温になると，それはめざましい変化をする．通常の金属での Sommerfeld 定数にあたる $\gamma(T)\equiv C(T)/T$ および磁化率 $\chi(T)$ は非常に大きくなり，$T\to 0$ に外挿した値は，表 7-2 にあるように，Na のような通常の金属の値より 2 桁か 3 桁大きい．しかし比 γ/χ はほとんど同じである．この事実は，低温でこれらの系が Fermi 面のところに非常に大きな状態密度 $N(0)$ をもつこと，いい

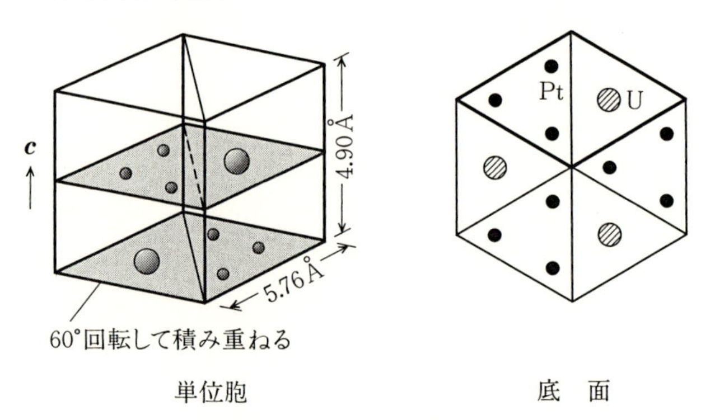

図 7-16 UPt_3 の結晶構造.

かえれば電子の質量 m の $10^2 \sim 10^3$ 倍の有効質量 m^* をもつ着物を着た Fermi 粒子の液体として記述されることを意味する. このことは低温での輸送現象のデータ, そしてとりわけ de Haas-van Alphen 効果の測定によって確かめられた. さらにこれらの系の多くは表 7-3 にあるとおり低温で反強磁性状態, あるいは超伝導状態に転移する. UPt_3 のように最初に反強磁性になり, さらに低温で超伝導になって, 2 つの長距離秩序が共存するものもある. 特徴的なことは反強磁性状態での磁気モーメントの大きさが, 原子での値の半分あるいは 1/10 に減少していることである.

なぜ低温で重い電子系になるのか, またなぜモーメントの小さい反強磁性が現われるのかなどについては本講座第 16 巻で議論されるから, ここでは立ち入らず, 超伝導の性質に目を向けよう. ただ, 重い電子系ではバンド幅の大きい s, d 電子と f 電子との mixing が極端に小さいこと, 同じサイトの f 軌道での Coulomb 斥力が大きく強い相関をもつ系であること, この意味で(7.1)のハミルトニアンで d→f, p→s とよみかえ, $t_{fs} \ll t_{ss}$ であるとした 3 次元モデルに相当することだけ付け加えておく.

超伝導状態 まず重要なのは, 転移温度 T_c での比熱のとび ΔC が, $C(T_c)$ の程度であるから(図 7-17), 超伝導状態になるのは重い電子にほかならないことである. 問題は, どんな対を形成するのかである. それに対する手がかりは, いろいろな物理量の温度変化である. 第 3 章で述べたように, s 波の対に

表 7-2 重い Fermi 粒子系の Sommerfeld 定数と磁化率．$\gamma(0)/\chi(0)$ は cm^{-3} あたりの比．

	$\gamma(0)$ ($mJ \cdot mol^{-1} \cdot [cm^{-3}] \cdot K^{-2}$)	$\chi(0)$ (10^{-3} $emu \cdot cm^{-3}$)	$\gamma(0)/\chi(0)$
$CeAl_3$	1620 [18.5]	0.41	45
$CeCu_2Si_2$	1000 [20]	0.13	153
URu_2Si_2	180 [3.66]	0.03/0.10	37
UCd_{11}	840 [5.21]	0.24	22
UPt_3	450 [10.6]	0.19	56
UBe_{13}	1100 [13.5]	0.18	75
{Na	1.5 [0.063]	0.001	63}

表 7-3 反強磁性の転移温度 T_N(Néel 温度)と超伝導の T_c．×は現在まで転移の見られないもの．第 3 列は比熱の温度変化．

	T_N (K)	T_c (K)	$C(T<T_c)$
$CeCu_2Si_2$	(0.7?)	0.65	$T^{2.4}$
URu_2Si_2	17	1.5	T^2
UPt_3	5	0.5	T^2
UBe_{13}	?	0.9	$T^{2.9}$
UNi_2Al_3	4.6	1.0	
UPd_2Al_3	14	2.0	
UCd_{11}	5	×	—
$CeAl_3$	×	×	—

よる超伝導状態では，エネルギーギャップのため，比熱 C，磁化率 χ，超音波吸収係数 α，NMR の緩和率 T_1^{-1} などは低温で指数関数的に減少する．それに対し ^3P 対による ^3He の超流動を扱った第 6 章でふれたように，非 s 波の対ではエネルギーギャップが Fermi 面上の点あるいは線上で 0 になる可能性があり，そのような状態では，上の温度依存性が指数関数ではなく，ベキ(点では T^2，線では T^3)に比例して減少する(表 7-3)．また T_1^{-1} の温度変化は図 7-18 にあるとおりで，銅酸化物超伝導体と同様，T_c 直下でのコヒーレンス因子

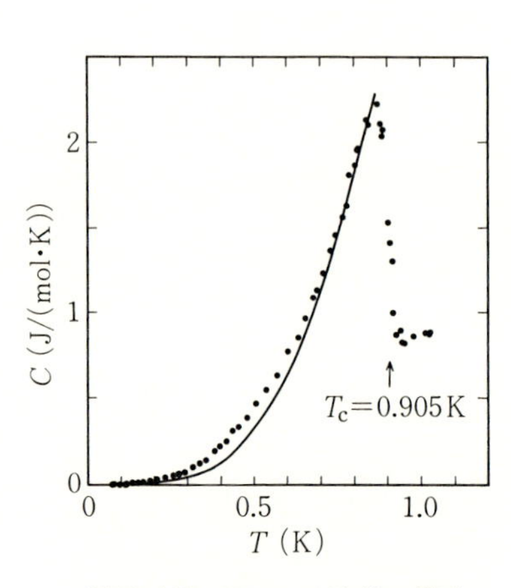

図7-17 UBe_{13}の比熱の温度変化．実線は^3PのABM状態としたときの理論曲線．(H. R. Ott, *et al*.: Phys. Rev. Lett. **52** (1984) 1915)

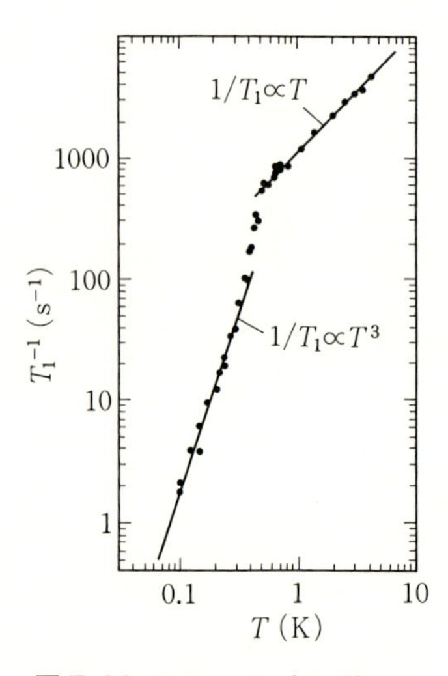

図7-18 UPt_3における^{195}Ptの核スピン緩和率．(Y. Kohori, *et al*.: J. Phys. Soc. Jpn. **57** (1988) 395)

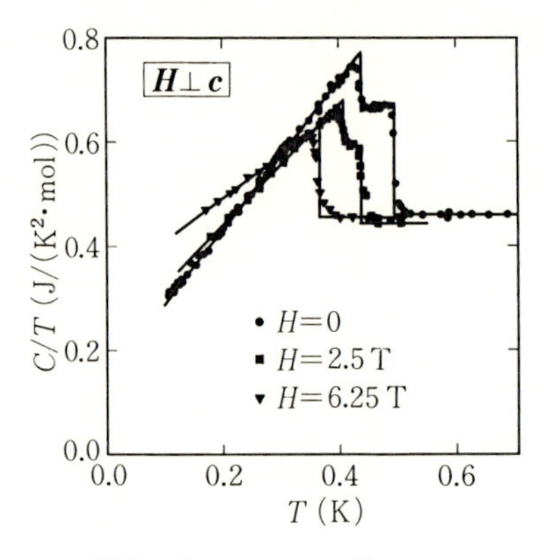

図7-19 UPt_3の比熱．2つのとびが見られる．磁場を加えると低温に移る．(K. Hasselbach, *et al*.: Phys. Rev. Lett. **63** (1989) 93)

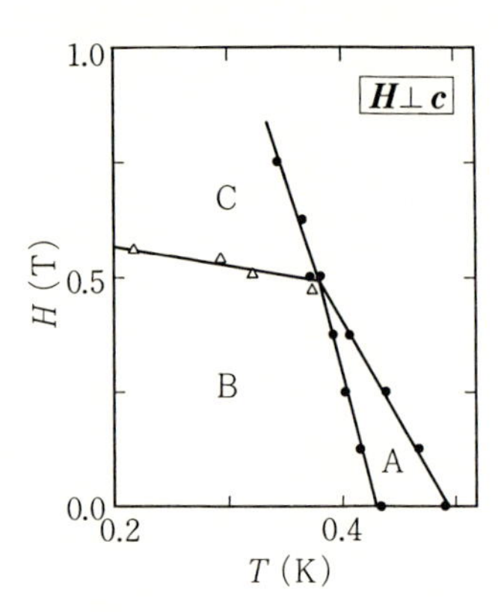

図7-20 比熱，H_{c2}，および超音波吸収から得られたUPt_3の相図．A, B, Cという3つの異なる超伝導相があると考えられる．(K. Hasselbach, *et al*.: ibid.)

による増大がみられない．その他，$H_{c2}(T)$，London の侵入長 $\lambda(T)$ などにも，BCS 的でない温度依存性が報告されている．このように重い電子系の超伝導の多くはｓ波でない対によるものと思われるが，とくに UPt_3 と $U_{1-x}Th_xBe_{13}$ ($x \cong 0.02-0.04$)では，2 つ以上の相が現われるので，疑いないといってよい．

図 7-19 はUPt_3 の比熱であり，2 つのピークがみられる．この測定および超音波，熱膨張率の測定から，H-T 面上での相図として図 7-20 が得られている．これによると 3 つの超伝導相 A, B, C があり，4 つの境界線が 1 つの臨界点を共有しているようである．磁場中で超流動 ^{3}He の A 相が A_1, A と 2 つに分かれたように，複数の超伝導相があるから UPt_3 の超伝導は多成分の秩序パラメタをもつ，すなわち非ｓ波によるものであると考えられる．低温の H_{c2} から推定すると $\xi_0 \sim 300$ Å，また λ_L は $\sqrt{m^*}$ に比例して大きいと考えられるから，$\kappa \gg 1$ であり，相図で磁場が有限の領域は渦糸格子状態とみなしてよいであろう．

それでは具体的に，この超伝導はどんな機構によるものなのか？　重い電子からなる Fermi 液体とみなせるのは近藤温度 T_K より充分低い温度(エネルギー)であり，k_BT_K が Fermi エネルギー ε_F の役割をすると考えられる．多くの重い電子系では k_BT_K は Debye フォノンのエネルギー ω_D よりも小さい．したがって電子間の引力に寄与するフォノンは限られ，しかも遅れの効果は期待できないから，フォノン機構による超伝導とは考えにくい．むしろ強い相関のある系であるからスピンのゆらぎが主役を演じると思われる．しかし正常状態での重い電子系の理論自体も未完成であるから，超伝導状態の定量的な微視的理論は現在のところないといってよい．したがって群論による分類を用いた半現象論的な考察がもっぱら行なわれている．次にその基本的な考え方について，ごく簡単にふれておこう．

結晶中の対の対称性　第 2 章では系が空間の任意の回転に対し不変であること，とくに粒子間の相互作用に(2.11)の形

$$V(\boldsymbol{k}, \boldsymbol{k}') = \sum_l (2l+1) V_l P_l(\hat{\boldsymbol{k}}, \hat{\boldsymbol{k}}') \qquad (7.3)$$

を仮定して，対形成を考察した(V_l は $k, k' \sim k_F$ では一定とみなせる)．この場

合，BCSの弱結合の理論では，ギャップ方程式は，スピン1重項($S=0$)のときも，3重項($S=1$)のときも，(2.58)の形であった．さらに T_c をきめる式は $\varepsilon_{k\alpha}=|\xi_{k\alpha}|$ とおいてよいから，(2.60)を使って

$$\Delta_{\alpha\beta}(\hat{\boldsymbol{k}}) = -v_c^{-1}\int d\Omega_{k'}V(\hat{\boldsymbol{k}},\hat{\boldsymbol{k}}')\Delta_{\alpha\beta}(\hat{\boldsymbol{k}}') \tag{7.4}$$

となる．ここで v_c は弱結合理論では

$$v_c^{-1} = \ln(1.13\,\omega_c\beta_c)$$

であり，積分はFermi面上の角度平均である．すなわち $\beta_c\equiv(k_BT_c)^{-1}$ をきめる線形の固有値方程式となった．

この方程式の解としてどんな超伝導状態が許されるかは，ハミルトニアンの対称性で波動関数を分類するのと同じ問題であり，対称性の群の既約表現を求めることによって答えられる．よく知られているように等方的な場合には各々の l に対してスピン1重項($S=0$)では $2\times(2l+1)$ 次元，スピン3重項($S=1$)では $2\times3\times(2l+1)$ 次元の既約表現がある．たとえば ^{3}P 対なら9個の複素量 $A_{\mu j}$ で表わされた．1つの既約表現に対応する状態はすべて同じ T_c を持つ，逆に l が異なれば T_c も異なる．つまり l(そして S)が縮退したクラスを指定する．したがって V_l さえ引力であればよいから，可能性としては無限個のクラスがあるわけである．

それでは与えられた結晶中ではどんな超伝導状態が可能であり，縮退した状態のクラスはどれだけあるか？　結晶中での対形成を考えるとき，対を作る電子の状態密度，相互作用などはすべて結晶のもつ対称性しかもたないと考えなければならない．いま，外場がなく一様な超伝導状態だけに限ることにしよう．簡単のために対の軌道空間とスピン空間との相対的な回転は，スピン・軌道相互作用が強いとして，凍結されているとしよう．(ただし最近の研究によると，UPt_3 ではスピン・軌道相互作用は弱く，相対的な回転も考えなければならないことを注意しておく．)　そうすると，結晶のもつ回転対称性 G_p とゲージ変換と時間反転とがつくる群

$$G_p\times U(1)\times T \tag{7.5}$$

が対形成による「対称性のやぶれ」で問題となる対称性を表わす．時間反転の対称性がやぶられるのは，25ページで述べた非ユニタリ($\boldsymbol{\Delta}^* \neq \boldsymbol{\Delta}$)な対形成が生じる場合である．点群$G_\mathrm{p}$の次数は有限であるから，等方的な場合と違って可能な状態のクラスは有限個しかない(ただし，下の(7.6),(7.7)式の$f(\boldsymbol{k})$で表わされるような自由度は考えないものとする)．また結晶中ではs波，p波等の対といっても等方的なときと同じ意味をもたないことに注意しよう．詳細は巻末文献[E-7],[E-8],[E-9]にゆずることにして，立方晶系の例にふれておこう．G_pが立方晶系の点群の場合，(7.5)の既約表現は$S=0$でも$S=1$でも5種類あり，したがってT_cの異なる状態のクラスが5個ある．そのうちわけは1次元表現が2個，2次元表現が1個，3次元表現が2個である．1次元表現の基底だけを書いておこう．

$$S=\begin{cases}0 & \Delta(\boldsymbol{k})=f(\boldsymbol{k}) & (7.6\mathrm{a})\\ 1 & \boldsymbol{\Delta}(\boldsymbol{k})=(\hat{\boldsymbol{x}}k_x+\hat{\boldsymbol{y}}k_y+\hat{\boldsymbol{z}}k_z)f(\boldsymbol{k}) & (7.6\mathrm{b})\end{cases}$$

$$S=\begin{cases}0 & \Delta(\boldsymbol{k})=(k_x{}^2-k_y{}^2)(k_y{}^2-k_z{}^2)(k_z{}^2-k_x{}^2)f(\boldsymbol{k}) & (7.7\mathrm{a})\\ 1 & \boldsymbol{\Delta}(\boldsymbol{k})=\{\hat{\boldsymbol{x}}k_x(k_y{}^2-k_z{}^2)+\hat{\boldsymbol{y}}k_y(k_z{}^2-k_x{}^2)+\hat{\boldsymbol{z}}k_z(k_x{}^2-k_y{}^2)\}f(\boldsymbol{k}) & (7.7\mathrm{b})\end{cases}$$

ただし，$\boldsymbol{\Delta}(\boldsymbol{k})$は(2.40)で定義した$d$ベクトルであり，$f(\boldsymbol{k})$は立方対称性をもつ関数である．(7.6a)はs波の超伝導に相当し，(7.6b)は超流動^{3}HeでのBW状態(6.15)に似ている．また(7.6)はギャップがどこでも有限であるのに対し，(7.7a)は線上で，(7.7b)は点で$\Delta=0$となる．これは，^{3}HeのABM状態の例で見たように，回転とゲージ変換とが独立でないことに起因する．内部自由度のない(全体の位相しか自由度のない)型の超伝導状態でも，このように点あるいは線でギャップが0になる可能性があることに注意しよう．

もう1つ例をあげよう．UPt_3のような六方晶系で，$T<T_\mathrm{c}$の比熱がT^2に比例するようにギャップが線上で0となり，しかも2つ以上の相があることを要求する．そうすると2成分の秩序パラメタをもつ2次元表現がもっとも簡単な形となる．スピン1重項($S=0$)の対だとすると，それは

$$\Delta(\boldsymbol{k})=\eta_1 k_z k_x+\eta_2 k_z k_y \qquad (7.8\mathrm{a})$$

となる（上の $f(\boldsymbol{k})$ に当る関数は1とおいた）．ここで η_1, η_2 が2成分の自由度を表わす係数である．またスピン3重項の対だとすると，E_{2u} とよばれる形

$$\boldsymbol{\Delta}(\boldsymbol{k}) = \hat{\boldsymbol{z}}k_z\{\eta_1(k_x{}^2 - k_y{}^2) + \eta_2 2k_x k_y\} \tag{7.8b}$$

となる．最近，UPt_3 で ^{195}Pt の Knight シフトが 28 mK まで測定され，それが超伝導状態になっても変化しないことが見出された*．これが確かめられれば，UPt_3 での対はスピン3重項，奇パリティであることになる．さらにノンユニタリである可能性も議論されている．

$T < T_c$ になるとギャップ方程式は非線形となり，T_c で縮退していた状態は必ずしも同じ自由エネルギーをもたなくなる．第6章でふれたように，^3He の BW とか ABM 状態というのは状態のクラスであり，その各々に属する状態はすべて等しい自由エネルギーをもつ．このようなクラスはもとの対称性の群の，ある部分群の表現になっている．普通，Δ の4次あるいは6次の項まで含めた GL 理論の自由エネルギーを用いて，群論によりいろいろな結晶での可能な超伝導の秩序パラメタのクラスおよびそのエネルギーギャップの形が求められている．

強磁性や反強磁性が現われる系では，その秩序パラメタと超伝導の秩序パラメタとの結合も考慮に入れなければならない．また結晶構造の変化と非等方的な超伝導との結合も問題になる可能性がある．

＊ H. Tou, *et al.*: Phys. Rev. Lett. 77 (1996) 1374.

補章 I

偏極したアルカリ原子の Bose-Einstein 凝縮

AI-1 閉じこめポテンシャル中での凝縮体

すでに本講座第8巻『量子光学』の補章で取り上げられた発展であるが，本巻の第1章に直接関係するのでここでも簡単にふれておく．

2ページの表1-1の右側の列に Bose 型の超流動を示す可能性のある系として，偏極水素 H↓ 気体をあげておいたが，レーザー光を使ったきわめて巧妙な方法により，H↓ 気体より先に偏極したアルカリ金属原子 Li, Na, Rb 気体で Bose-Einstein (BE) 凝縮が観測された(巻末文献[G-1]～[G-3])．まだ超流動性は観測されていないが，巨視的な波動関数が現われていることは確かである．これ以前の H↓ 等に関する研究については巻末文献[G-4]を参照されたい．

代表的な実験では，磁気光トラップが用いられ，原子に対する閉じこめのポテンシャルは非等方的な3次元調和振動子型で近似される．その空間的なスケールは $R \sim (\hbar/m\omega)^{1/2}$ (m は原子の質量，ω は調和振動子の振動数)で 10^{-3} cm 程度である．そして，R^3 くらいの体積中に $N \sim 10^6$ 個程度の原子がトラップされる．この場合，(1.3)から BE 凝縮の生じる温度 T_{BE} は，Rb 原子では 0.1

μK くらいになる．この温度に到達するにはレーザー冷却に加えて，H↓ 気体で使われた蒸発冷却法が必要であることを付け加えておく．

原子間の相互作用が無視できれば凝縮体はトラップの井戸の中の基底状態の波動関数 ψ_0 で記述される．調和振動子型であれば $\psi_0 \propto \exp\{-m\omega r^2/2\hbar\}$（非等方性はスケールに吸収した）の形になる．実験では中心付近での原子数の密度 $n_c \sim |\psi_0(0)|^2$ は $5\times 10^{14}\,\mathrm{cm}^{-3}$ である．

実際には原子間には相互作用が働く．一例を挙げると，偏極した（スピンをそろえた）^{87}Rb 間には斥力が働き，低エネルギー 3 重項 s 波の衝突半径は Bohr 半径を a_0 として $a \sim 100a_0$ であることが知られている．中心での密度 n_c を使って回復距離 ξ を本文(1.9)に従って求めると，$\xi \sim 10^{-3}$ cm 程度となり，したがって R と ξ の大小関係は場合によって異なる．

閉じこめのポテンシャルエネルギーを $V(\boldsymbol{x})$ とすると，凝縮体の波動関数 $\psi_s(\boldsymbol{x})$ を定める本文(1.8)に対応する方程式は

$$-\frac{1}{2}\xi^2\nabla^2\psi_s - \left(1-\frac{m\xi^2}{\hbar^2}V(\boldsymbol{x})\right)\psi_s + |\psi_s|^2\psi_s = 0 \qquad \text{(AI.1)}$$

となる．ξ が R より十分小さい場合には第 1 項は無視できて，凝縮体の密度 $n_s(\boldsymbol{x}) = |\psi_s(\boldsymbol{x})|^2$ は，

$$n_s(\boldsymbol{x}) = n_c[1-(m\xi^2/\hbar^2)V(\boldsymbol{x})] \qquad \text{(AI.2)}$$

で与えられる．したがって，低温（$T \ll T_{BE}$）では，原子密度は閉じこめのポテンシャルを反転した形になる．実験では，適当なレーザー光の吸収を見ることにより，密度の空間変化が観測される．

AI-2 希薄な BE 凝縮体のダイナミクス

上記のように偏極したアルカリ金属原子気体で BE 凝縮体が実現されたので，当然その動的性質も研究されつつある（巻末文献[G-5], [G-6]）．まず取り上げられるのは，低温すなわち $T \ll T_{BE}$ における凝縮体の集団運動であろう．その場合には熱的励起の影響は無視できるから，理論的出発点になるのは，上の

方程式(AI. 1)に，$i(m\xi^2/\hbar)\partial\psi/\partial t$ という項を加えた非線形Schrödinger方程式である(超流動ヘリウムの研究では，Gross-Pitaevskii方程式とよばれている).

$$i\frac{m\xi^2}{\hbar}\frac{\partial\psi}{\partial t} = -\frac{1}{2}\xi^2\nabla^2\psi-\left(1-\frac{m\xi^2}{\hbar^2}V\right)\psi+|\psi|^2\psi \qquad \text{(AI. 3)}$$

(AI. 1)の解 $\psi_s(\boldsymbol{x})$ で表わされる凝縮体があるとき，それからの微小なずれの運動，すなわち励起を調べるには，ずれの波動関数を

$$\psi-\psi_s = \phi e^{-i\omega t} \qquad \text{(AI. 4)}$$

とおき，$|\phi|\ll|\psi_s|$ として，(AI. 3)式で $|\phi|$ の1次の項だけ残す近似をすればよい．そうすると，

$$\frac{m\xi^2}{\hbar}\omega\phi = -\frac{1}{2}\xi^2\nabla^2\phi-\left(1-\frac{m\xi^2}{\hbar^2}V\right)\phi+2n_0\phi+n_0\phi^* \qquad \text{(AI. 5)}$$

および，ϕ^* に対する同様な式が得られる(簡単のため，ψ_s は実数，$\psi_s=\sqrt{n_0(\boldsymbol{x})}$ とした).

本文の超流動性の理解にも役立つので，ここで一様な希薄Bose気体の場合，つまり $V(\boldsymbol{x})=0$，$n_0=\bar{n}_s$ 一定のとき，どんな励起が得られるかを示しておこう．一様であるから，ϕ は平面波，すなわち $\phi\propto e^{i\boldsymbol{p}\cdot\boldsymbol{x}/\hbar}$ であり，(AI. 5)から励起のスペクトルは，$\varepsilon_{\boldsymbol{p}}{}^0=p^2/2m$ として

$$\varepsilon_{\boldsymbol{p}}{}^2 = \varepsilon_{\boldsymbol{p}}{}^0(\varepsilon_{\boldsymbol{p}}{}^0+2\hbar^2/m\xi^2) \qquad \text{(AI. 6)}$$

となることがわかる．この励起は(AI. 4)から密度のゆらぎ，すなわちフォノンであること，また，(AI. 6)から長波長の極限($p\to0$)でそのエネルギーが cp となることがわかる．ここで音速 c は $c=\hbar/m\xi=\sqrt{\bar{n}_s g/m}$ で与えられる．このことは，超流動性にとって本質的である(本文13ページ)．そこで述べたとおり，全体が速度 $\boldsymbol{V}_s$ で動いているとき，静止系での素励起のエネルギーは，$\varepsilon_{\boldsymbol{p}}+\boldsymbol{p}\cdot\boldsymbol{V}_s$ となる．ただし，$\boldsymbol{p}, \varepsilon_{\boldsymbol{p}}$ は $\boldsymbol{V}_s$ で動く系での量である．今のようにフォノン型 $\varepsilon_{\boldsymbol{p}}=cp$ であれば，$|\boldsymbol{V}_s|<c$ のとき素励起を作って系のエネルギーを下げることはできない．すなわち流れは減衰しないのである．フォノンの速度 c が有限であるためには，相互作用がなくてはならないことを指摘しておこう．

また，本文 26 ページにでてくる Bogoliubov 変換は，じつは一様な希薄 Bose 気体のモデルで，(AI. 5)から(AI. 6)のスペクトルを求める際に初めて使われたことも付け加えておく．

光磁気トラップの中の凝縮体の場合は，はるかに複雑になる．低い振動数の集団励起は，凝縮体の変形として現われるであろう．$R \gg \xi$ の場合にその振動数 ω_s の大きさの程度を評価しておく．まず，ω_s はフォノンが系の大きさ R を伝わる時間の逆数で与えられるだろう．したがって，$\omega_s{}^{-1} \sim R/c$．トラップのポテンシャルが調和振動子型 $V \sim \dfrac{m}{2}\omega_0{}^2 r^2$ とし，(AI. 2)で $n(r)=0$ となる半径を R とすると，$R \sim c/\omega_0$．したがって $\omega_s \sim \omega_0$ と評価される．これは，凝縮体の密度によらないことに注意しよう．じつは，調和振動子型のポテンシャルの場合には，凝縮体が形を変えずにトラップのなかで振動するモードがあり，振動数は $2\omega_0$ に等しいことが示されている．

実験では，適当な振動数で変化する磁場を加えることによって，集団運動が励起される．今まで与えられた結果は上に述べた非線形 Schrödinger 方程式に基づく理論結果(巻末文献[G-7])と大体一致しているようである．

なお，BE 凝縮していなくても，流体力学的な集団運動が観測される場合があるが，凝縮するとその振動数がシフトすることが確かめられている．また，集団運動の寿命は，BE 凝縮が生じると，はるかに長くなることも観測されている．

超流動性はまだ観測されていない．具体的に超流動性を確かめるには，系を回転させたとき，循環が本文(1. 2)の量子 κ で量子化されるかどうかをみればよい．たとえば，ある回転数 Ω_{c1} (第 2 種超伝導体での H_{c1} に対応する)で，凝縮体の中心に，1 本の量子化された渦糸が入ると期待されるので，それに伴う凝縮体の密度分布の変化を観測すればよいであろう．さらに，空間的に離して 2 つの凝縮体が弱く結合している状態を作れば，Josephson 効果と同様な現象も期待される．

補章 II

高温超伝導体に関する研究の進展

AII-1 高温超伝導体における対の構造と Josephson 効果

銅酸化物超伝導における対は，通常の超伝導に見られるスピン 1 重項 s 波ではなく，d 波の対称性をもつという説が有力である．

本文 167-170 ページに述べたように，比熱，侵入長，核磁気緩和率などの温度変化から，Fermi 面上でエネルギーギャップが 0 となる点，あるいは線があると考えられていた．最近の角度分解光電子放出の実験は，ギャップが対角線の方向，$|k_x|=|k_y|$ で 0 になるか，有限だとしても非常に小さくなることを示している．これらの事実は，運動量空間で秩序パラメタ $\boldsymbol{\varDelta}(\boldsymbol{k})$ が図 AII-1(a) のような k 依存性を示す d 波，

$$\boldsymbol{\varDelta}(\boldsymbol{k}) = (\cos k_x - \cos k_y)\boldsymbol{\varDelta} \qquad (\text{AII}.1)$$

という形であれば説明される．ここで系は 2 次元的であると見なし，xy 軸は本文図 7-7 と同様にとった．$\boldsymbol{\varDelta}$ は複素数であり，その位相 χ の空間変化が超伝導電流を与えることを想い出しておこう．上述の実験事実は，図 AII-1(b) のようにきわめて非等方性が大きい s 波でも説明される．理論的には，銅酸化物

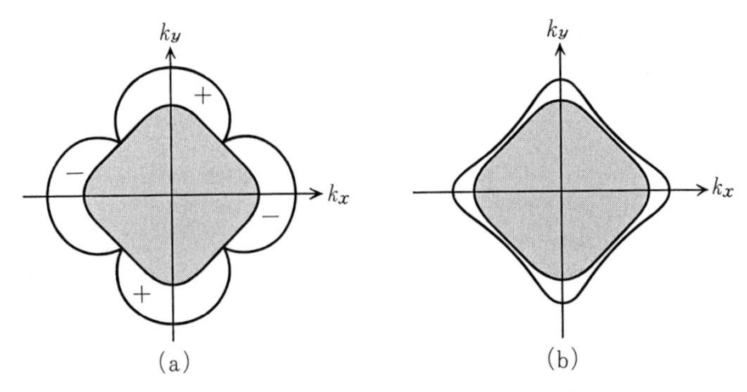

図 AⅡ-1 (a) Fermi 面の上の d 波の対の大きさと符号. (b)非等方的な s 波の対.

では反強磁性的なゆらぎが重要であって，それによって生じるのは d 波の対であるとする説が有力であるが，決め手はなかったといってよい．このような状況の中で，1993 年頃より Josephson 効果を利用して対の構造を決定しようとする実験がいくつか行なわれ，興味深い結果を与えているので，簡単に紹介しておこう．

秩序パラメタが図 AⅡ-1(a)の形をしていると，CuO_2 面内で $\boldsymbol{k}$ が a 軸方向か b 軸方向かによってその符号が異なる．つまり位相が π だけ違っている．この位相差を実験的に検出することができれば，s 波でなく d 波であることがわかる．最も簡単には，図 AⅡ-2 に示すトンネル素子を用いる(巻末文献[H-1])．すなわち高温超伝導体(ここでは YBCO とする)の単結晶の a 面と b 面とに

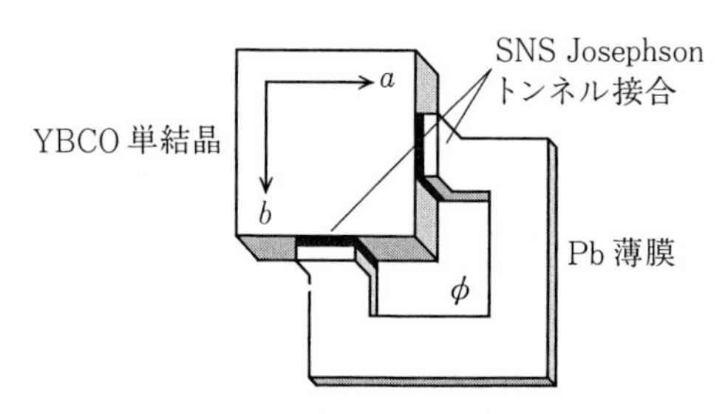

図 AⅡ-2 π シフトをともなうループ. (D. A. Wollman, *et al.*: 巻末文献[H-1]より)

Pbのようなs波の超伝導体をトンネル接合したループを作る．接合では面に垂直な内部運動量$(\boldsymbol{k}, -\boldsymbol{k})$をもつ電子対が主としてトンネルすると考えられる(ただし現在のところ，このことは微視的理論から明確に基礎づけられているとはいえないようである)．もしそうなら，a 面を通って，YBCO にトンネルする対と，b 面をトンネルして入る対とは位相が π だけ異なるはずである．ということは，対がループを1周するとき位相が π だけ変化する．つまり，ループに電流が流れ，自己インダクタンスが大きい極限では，外部磁場が0でもこの電流によって $\phi_0/2$ $(\phi_0=hc/2e)$ の磁束をもつ状態が安定に生じることになる．これを検出できればよいが，実際には残留磁束や測定電流による磁束などの問題があって，それは容易ではない．そこで本文61ページで扱った干渉効果を用いる方法がとられる(巻末文献[H-2])．

本文3-4節で行なったと同様に，図AII-2に示したループでは，位相 χ の変化は2つのトンネル接合のところだけで生じるとしてよい．そうすると，

$$\chi_R(1)-\chi_L(1)+\chi_L(2)-\chi_R(2)+\delta\pi = 2\pi\phi \qquad (\text{AII}.2)$$

が成り立つ．ここで，$\phi\phi_0$ はループを貫く磁束である．いま右側(R)のYBCOが位相 π の変化，π シフトを伴うものであれば $\delta=\pm1$，s波であれば $\delta=0$ である．簡単のため，2つの接合の特性は同じであるとしよう．このとき左から右へ流れるバイアス電流 I は，各接合の臨界電流を I_c として，

$$I/I_c = \sin(\chi_0+\pi\phi)+\sin(\chi_0-\pi\phi+\delta\pi) \qquad (\text{AII}.3)$$

で与えられる．ただし，

$$\chi_0 \equiv \chi_R(1)-\chi_L(1)-\pi\phi$$

を定義した．$\delta=0$ なら61ページの結果

$$I/I_c = 2\sin\chi_0\cos\pi\phi \qquad (\text{AII}.4)$$

がえられ，$\delta=\pm1$ であれば

$$I/I_c = 2\cos\chi_0\sin\pi\phi \qquad (\text{AII}.5)$$

となる．I/I_c の最大値を磁束 ϕ の関数として描くと，$\delta=0$ なら本文図3-10のようになり，ϕ が整数値のとき極大になる．それに反して $\delta=\pm1$ であれば半整数値のとき極大になる．この違いを検出すればよい(図AII-3)．また，バイ

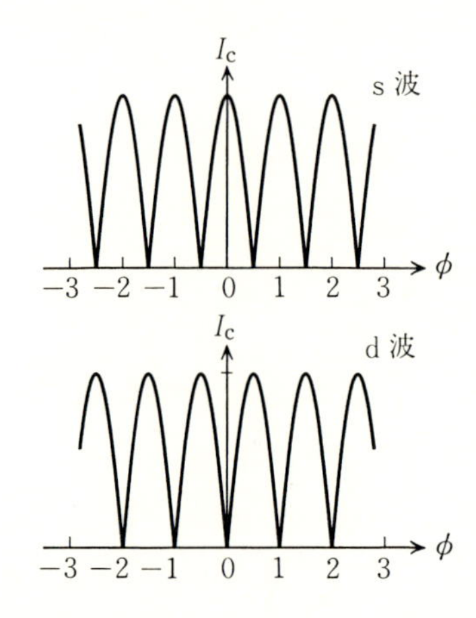

図 AⅡ-3 ループを貫く磁束と臨界電流.

アス電流を0に保ったとき，ループを流れる電流による磁束を別のSQUIDで測定する方法も使われている(巻末文献[H-3])．実験結果の詳細に立ち入ることは控えるが，結果は大体d波を支持している．ただπシフトを観測しなかったという報告もあることを付け加えておく(巻末文献[H-4])．

なお，上のJosephson回路は時間反転に対して対称である．すなわちバイアス電流Iで磁束が$\delta\phi_0$の状態は時間反転ですべての電流と磁束を逆にした$-I$，$-\delta\phi_0$に移る．通常の超伝導を使ったループであれば，$\delta=0$の状態は自分自身に写像されるが，πシフトを伴う場合は必ず異なる状態に移る．たとえば$n=1$は$n=-1$に写像される(巻末文献[H-5])．また

$$\boldsymbol{\Delta} = (k_x{}^2 - k_y{}^2)\boldsymbol{\Delta}_1 + ik_x k_y \boldsymbol{\Delta}_2$$

あるいは

$$\boldsymbol{\Delta}(\boldsymbol{k}) = (k_x{}^2 - k_y{}^2)\boldsymbol{\Delta}_1 + i\boldsymbol{\Delta}_s$$

のような複素の秩序パラメタによる超伝導状態はこの対称性をもたない($\boldsymbol{\Delta}_2 \to -\boldsymbol{\Delta}_2$，$\boldsymbol{\Delta}_s \to -\boldsymbol{\Delta}_s$としない限り)．この点も対の対称性を知る1つの手がかりとなるかもしれない．

以上では秩序パラメタ，すなわち対の波動関数の依存性を問題にしたが，第4章で述べたとおり，HTSCでの$\boldsymbol{\Delta}$のω依存性も興味深い．しかしHTSCではコヒーレンスの長さがきわめて小さく，実験が困難なようである．

AⅡ-2 磁場中の高温超伝導体

本文 7-2 節で磁場中の高温超伝導体の性質にふれ，その特異な層状構造に起因して，ゆらぎがきわめて重要であること，そのために通常の Abrikosov 格子が融解した渦糸液体の状態が現われている可能性のあることを指摘した．HTSC の出現で初めて意識されたこのユニークな物理は，その後活発に研究されており，興味ある結果が得られている．代表的な HTSC である YBCO でも同じ事情が見られるが，ここでは非等方性が強くゆらぎの効果がはるかに大きい BSCCO($Bi_2Sr_2CaCu_2O_8$)の場合を主として取り上げることにする．

通常の第 2 種超伝導体では，外場 H を加えたとき，$H=H_{c2}(T)$ で決まる温度で 2 次の相転移を示し，それ以下の温度では Abrikosov の渦糸格子の状態になる．ところが，HTSC では c 軸に平行に磁場を加えると，このような相転移は生じないで，むしろ渦糸液体の状態に連続的に変化する．しかし，ずっと低温になればやはり渦糸格子状態になるはずである．とすると，ピン止めなどの効果の小さい理想的な系では，渦糸液体と格子との間に明確な熱力学的な相転移が見られるのではないか？ HTSC ではゆらぎの効果によっていわば正常状態からの転移が低温に押し下げられたのであるから，それは通常の液体・固体のような 1 次相転移ではないか？ 磁場中での電気抵抗の温度変化などからこのような予測がなされていたが，最近になって熱力学的な測定によって直接確かめられ，きわめて興味深い事情が明らかになった．

Zeldov らの実験では c 軸に垂直な平板状の BSCCO 結晶($T_c=90$ K)に外場 $H(/\!/c)$ が加えられ，GaAs の 2 次元的電子系の Hall 効果を利用して，サンプル表面での磁束密度 B が精密に測定された(巻末文献[H-6])．温度を下げていったときに観測された B のきわめてシャープなとびの 1 例が図 AⅡ-4 に，また温度・磁場を変化させて得られた相図が図 AⅡ-5 に示してある．B にとびがあるからこれは 1 次の相転移であり，水-氷の場合のように液体側の方が B が大きい，すなわち渦糸の密度が大きい．図 AⅡ-4 のとびは層間距離の長さ

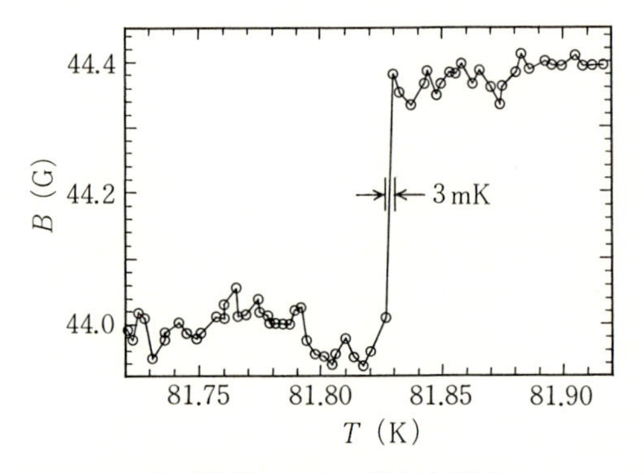

図 AII-4 53 Oe の外部磁場を加え，温度を下げていったとき，観測された磁束密度 B のとび（単位は 10^{-4} T であることに注意）.（E. Zeldov, *et al.*：巻末文献[H-6]より）

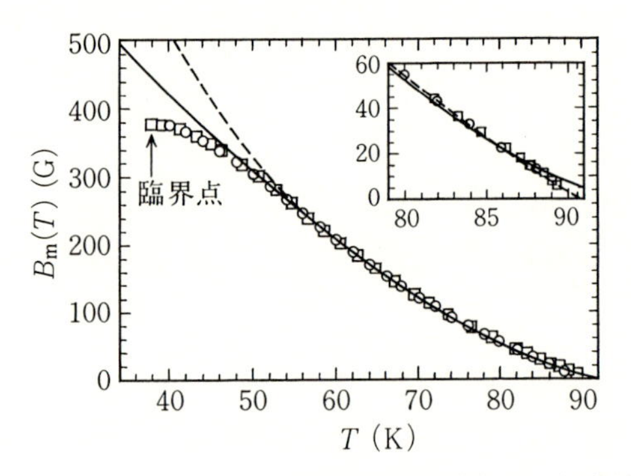

図 AII-5 BSCCO における渦糸格子と渦糸液体との転移線を示す相図.（E. Zeldov, *et al.*：巻末文献[H-6]より）

の渦糸1本あたりエントロピーのとび $\Delta S=0.3k_\mathrm{B}$ くらいに対応する．融解曲線 $B_\mathrm{m}(T)$ はこの BSCCO では，$H_{c2}(T)$ よりはるか下にあることに注意しよう．さらに興味深いのは，この融解曲線は臨界点（$T=37$ K，$B=380$ G）で終わっているように見える．言い換えると，そこで B のとびが消失するのである．可能性としては，ランダムに分布した欠陥のような乱れの影響で，この先は2次の相転移になっているかもしれない．

上に述べてきた渦糸液体・格子の相転移は電気抵抗にどのように反映される

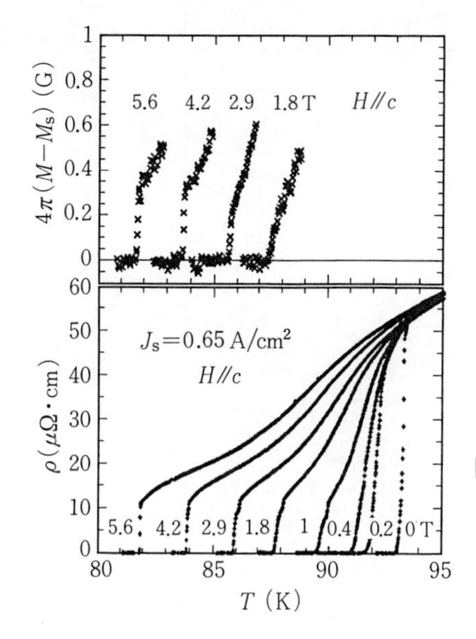

図 AⅡ-6 YBCO における磁化のとびと電気抵抗 ρ の消滅．図中の数字は外部磁場の大きさ ($H\cong M$)．(U. Welp, *et al.*：巻末文献[H-7]より)

のか？ ここでクリーンな YBCO でも同様な1次相転移が観測されていることを注意しよう．図 AⅡ-6 には，磁化のとびと並べて電気抵抗の温度変化が示してある(巻末文献[H-7])．

これから，渦糸液体が固体になると同時に急に抵抗が消えることがわかる．その原因としては，渦糸が格子になり剛性をもつとピン止めが効果的になり，渦糸の運動による減衰がなくなると考えられている．なお，H の変化，T の変化および抵抗 ρ の測定が同じ融解曲線を与えていることが図 AⅡ-7 に示されている．このとびは，試料に電子線を照射して欠陥を生成させると消失してしまい，$\rho(T)$ は温度とともになめらかに0になる．また，BSCCO ではピン止めが有効に働かず，ρ には不連続な変化が観測されていないようである．

上ではふれなかったが，相転移の原因としては，渦糸の層間のつながりが協同現象的に切れる可能性も考えられる．また，乱れのある結晶では渦糸グラスの状態も期待される．現在までのところ，ここで取り上げた問題に関する理論は，現象論的なものか，シミュレーションによるものである．理論的に興味のあるのは，距離 R 離れた2点での秩序パラメタの位相の相関および渦糸中心

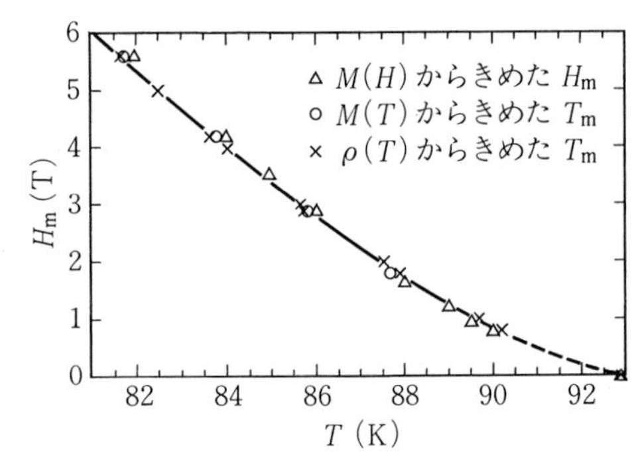

図 AII-7　磁化の測定と抵抗の測定とからきめた YBCO での融解曲線.（U. Welp, *et al.*：巻末文献[H-7]より）

の位置の相関が，R が大きくなるときどのように変化するかである．前者はそもそも超伝導や超流動を特徴づける量であった．当然これらの相関は，クリーンな系と乱れた系とでは異なった振舞をするであろう．HTSC の渦糸状態の物理はまだまだその全容が明らかにされたとはいえないようである．

AII-3　高温超伝導体研究についての補足

a）　本文第 7 章で，最高の $T_c = 125$ K をもつ物質は，$Bi_2Sr_2CaCu_2O_8$ であると書いたが，そのすぐ後（1992 年）に水銀を含む同様な構造の一連の物質が超伝導を示すことが発見された．なかでも $HgBa_2Ca_2Cu_3O_{8-x}$ は $T_c \cong 135$ K（圧力下では ～150 K）をもつ．この記録は現在まで破られていない（巻末文献[H-8]）．しかし，残念なことにこの物質は不安定で，よいサンプルが得られず，その物性はほとんど調べられていない．

b）　最近，La_2CuO_4 と同じ層状ペロブスカイト構造をもつが，銅を白金族の Ru で置き換えた物質 Sr_2RuO_4 が $T_c \cong 1$ K で超伝導になることが発見された（巻末文献[H-9]）．本文の図 7-6(a) で La を Sr で，Cu を Ru で置き換えたもので，La_2CuO_4 では La の代わりに Sr などをドープして始めて導体になるのに反し，この物質ではドープしなくても2次元性の強い導体であり(巻末文献[H-10])，1Kという低いT_cをもつ．この事実はたんなる層状構造ではなくて，むしろCuO_2のシートが高いT_cの超伝導メカニズムにとって重要であることを示唆している．

c） 層状構造のためにHTSCはきわめて2次元性が強い．特に超伝導の性質は，CuO_2のシートが弱く結合した系として理解されるのではないかと考えられてきた．もしそうであれば，ミクロの構造自体によるJosephson効果が観測される可能性がある．近年，微細加工の進歩により，数十ミクロンの大きさで，CuO_2シート100層以下のサンプルが作られるようになり，実際にd.c.およびa.c.Josephson効果が観測された．図AII-8はその概念図であり，d.c.の場合は$I=I_c(H)$を測定する．この効果は，BSCCOでも酸素を減少させて層間の結合を弱くしたYBCOでも観測されている(巻末文献[H-10])．

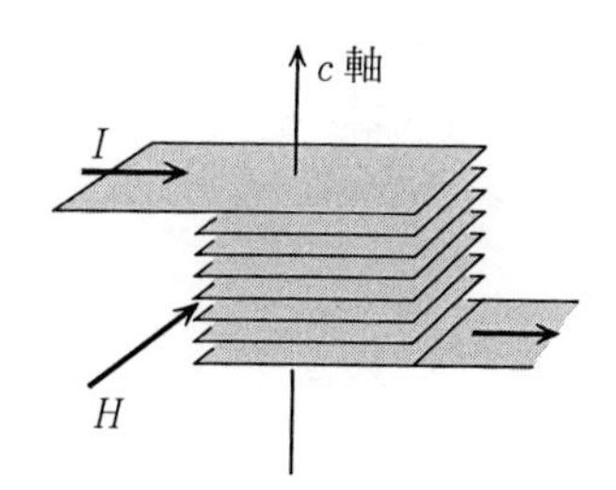

図AII-8 Josephson結合したCuO_2シート．

参考書・文献

最初に教科書をあげる.

多体問題等

[A-1] A. A. Abrikosov, I. E. Dzyaloshinskii and L. P. Gor'kov: *Methods of Quantum Field Theory in Statistical Physics*(Moscow, 1962)[松原武生ほか訳：統計物理学における場の量子論の方法(東京図書, 1970)].

Green 関数を用いた多体問題の理論の代表的な教科書. Fermi 液体, Bose 系の超流動, そして超伝導の取扱いに詳しい.

[A-2] A. A. Abrikosov: *Fundamentals of the Theory of Metals*(North-Holland, 1988).

630 ページにわたる大著で, その半分にあたる Part I は金属の Fermi 液体論, 後半の Part II は超伝導の理論.

[A-3] P. W. Anderson: *Basic Notions of Condensed Matter Physics*(Benjamin, 1984).

対称性のやぶれ, Fermi 液体論等についてユニークな解説と原論文が収められている.

[A-4] N. W. Ashcroft and N. D. Mermin: *Solid State Physics*(Holt, Rinehart and Winston, 1976)[松原武生ほか訳(吉岡書店, 1981)].

第 35 章が超伝導への入門として手頃.

[A-5] A. Fetter and J. D. Walecka: *Quantum Theory of Many-Particle Systems* (McGraw-Hill, 1971)[松原武生ほか訳(マクグロウヒル社, 1987)].

[A-1]と似た内容であるが，よりやさしい教科書.

超流動

[B-1] K.H.Benneman and J.B.Ketterson: *The Physics of Liquid and Solid Helium*, Part I, II(Wiley-Interscience, 1976).
液体 ^{4}He の超流動，液体 ^{3}He の正常および超流動状態について，秀れた解説が集められている.

[B-2] R.J.Donnelly: *Experimental Superfluidity*(University of Chicago Press, 1967).
超流動 ^{4}He に関するもっともわかりやすい本.

[B-3] R.J.Donnelly: *Quantized Vortices in Helium II*(Cambridge Univ. Press, 1991).
本書でほとんどふれなかった超流動 ^{4}He における渦糸の物理に関する好著.

[B-4] W.E.Keller: *Helium-3 and Helium-4*(Plenum Press, 1969).
すこし古いが Helium 系全般を知るにはよい.

[B-5] I.M.Khalatnikov: *Introduction to the Theory of Superfluidity*(Benjamin, 1965).
超流体の理論とくに流体力学的な取扱い.

[B-6] F.London: *Superfluids*(John Wiley, Vol.I 1950, Vol.II 1954).
Vol.I は超伝導，Vol.II は液体 ^{4}He の超流動についてであり，古典としていまでも一読の価値がある.

[B-7] D.Vollhardt and P.Wölfle: *The Superfluid Phases of Helium 3*(Taylor and Francis, 1990).
80 年代終わりまでの超流動 ^{3}He だけについての研究の 600 ページをこえる解説.

[B-8] 湯川秀樹・松原武生編：物性 I（岩波講座 現代物理学の基礎[第 2 版]，第 6 巻）（岩波書店，1978）.
著者による第 3 章“ヘリウム系の物理”，補章 A“超流動 ^{3}He”を手軽な入門としてあげておく.

[B-9] 山田一雄・大見哲巨：超流動(新物理学シリーズ 28)(培風館，1995).
最近出版されたヘリウムの超流動についての好著.

超伝導

[C-1] P.de Gennes: *Superconductivity of Metals and Alloys*(Benjamin, 1966),(Reprint, Addison-Wesley).
ユニークな教科書．とくに Bogoliubov-de Gennes 理論や GL 理論などの応用に詳しい.

[C-2]　R. D. Parks (ed.): *Superconductivity*, Vol. I, II (Marcel Dekker, 1969).

60年代終わり頃までの超伝導研究のまとめとして決定版といえる．いまでも強結合理論等について語るときには，このなかの論文に立ち戻る．

[C-3]　J. R. Schrieffer: *Theory of Superconductivity* (revised ed.) (Addison-Wesley, 1983).

超伝導のGreen関数による定式化，電子・フォノン相互作用についての秀れた教科書.

[C-4]　M. Tinkham: *Introduction to Superconductivity* (McGraw-Hill, 1975) [小林俊一訳(産業図書，1981)]; revised ed., 1996.

わかりやすい教科書．Josephson効果等について詳しい．

[C-5]　中嶋貞雄：超伝導入門(新物理学シリーズ9)(培風館，1971).

基本的な概念がよく解説されている．入門だが内容はかなり難しい．

[C-6]　日本物理学会編：超伝導(丸善，1979).

基礎から応用まで解説が集められている．

次に，超伝導の限られた主題に関する専門書をあげる．

[D-1]　A. Barone and G. Paternò: *Physics and Applications of the Josephson Effect* (John Wiley, 1982) [萱野卓雄ほか訳(近代科学社，1988)].

Josephson効果の詳しい解説として推薦できる．

[D-2]　G. Grimvall: *The Electron-Phonon Interaction in Metals* (North-Holland, 1981).

正常および超伝導状態における電子・フォノン相互作用の詳しい解説.

[D-3]　D. H. Douglass (ed.): *Superconductivity in d- and f- Band Metals* (Plenum Press, 1976).

[D-4]　W. Buckel and W. Weber (ed.): *Superconductivity in d- and f- Band Metals* (Kernforschungszentrum, Karlsruhe, 1982).

上の2つは遷移金属・金属間化合物などの超伝導に詳しい．

[D-5]　B. Deaver and J. Ruvald (ed.): *Advances in Superconductivity* (Plenum Press, 1983).

[D-6]　D. Saint James, G. Sarma and E. Thomas: *Type II Superconductors* (Oxford, 1969).

すこし古いが第2種超伝導体についての教科書.

[D-7]　D. N. Langenberg and A. I. Larkin (ed.): *Nonequilibrium Superconductivity* (North-Holland, 1986).

[D-8]　R. Tidecks: *Nonequilibrium Phenomena in Superconductors* (Springer-Verlag, 1990).

上の2つはTDGL，Carlson-Goldmanモード，PSOなどに詳しい．

［D-9］ V. L. Ginzburg and D. A. Kirzhnits (ed.): *High-Temperature Superconductivity* (English ed.) (Consultant Bureau, 1982).

銅酸化物高温超伝導が登場する以前の研究に関するものとしてこの1つだけあげておく．

［D-10］ T. Ishiguro and K. Yamaji: *Organic Superconductors* (Springer-Verlag, 1990).

有機物超伝導に関する最近の総説．

［D-11］ J. C. Phillips: *Physics of High Temperature Superconductor* (Academic Press, 1989).

1つの立場からの解説であるが，高温超伝導物質をめぐる物理を知るのによい本である．

［D-12］ *Proceedings of the 19th International Conference on Low Temp. Physics, Part III*, Physica **B169** (1991).

［D-13］ S. Maekawa and M. Sato (ed.): *Physics of High-Temperature Superconductors* (Springer-Verlag, 1991).

［D-14］ *Proceedings of the International Conference on Materials and Mechanisms of Superconductivity, High Temperature Superconductors III, Part 1*, Physica **C185**, **C189** (1991).

以上3つの会議録は，高温超伝導および重い電子系の研究の現状を知るのによい．

［D-15］ K. Bedell, *et al.* (ed.): *Phenomenology & Applications of High Temperature Superconductors* (Addison-Wesley, 1992).

［D-16］ "高温超伝導"，固体物理 特集号 **25** (1990) 617.

HTSCについてより詳しく勉強するのに便利な解説が集められている．

本文中の説明を補足する文献あるいは取り扱わなかった問題についての参考文献を若干付け加えておく．

［E-1］ D. E. MacLaughlin: "Magnetic Resonance in the Superconducting State", in *Solid State Physics Vol. 31*, edited by H. Ehrenreich, F. Seitz and D. Turnbull (Academic Press, 1976).

［E-2］ A. J. Leggett, S. Chakravarty, A. T. Dorsey, M. P. A. Fisher, A. Garg and W. Zwerger: "Dynamics of the Dissipative Two-state System", Rev. Mod. Phys. **59** (1987) 1.

［E-3］ P. B. Allen and B. Mitrović: "Theory of Superconducting T_c", in *Solid State Physics Vol. 37*, edited by H. Ehrenreich, F. Seitz and D. Turnbull (Academic Press, 1982).

[E-4]　W. J. Skocpol and M. Tinkham: "Fluctuations near Superconducting Phase Transitions", in *Report on Progress in Physics Vol. 38, Part 3*(1975).

[E-5]　M. M. Salomaa and G. E. Volovik: "Quantized Vortices in Superfluid ^{3}He", Rev. Mod. Phys. **59**(1987)533.

[E-6]　A. I. Larkin and Yu. N. Ovchinikov: "Pinning in Type II Superconductors", J. Low Temp. Phys. **34**(1979)409.

[E-7]　G. E. Volovik and L. P. Gor'kov: "Superconducting Classes in Heavy-Fermion Systems", Sov. Phys. JETP **61**(1985)843.

[E-8]　M. Sigirist and K. Ueda: "Phenomenological Theory of Unconventional Superconductivity", Rev. Mod. Phys. **63**(1991)239.

[E-9]　尾崎正明, 町田一成, 大見哲巨："超伝導の対関数の対称性による分類", 固体物理 **23**(1988)879.

[E-10]　J. A. Sauls: Advances in Physics **43**(1994)113.

この分野での原論文を集めたものとして以下の論文選集がある.

[F-1]　"超伝導", 物理学論文選集 **153**(日本物理学会, 1966).

[F-2]　"量子液体", 新編物理学論文選集 **43**(日本物理学会, 1970).

[F-3]　"超流動 ^{3}He", 物理学論文選集 **190**(日本物理学会, 1975).

[F-4]　"有機超伝導体の物性", 物理学論文選集 I(日本物理学会, 1992).

第2次刊行で加えた補章に関する文献をあげる.

補章 I

[G-1]　M. H. Anderson, *et al.*: Science **269**(1995)198.

[G-2]　K. B. Davis, *et al.*: Phys. Rev. Lett. **75**(1995)3969.

[G-3]　M. O. Mewes, *et al.*: Phys. Rev. Lett. **77**(1996)416.

[G-4]　A. Griffin, D. W. Snoke and S. Stringari: *Bose-Einstein Condensation* (Cambridge Univ. Press, Cambridge, 1995).

[G-5]　D. S. Jin, *et al.*: Phys. Rev. Lett. **77**(1996)420.

[G-6]　M. O. Mewes, *et al.*: Phys. Rev. Lett. **77**(1996)988.

[G-7]　S. Stringari: Phys. Rev. Lett. **77**(1996)2360.

補章 II

[H-1]　D. A. Wollman, *et al.*: Phys. Rev. Lett. **71**(1993)2134.

[H-2]　J. H. Miller, Jr., *et al.*: Phys. Rev. Lett. **74**(1995)2347.

[H-3]　A. Mathai, *et al.*: Phys. Rev. Lett. **74**(1995)4523.

[H-4] R. Chaudhari and S.-Y. Lin: Phys. Rev. Lett. **72**(1994)1084.

[H-5] M. Sigirist, *et al.*: Phys. Rev. Lett. **74**(1995)3249.

[H-6] E. Zeldov, *et al.*: Nature **375**(1995)375.

[H-7] U. Welp, *et al.*: Phys. Rev. Lett. **76**(1996)4809.

[H-8] E. V. Antipov, *et al.*: Physica **C235-240**(1994)21-24.

[H-9] Y. Maeno, *et al.*: Nature **372**(1994)532.

[H-10] たとえば，M. Rapp, *et al.*: Phys. Rev. Lett. **77**(1996)928 および Yu. I. Latyshev, *et al.*: op. cit., 932 を参照.

なお以上の参考書，文献の選択は多分に恣意的であり，決して重要文献を網羅したものでないことを断わっておく.

第2次刊行に際して

この巻が受け持つ領域での最近のニュースといえば，偏極したアルカリ金属気体の Bose-Einstein 凝縮の観測であろう．その観測自体の物理学的な意義については，極めて高く評価する人とさほどでもない人とがある．けれども，新しいテクニックを用いた挑戦で物の見事に成功したことには，誰しも拍手を送ったことであろう．それは，1-2 節で論じた弱い相互作用をする希薄 Bose 気体の絶好の具体例を与えてくれたわけで，超伝導・超流動にとって本質的な巨視的波動関数を身近に感じさせる．本講座第 8 巻『量子光学』の補章ですでに取り上げられた話題であるが，凝縮体の物理という角度からここでも簡単に紹介することにした．第 8 巻の補章と併せて読んでいただきたい．

昨年の秋，1996 年の Nobel 物理学賞が超流動 ^{3}He 発見の功績で，D. D. Osheroff，R. C. Richardson，D. M. Lee の 3 氏に与えられたというニュースを聞いた．この発見を端緒として行なわれた ^{3}P 対形成による超流動の研究は，対形成の物理も大変豊かであることを教えてくれた．その教訓は，高温超伝導や重い電子系さらにはハドロン物質などの超伝導の研究に役立っている．補章 II の AII-1 節では，d 波と考えられている HTSC の対の型を直接観測によって確かめようとする試みを紹介する．

HTSCで見られるユニークな物理は，磁場中での渦糸格子，渦糸液体，渦糸グラスなどの問題であろう．やっと部分的には絵が描けるようになりつつあるので，片寄った紹介になるがAII-2節でふれることにする．AII-3節はその他の進展で目についたものを取り上げた．

町田一成，三宅和正の両氏からこの巻の第1次刊行にあった多くの誤りなどを指摘していただいた．また補章を書くにあたって，大見哲巨，池田隆介，前野悦輝の3氏から御教示いただいた．諸氏に厚く御礼申し上げる．

1997年1月

著　者

索引

D

E

F

G

H, I

J

K

L

M, N

O, P

R

S

T

■岩波オンデマンドブックス■

現代物理学叢書
超伝導・超流動

2001年4月16日　第1刷発行
2017年4月11日　オンデマンド版発行

著　者　恒藤敏彦（つねとうとしひこ）

発行者　岡本　厚

発行所　株式会社　岩波書店
〒101-8002　東京都千代田区一ツ橋2-5-5
電話案内　03-5210-4000
http://www.iwanami.co.jp/

印刷／製本・法令印刷

ISBN 978-4-00-730596-2　　Printed in Japan